海洋规划编制、评估理论和技术方法研究

——以天津市海洋经济和海洋事业发展"十三五"规划研究为例

孙瑞杰　杨　潇　主　编

刘　佳　羊志洪　副主编

海洋出版社

2019年·北京

图书在版编目（CIP）数据

海洋规划编制、评估理论和技术方法研究：以天津市海洋经济和海洋事业发展"十三五"规划研究为例/孙瑞杰，杨潇主编. —北京：海洋出版社，2019.10

ISBN 978-7-5027-9868-0

Ⅰ.①海… Ⅱ.①孙… ②杨… Ⅲ.①海洋经济-经济发展-五年计划-中国-2016-2020 Ⅳ.①P74

中国版本图书馆 CIP 数据核字（2017）第 172625 号

责任编辑：苏　勤
责任印制：赵麟苏

海洋出版社 出版发行

http://www.oceanpress.com.cn
北京市海淀区大慧寺路 8 号　邮编：100081
北京朝阳印刷厂有限责任公司印刷　新华书店北京发行所经销
2019 年 10 月第 1 版　2019 年 10 月第 1 次印刷
开本：787mm×1092mm　1/16　印张：14.75
字数：360 千字　定价：198.00 元
发行部：62132549　邮购部：68038093　总编室：62114335

海洋版图书印、装错误可随时退换

海洋规划编制、评估
理论和技术方法研究

——以天津市海洋经济和海洋事业发展
"十三五"规划研究为例

编写人员

孙瑞杰　杨　潇　刘　佳

羊志洪　魏　婷　王江涛

前　言

人类开发利用海洋由来已久，纵观漫长的历史进程，从最初的鱼盐之利、舟楫之便，到国际贸易的重要运输通道，再到人类生存发展的重要空间，海洋的战略地位和价值日益突出。在此过程中，开发利用海洋、依法治理海洋的实践也在不断向前发展。纵观美国、日本、俄罗斯、英国、澳大利亚等世界主要海洋强国，无不通过强化管理体制机制、制定法律法规、出台政策规划、加大资金投入力度等方式，强化对海洋开发利用活动的管理，充分利用海洋支撑人类经济社会可持续发展的作用。同时，随着社会发展需求变化及科学技术的日新月异，对海洋管理体制机制、相关政策规划进行适当调整，以满足本国发展需要。

我国是一个海陆兼备的大国，自古以来就与海洋有着密不可分的联系，曾拥有过发达的造船技术和先进的航海技术，更有过开辟海上丝绸之路和郑和七下西洋的辉煌壮举。新中国成立后，党中央、国务院高度重视海洋工作，国家海洋事业取得了长足发展。特别是改革开放以后，海洋成为我国利用两个市场、两种资源，形成大进大出、两头在外开放型经济格局的重要载体，这一格局将长期存在并不断深化。进入 21 世纪，海洋在国家发展格局的地位更加凸显。党的十八大报告提出"提高海洋资源开发能力，发展海洋经济，保护海洋生态环境，坚决维护国家海洋权益，建设海洋强国"的战略任务，以习近平同志为核心的党中央高瞻远瞩地提出了"建设 21 世纪海上丝绸之路"的战略部署。党中央、国务院一系列英明决策为国家海洋经济和海洋事业的长足发展奠定了坚实基础。

从管理实践看，我国陆续出台了"全国海洋经济发展规划"、"国家海洋事业发展规划"、"全国海洋功能区划"、"全国海洋主体功能区规划"等总体规划，同时也出台了"海岛保护规划"、"海洋生态环境保护规划"、"海水利用规划"、"海洋人才规划"等专项规划。另外，沿海地方政府也出台了相关规划对国家政策进行了有效落实。总体来看，海洋领域的规划已经涵盖海洋经济和海洋事业的方方面面，规划体系基本成型，但是对规划编制的基础理论、基本方法、标准规范等方面研究并不透彻。同时，如何科学合理地评估规划实施效果目前也没有定论。这些基础问题直接决定了规划编制和规划实施的效果。

造房要架梁，撒网要抓纲。未来加强海洋管理实践工作，规划是一个有利的抓手，规划制定得是否科学合理，直接影响着海洋事业发展水平，同时对规划实施情况进行科学评估，及时发现规划的问题，反过来又能促进下一轮规划的编制。

　　本书尝试着从理论层面对海洋规划编制和评估的基础理论和技术方法进行探索，同时以天津市海洋经济和海洋事业发展"十三五"规划为例进行了实践分析，希望能对海洋规划编制和评估起到一定的促进作用。

孙瑞杰

2017 年 2 月于天津

目　录

理论篇

实践篇

理 论 篇

第一章　规划基础理论

规划是人类认识和改变自身现状以及外部环境的重要手段。无论是古代社会还是现代社会,规划的地位都愈发重要。无论是发达国家、还是发展中国家,都对各类事业制定并实施规划,以促进国民经济社会的持续健康发展。究其原因主要在于:第一,资源配置的市场失灵需要政府通过规范和统筹来加以弥补;第二,不可避免的区域经济发展不平衡问题需要通过规划进行协调;第三,经济的持续健康快速发展要求区域规划提供保障。当前,国内外已经形成了较为完整的规划体系,既有国家层级的总体规划,也有跨地区的区域规划,还有各个领域的专项规划等。从根本上理解规划的基本内涵、功能,分析其实质和应用,对于规划在深层次上指导国家、各地方经济社会可持续发展具有重要的意义。本书主要研究国家海洋领域方面的规划。

第一节　规划的内涵

规划是对各方面事务的统筹安排,基于过去和现在而指向未来。对于规划的具体含义,国内外学者给出了许多定义,例如,规划是对一项特定活动程序制定的规则和政策;规划是考虑如何处理正在发生和未来将要发生事情的一种认知过程;规划是人类有目的的改造和利用自然,创建人类环境的具体行动,具有鲜明的社会目标导向和参与者本身的社会特征;规划是一个不断选择和决策的过程,它旨在利用有限的资源来完成未来特定时间内的特定目标;规划是一种思路、目标和政策,在这些思路、目标和政策的指导下,制定实施的细则和行事步骤;规划本质上是选择最佳方案以达到特定目标的一种有组织、有意识、持续不断的努力,即在分析现状和环境的基础上,运用人类的理性认知支持决策制定,寻求解决问题的最佳途径,从而指引人类的行为;规划是一个战略选择的过程,反映了决策者或规划制定者对未来的预期以及处理非预期情况的方式;规划是一种决策制定过程,它是根据现实和预期来优化决策的过程;规划是一项有意识的系统分析过程,通过对问题的系统思考来提高决策的质量;规划是人们对未来的设想以及为实现这些设想而拟采取的行动方案;公共领域的规划就是运用科学技术知识支撑未来的行动,其作用在于引导社会发展和转变;规划是政府、公共组织和社会团体为完成未来特定的任务,在资料收集和分析的基础上，识别最佳的行动方案，拟定执行程序，并针对未来可能出现的意外状况提出预防和应对的策略，等等。

上述定义的角度和侧重点不同，对规划的理解和含义也多种多样。但是，从上述定义可以看出，规划方案固然重要，但制定、实施规划也非常重要，甚至是规划的关键，它是一个政治动员的过程，是统一思想、体现社会主流价值观、形成共同目标并为之奋斗的过程，这是规划的核心。因此，规划具有两方面的含义：一方面规划是一种静态的结果，是总体或某一领域发展的一种思路、目标、规则或政策等；另一方面规划又是动态的活动或过程，是认知现状、制定并实施目标、任务的过程。

第二节 规划与政策、战略的关系

对于初次接触规划的人来说，如何界定规划、政策和战略之间的关系，是一件令人困惑的事情。政策是一个非常广泛的概念，一般是政府及其部门用以规范、引导相关团体以及个人行为的准则或指令。一般情况下，政府发布的决定、命令、战略、指令性计划等，都可以统称为"政策"。这在一定程度上混淆了规划与政策之间的差别。笔者认为，这两者之间有着明显的差异。规划是宏观层面任务的实施步骤和方案，而政策是准则或指令。规划在一定程度上是为了实施政策而采取的手段之一。

战略与规划之间的差异则更令人感到难以区分。两者之间具有一定的共同性，即都是根据现状，对未来的谋划或预测，具有指导性和全局性。但战略往往是对全局进行的总体筹划和布局，是根据现状对未来的预测，结合自身的资源、政治、经济、文化等各方面的状况，设定相对长远的目标、发展步骤、实现途径等，具有指导性、全局性、长远性、系统性、前瞻性，一般往往是国家在某一重大转型时期所制定的，国家需要长期坚持的方针或行动方向。而规划则是对战略需要实现的任务进行细化，并作出相应的安排和分工。因此，可以说规划在一定程度上是战略的实施手段之一，战略的实施需要不同层面的政策和规划的落实。

第三节 规划的本质与特点

从规划的定义可知，规划涉及的学科领域非常广泛，具有跨学科性、综合性等特点，涉及管理学、政治学、经济学、公共政策等多个领域。规划本质包括以下两个方面：第一，规划是政府及其部门开展行政管理的重要环节和手段。政府履行社会管理职能，即是通过对资源的计划、组织、领导、协调和控制，以有效的方式实现组织目标的过程。在管理过程中，通过制定和实施规划或计划等，设置任务、实施步骤并进行分工，从而完成管理的既定目标。第二，规划是一种政府决策。规划的制定过程，其实质是政府及其相关部门进行决策的过程。在规划的制定过程中，需要在预测的基础上，谋划若干可能的情景和方案，在对各种可能情况进行分析的基础上，对各类方案进行系统评估，以选择最佳方案，并最终加以确定后发布实施。

基于对规划本质的认识，笔者认为规划应该具有以下特点：第一，规划具有前瞻性和未来导向性。这是规划最重要的内涵和特点，即规划在基于过去和现在的基础上面向未来，对未来进行设想和安排。第二，规划具有政治性。与立法、行政、司法三种国家权力相同，规划是运用政府的权力对国家资源进行配置，是国家政策的体现，在高度政治化的背景下出台，涉及众多利益群体。第三，规划是资源约束条件下的资源配置方式。规划制定和实施过程，就是一个对社会、经济和环境等各类资源进行再分配，且通过对规划进行评估，以判断资源配置的效果，并进而实施更为有效的配置。第四，规划应具有可操作性。规划的制定往往以目标为导向，需要设定规划的目标，包括近期目标和远期目标。近期目标往往具有量化指标的要求，且目标之间具有内在的联系，并且相互影响。为实现这些规划目标，规划中必须具有相应的规划任务或项目工程，即具体的行动指南和措施以及方案。

第四节　规划的种类与功能

一、规划的种类

随着规划理论与实践的不断发展，政府部门的规划所涉及的领域非常广泛，且其发展呈现多元化的趋势。结合规划理论发展与当前的实践，按规划的应用领域划分，规划可以分为以下4种主要的类型：

一是空间规划。这是相对较早的规划领域，主要包括城市规划、土地利用规划。由于这一规划领域应用相对较早、也相对成熟，因此，有关规划的理论产生及发展也主要集中在这一领域，其他规划也主要借鉴这一领域的理论与方法。当前，我国已经出台了《城市规划法》（2008年）。

二是发展规划。这一规划主要是由国家政府机构负责编制，服务于政府管理和调控经济的目的。在我国这一规划具有非常重要的地位和作用。例如，我国每5年出台的国民经济和社会发展规划，是党和国家指导社会主义发展、宏观调控国家总体发展的重要手段。

三是社会事业规划。这一规划涵盖的领域包括教育、卫生、妇女、儿童、老人等事业发展。

此外，按照不同的标准，规划可以进行不同的分类。如按照规划的功能分类，我国的经济社会发展规划，可以分为约束性规划、指导性规划等类型。约束性规划是以行政命令来调控所有的经济活动，起到经济运行中枢的作用；指导性规划的功能较弱，主要是通过引导以期达到目标，它不具有行政命令的强制性。按照制定主体不同分类，可以分为政府规划（其中包括中央政府及其部门规划，地方政府及其部门规划）和非政府公共组织规划。按照规划的时间周期分类，可以分为长期规划、中期规划以及短期规划。

二、规划的功能

相对于国家的法律、法规以及其他规范性文件来说，规划是除上述具有法律效力的规范性文件之外、政府履行职责的重要手段。因此，规划的功能是政府职能在经济社会各领域的延伸和具体体现，其主要表现为：

第一，信息功能。这是指规划揭示了经济社会发展的趋势、政府调控的意向等信息，是政府及其相关部门对未来一段时期内工作重点的表述，是社会了解政府工作信息的重要渠道，也为公众做出指引。

第二，协调功能。这是指在规划编制过程中，通过协调不同类型的利益相关者，统一思想，最终形成可以代表最广泛利益的规划方案，同时，还包括为达到规划所设定的目标及采取协调一致的措施。

第三，调控功能。这是指通过规划所确定的政策措施，对经济社会主体进行约束和引导，以促使经济社会总体发展方向符合规划目标和发展战略。规划的调控功能是规划功能体系的核心，也是关系规划存废的关键。规划的这一功能是否能够实现，取决于规划目标与规划任务措施之间的组织方式是否合理、有效。

需要指出的是调控功能的加强，是各国规划制定和发展的必然要求。我国一直在探索加强规划的这一功能。然而，由于经济体制不完善和行政体制改革不到位等因素，导致政府与市场之间的界线仍然不清晰、政绩考核体系有待进一步完善等，使得在规划的制定过程中，政府干预市场、规划措施落空等现象屡见不鲜，进而导致规划目标难以落实。因此，要实现规划的这一功能，一方面需要不断完善规划本身，包括优化规划内容设置，设定明确且切实可行的目标、配套政策和措施；另一方面也需要全面理顺经济运行体制、行政管理体制，使规划真正成为政府调控经济社会运行的重要手段。

第二章　国内外海洋规划发展实践

第一节　我国海洋规划发展实践

一、我国海洋规划发展历程

海洋规划随着我国海洋经济和海洋事业的发展需要而逐步发展和完善，其发展历程可大致分为以下三个阶段。

（一）海洋规划初步发展阶段

受国家政治、经济和社会大环境的影响以及海洋事业发展工作内容的局限，早期的海洋工作侧重科研调查，海洋规划也主要侧重于对海洋科学研究工作的安排和部署。这一时期，以"向科学进军"的口号为指引，先后编制了《1956—1967 年海洋科学发展远景规划》《1963—1972 年海洋科学发展规划》《1975—1985 年全国海水淡化科学技术发展规划》等，但尚未编制其他领域的海洋规划。

改革开放后不久，国家计委国土局组织制定了《全国国土总体规划纲要》，并将"海岸带和海洋资源开发利用规划设想"作为其中的内容之一。1986 年，国家海洋局组织完成了"海岸带和海洋资源开发利用规划设想"，提交了规划设想报告和部分图件及录像片，报告内容作为《全国国土总体规划纲要》第十章。同期，国家海洋局组织开展了"渤海国土综合开发规划研究"工作，完成了《渤海国土综合开发规划研究报告》、规划图和录像片，该报告有关内容也纳入了《全国国土总体规划纲要》。

这一时期为 20 世纪 50 年代至 80 年代末。海洋事业与海洋规划同新中国各行业和各领域的发展一样，处于百废待兴的起步阶段，在探索和实践中前进。海洋规划虽仅局限于科技领域，但已经纳入国家宏观管理范畴。

（二）海洋规划快速发展阶段

为适应海洋事业发展的需要，1988 年国务院机构改革，确定国家海洋局是国务院管理海洋事务的职能部门，主要职能包括"综合管理我国管辖海域，实施海洋监测监视，维护我国海洋权益，协调海洋资源合理开发利用，保护海洋环境，会同有关部门建设和管理海洋公共事业及其基础设施"。由此，国务院赋予国家海洋局综合管理海洋的职能。与此同时，《联合国海洋法公约》于1994年生效，沿海各国管辖海域的范围和权利显著扩大，海洋管理的内容也从过去的组织科研调查拓展到海域使用、环境保护、维护权益等多个领域。随着沿海地方海洋行政管理机构的建立，我国的多级海洋管理体制逐步确立。

1991年，国家计委、国家海洋局组织有关部委和沿海省、市、区开展了《全国海洋开发规划》的编制工作，完成了《全国海洋开发规划》文本、图件以及专题研究报告。1994年，经国务院领导圈阅同意后，我国发布了第一个具有全局性和战略性的海洋规划——《全国海洋开发规划》，标志着海洋规划正式拉开大幕。随后，《九十年代我国海洋政策和工作纲要》（1991年）、《海洋技术政策（蓝皮书）》（1993年）、《海洋21世纪议程行动计划》（1996年）、《全国海洋生态环境保护与建设规划》、《中国海洋生物多样性保护行动计划》、《全国海洋环保"九五"（1996—2000年）计划和2010年长远规划》、《"九五"（1996—2000年）和2010年全国科技兴海实施纲要》（1996年）等海洋规划相继出台。此外，1989年，我国开始了小比例尺海洋功能区划研究试点工作。

这一时期为20世纪80年代末至90年代初。我国海洋规划开始步入正轨，全面展开，并逐步延伸到国家与地方诸多层面，扩展到海洋事业发展的多个领域，进入了快速发展阶段。

（三）海洋规划加速发展阶段

进入21世纪，我国海洋事业迅速发展，海洋经济成为国民经济新的增长点。2006年，时任中共中央总书记的胡锦涛同志在中央经济工作会议上指示："在做好陆地规划的同时，要增强海洋意识，做好海洋规划，完善体制机制，加强各项基础工作，从政策和资金上扶持海洋经济发展。" 2000年，时任国务院副总理的温家宝同志对海洋工作批示："国家海洋局要把工作重点放在规划、立法和管理上。" 遵照中央领导指示精神，国家进一步加强了海洋规划工作，编制完成了一系列重要的海洋规划。

一是国务院批准了《全国海洋功能区划》。从1998年开始，国家海洋局组织开展了大比例尺海洋功能区划工作。2002年，国务院正式批准《全国海洋功能区划》，并于2012年修订，作为贯彻《中华人民共和国海域使用管理法》的一项重要制度。同时，沿海省市区也开始编制沿海省（直辖市、自治区）、市、县三级海洋功能区划。至此，海洋功能区划制度正式确立，标志着我国海洋空间规划工作进入国际先进行列。

二是国务院印发了《全国海洋经济发展规划纲要》。2003年，国家发改委、国土资源部、国家海洋局会同22个涉海部门、11个沿海省市区、5个计划单列市，经反复协商、修改完成的《全国海洋经济发展规划纲要》正式由国务院批准实施，这是第一个由国家正式批准的海洋规划。同期，国家发改委和国家海洋局联合成立全国海洋规划办公室，统筹协调沿海地区海洋经济发展规划的编制和实施工作，沿海省级海洋经济规划工作全面开展。2012年国务院印发了《全国海洋经济发展"十二五"规划》，作为"十二五"时期我国海洋经济发展的行动纲领。

三是国务院批复了《国家海洋事业发展规划纲要》。2008年，国家发改委和国家海洋局联合编制的《国家海洋事业发展规划纲要》经国务院批复正式实施，这是第一个由国家批准的海洋领域总体规划，对于促进海洋事业各方面快速发展具有重要意义。2013年国务院批复了《国家海洋事业发展"十二五"规划》，为海洋事业的总体发展谋篇布局。

四是国民经济和社会发展规划以专章的形式部署海洋工作。2006年，《中华人民共和国国民经济和社会发展第十一个五年规划纲要》第一次以"保护和开发海洋资源"为题目部署了海洋工作，这充分说明国家把海洋工作摆在了国民经济和社会发展十分重要的位置，已经纳入国家宏观决策范畴。2010年《中共中央关于制定第十二个五年规划的建议》提出"发展海洋经济"的百字方针。《中华人民共和国国民经济和社会发展第十二个五年规划纲要》以专章形式提出"推进海洋经济发展"的任务要求。

五是沿海区域发展规划纳入国家战略。随着东部率先发展战略的深入实施，国务院先后印发或批复了《辽宁沿海经济带发展规划》《推进天津滨海新区开发开放有关问题的意见》《黄河三角洲高效生态经济区发展规划》《江苏沿海地区发展规划》《关于支持福建省加快建设海峡西岸经济区的若干意见》《珠江三角洲地区改革发展规划纲要（2008—2020年）》《广西北部湾经济区发展规划》《关于推进海南国际旅游岛建设发展的若干意见》等多部区域发展规划和政策性文件。这标志着国家把海洋工作和沿海地区的经济社会发展统筹考虑，纳入国家层面研究和重点部署。2010年，山东、浙江、广东、福建和天津5省市被国务院确定为全国海洋经济发展试点地区，并先后出台了试点规划，在优化海洋经济结构、加强海洋生态文明建设、创新综合管理体制机制等方面先行先试，探索海洋经济的科学发展之路。

此外，国家海洋局还印发了《国家极地考察"十二五"规划》《海洋可再生能源发展纲要》《全国海洋环境监测与评价业务体系"十二五"发展规划纲要》，联合相关部委颁布实施了《海水利用专项规划》《国家"十二五"海洋科学和技术发展规划纲要》《全国科技兴海规划纲要》《全国海洋人才发展中长期规划纲要》《国际海域资源调查与开发"十二五"规划》等专项规划，以及《渤海综合整治规划》《渤海环境保护总体规划》等区域规划，有效指导了重点领域和重要海区的可持续发展。

这一时期为 20 世纪 90 年代末至今。海洋总体规划、各类海洋专项规划和地方海洋规划大量出现，其中多部由国务院印发或批复，标志着海洋规划纳入了国家重点领域专项规划范畴，海洋规划进入了全面发展的新里程。

二、我国海洋规划发展特点

回顾我国海洋规划的发展历程，可以总结出我国海洋规划的发展具有以下 4 个特点。

（一）海洋规划的地位和作用逐步提高

新中国成立初期的海洋规划主要由国家计委、国家科委组织编制，规划内容纳入全国科技规划等领域，地位和作用都很小。改革开放以后，特别是 1988 年机构改革以来，海洋规划基本上由国家海洋局与相关部门联合组织编制，国家海洋局具体负责，多部门联合印发实施，海洋规划的地位和作用大幅提高。进入 21 世纪以来，海洋规划和海洋工作得到了党中央、国务院的高度重视，目前已有 7 个海洋规划由国务院印发或批复，极大地促进了海洋事业、海洋经济和沿海地区的社会经济发展，海洋规划上升为国家战略，逐步纳入国民经济和社会发展规划体系之中。

（二）海洋规划的领域和覆盖范围日益全面

新中国成立初期的海洋规划数量少、覆盖范围小，仅局限在科技等领域。改革开放以后，随着海洋事业的加快发展，海洋规划工作迎来崭新局面，海洋规划从科技发展到海洋经济、海洋环保、海域管理等多个领域，并发布了海洋总体规划和海洋区域规划。同时，沿海地方政府也不断出台各类海洋规划。由中央和地方多层级、多类型海洋规划构成的体系框架日渐清晰，各规划相互联系、相互促进、相互补充，为统筹海洋经济协调发展、规范海洋开发利用秩序提供了有力保障。

（三）海洋规划的管理和监督体系初步建立

随着海洋事业和海洋经济的快速发展，海洋规划和管理工作得到了国家的高度重视。2003 年，中编办批复在国家海洋局内设政策法规与规划司，专门负责海洋规划管理工作。2005 年，国家发改委和国家海洋局联合成立全国海洋规划办公室，负责全国和省级海洋经济发展规划的管理和监督实施工作。同期，成立了海洋经济规划专家咨询和评估委员会，开展了 11 个省级海洋经济规划文本的评估工作。此外，还建立了海洋经济规划纲要实施的科技推进平台等专项保障规划的实施。

（四）海洋规划由"点"向"面"全面展开

改革开放以来，我国通过开放经济特区、沿海开放城市等举措，以"点"的形式对沿海地区的发展进行总体布局。近年来，随着沿海省的区域发展规划上升为国家战略，国家新一轮沿海区域发展布局以"面"的形式逐步展开。同时，围绕海洋经济发展、环境恶化和区域综合治理，单一省市的海洋规划不能解决海洋经济与区域资源环境的协调发展问题，区域海洋规划和海洋综合管理逐步发展，如渤海环境保护总体规划涉及辽宁、河北、天津、山东4个省市和国家发改委、环保、科技、海洋等多个涉海部门。

三、我国海洋规划存在的问题

近年来，我国海洋规划虽然发展很快，但与海洋经济和海洋事业发展的需求相比，海洋规划工作仍然滞后，尚未形成科学、完整的海洋规划体系。主要表现如下。

（一）海洋规划间缺乏协调

海洋的利用具有多功能性，而我国海洋管理政出多门，管理权重叠。交通、农业、环保、国土等在相互交叉的管理范围之内有其不同的管理对象，在制定规划时往往只从本部门的利益出发，分别依据自己的行业规划处理问题，相互之间既缺乏了解，又缺乏协调，因而海洋规划间相互冲突，造成相互推诿、交叉重复等局面。同时，即使是同一部门内部由于工作任务和重点不够明晰，造成规划功能定位不清，及规划间不统一，这些都极大地影响了海洋规划的实施。

（二）海洋规划实施监督不够

目前，我国海洋规划的实施，缺乏必要的监督管理机制，部门、地方利益之争，使海洋规划的目标难以落到实处。首先，海洋规划涉及国家相关部委和沿海省市地方政府，协调难度极大。其次，海洋规划的法律规划体系尚未建立，海洋规划的编制与实施管理缺乏法律依据。同时，海洋规划执行过程中缺少具体、明确的落实计划和各种政策与配套措施。此外，海洋规划的舆论和社会监督机制还未建立，公众参与机制也没有落实。

（三）海洋规划评估环节薄弱

由于人们对未来的预测有一定的局限性，再理想的海洋规划方案往往也难于百分之百地实现。因此，随着时间的推移，原来被认为理想的方案和设想要不断地根据实施过程中反馈的信息进行调整。海洋规划不应该是静态的，而应该是不断发展变化的动态过程。但是，目前海洋规划存在重规划编制、轻规划评估的问题，规划目标是否实现、规划空间布局是否形成、规划政策是否落实等往往被忽略，即使发现问题，规划也未能及时修改和调整。

（四）海洋规划控制约束力不强

目前，已编制实施的海洋事业规划、海洋经济规划以及各类海洋专项规划，普遍缺乏控制约束力，而且层级之间缺少明确的约束关系和控制手段，在实际执行中下级如何体现上级要求，缺少具体可依照的准则。同时，现行海洋功能区划制度虽然在空间上明确了各类海域用途，但作为空间规划的基础作用和约束效能还未充分发挥，甚至部分地区出现因用海项目与海洋功能区划相冲突，而要求修改功能区划的现象。

（五）海洋规划技术支撑不足

海洋规划的编制与实施需要一套完整的技术方法和标准规范体系，包括指标体系、技术方法、编制技术规程等。它贯穿于海洋规划编制、实施监测和评估调整的全过程，是高质量编制海洋规划和有效实施规划的保障。目前，我国海洋规划编制的技术方法研究刚刚起步，而且相对分散，尚未形成完整的技术支撑体系。

第二节　国外海洋规划经验借鉴

通过对国外海洋规划体系和现行海洋管理制度的研究，分析主要国家海洋规划的特点，借鉴国外海洋规划管理的方法和技术手段，对我们科学合理编制海洋规划具有重要的参考价值。

一、国外海洋规划发展概况

（一）美国的海洋规划

美国是世界上制定海洋规划最早也是最多的国家。早在 1959 年，美国科学院海洋学委员会就制定了《海洋学十年规划（1960—1970 年）》；同年又制定了《海军海洋学十年规划》，这是世界上第一个军事海洋学规划。自 20 世纪 60 年代以来，美国政府制定了一系列海洋发展规划。如，1963 年美国联邦科学技术委员会海洋学协调委员会制定了《美国海洋学长期规划（1963—1972 年）》；1969 年出台了《我们的国家和海洋——国家行动计划》；1986 年颁布《全国海洋科技发展规划》；1989

年 NOAA 制定了《沿岸海洋规划（COP）》，意在集中 NOAA 和沿海科学界的力量解决长期存在的沿岸急迫问题；1990 年公布《90 年代海洋科技发展报告》，提出要保持和增强美国在海洋科技方面的领导地位；随后制订并实施了《海洋行星意识计划》（1995 年）、《1995—2005 年海洋战略发展规划》《海洋地质规划（1997—2002）》《沿岸海洋监测规划（1998—2007 年）》《美国海洋 21 世纪议程》（1998 年）《制定扩大海洋勘探的国家战略》等。1999 年，美国制定了国家海洋战略，并成立了相关的国家咨询委员会，明确了海岸带经济和海洋经济的定义，从法律上确立了海洋经济的管理和评估制度。同年又制订了国家海洋经济计划，意在为国家提供一个范围广阔的，与现代经济以及社会信息相关的交流平台和机制，并预测出美国的海岸领域以及海岸线可能会发生的一些趋势。

美国于 2000 年 8 月颁布了《海洋法令（Oceans Act of 2000）》。根据该法，2001 年 7 月又成立了全国统一的海洋政策研究机构——美国海洋政策委员会。随后陆续制订了《海洋立体观测系统计划》《21 世纪海洋发展战略规划》《2001—2003 年大型软科学研究计划》《2003—2008 财年及未来 NOAA 科研战略规划：认识从海底到太阳表面的环境》等。2004 年底，美国海洋政策委员会向国会提交了名为《21 世纪海洋蓝图》的海洋政策报告，对海洋管理政策进行了迄今为止最为彻底的评估，并为 21 世纪美国海洋事业发展描绘出了新的蓝图。2004 年 12 月 17 日时任总统布什发布行政命令，公布了《美国海洋行动计划》，对落实《21 世纪海洋蓝图》提出了具体的措施，并对美国政府未来几年的海洋发展战略做出全面部署。2007 年又颁布实施了《规划美国今后十年海洋科学事业：海洋研究优先计划和实施战略》。

2009 年 6 月 12 日，奥巴马总统签署的《关于制定美国海洋政策及其实施战略的备忘录》提出编制海洋空间规划，要求采用全面、综合和基于生态系统的方法，既要考虑海洋、海岸与大湖区资源的保护问题，又要考虑经济活动、海洋资源利用者间的矛盾与冲突以及资源的可持续利用等各种问题。

此外，以区域为基础的海洋规划，如密西西比河口规划、海岸带管理计划、美国国家海洋与大气管理局（NOAA）的"国家海洋保护区计划"、《美国加利福尼亚州海洋海洋资源管理规划》（2004 年）等，进一步丰富了美国的海洋规划体系。

2013 年 7 月 19 日，美国海洋政策委员会发布了《海洋规划手册》，不仅明确规定了区域规划机构的成立、职责、成员构成等内容，而且详细阐述了海洋规划的主要组成部分和编制流程，以及对规划至关重要的公众参与过程，是制定美国区域海洋规划的重要指导性文件。

（二）日本的海洋规划

日本是继美国之后的又一海上强国，自 20 世纪 60 年代开始制定海洋规划，是较早制定海洋规划的国家之一。

1968年,《日本海洋科学技术计划》出台,为海洋经济的快速发展奠定了良好的基础;同年又推出了《深海钻探计划(1968—1983年)》。1979年提出《日本海洋开发远景规划的基本设想及推进措施》,1985年制订了《大洋钻探计划》(1985—1994年)。1990年5月,日本海洋开发审议会向政府提出了"面向21世纪的海洋开发设想和措施",其中涉及进行国际化的跨学科、跨领域的研究,加强海洋信息研究和管理,在全社会进行大力宣传以提高人们对海洋开发和保护的认识等提议。90年代又相继制订了《海洋高技术产业发展规划》、《海上走廊计划》(1994年)、《海洋研究开发长期计划(1998—2007年)》(1998年)、《1999年海洋开发计划》等。2000年日本又提出《综合大洋钻探计划》,该计划于2003年10月启动,目前已有包括美国等海洋强国在内的12个国家参与。进入21世纪,日本先后制定了《21世纪海洋发展战略》《21世纪开发海洋空间计划》《产业集群计划》等。在2001年日本内阁会议批准的科技基本规划中,海洋开发和宇宙开发被确立为维系国家生存基础的优先开拓领域。2004年,日本发布了第一部《海洋白皮书》,提出对海洋实施综合管理。2007年,日本发起《研究高发性地震带的深海科学钻探计划》。2008年《海洋基本计划》发布,对2007年出台的《海洋基本法》的12项基本政策提出了相关的任务措施;2013年,日本结合国际国内形势对《海洋基本计划》进行了更新和完善。2009年日本出台了《海洋能源矿物资源开发计划》,对开发石油天然气、天然气水合物、海底热液矿藏和国际海底矿藏等进行了筹划。

(三)英国的海洋规划

英国是世界海洋强国之一,自古以来就十分重视海洋的综合开发、利用和规划工作。

早在20世纪70年代,英国苏格兰发展局为开发北海石油和天然气资源制定了《北海石油与天然气:海岸规划指导方针》,其基本原则是海洋油气业对海岸区域的利用只能在指定区域内进行。1989年底,英国海洋技术协调委员会向英国政府提交了《90年代英国海洋科学技术发展规划》,提出今后10年国家海洋6大战略目标和海洋发展规划及实施建议。2000年,英国自然环境研究委员会(NERC)和海洋科学技术委员会(USTB)提出今后5~10年海洋科技发展战略,包括海洋资源可持续利用和海洋环境预报两方面的科技计划。2002年5月1日,英国政府又提出了"全面保护英国海洋生物计划",为生活在英国海域的4.4万个海洋物种提供更好的栖息地。英国地质调查局分别于2005年、2008年发布了《2005—2010年的战略科学规划》和《2009—2014年的战略科学规划》。2009年11月12日,英国王室正式批准《英国海洋法》。该法由11个部分组成,其中第三部分为海洋规划,提出了战略性海洋规划体系。该体系的第一阶段工作是编制海洋政策,确立海洋综合管理方法,确定海洋保护与利用的短期与长期目标;第二阶段是制订一系列海洋规划与计划,以帮助各领域落实海洋政策。2010 年 2 月 3 日,英国政府正式发布《英国海洋科学战略(UK Marine Strategy)》报告,将应对气候变化等三个方面确定为未来 15 年英国海洋科学研究的重点。2010 年 3 月,英国政府又发布了《海洋能源行动计划》,提出在政策、资金、技术等多方面支持新兴的海洋能源发展,以帮助减少二氧化碳排放和应对气候变化,并提供一批就业岗位。

(四) 澳大利亚的海洋规划

澳大利亚是南半球最发达的海洋国家,也是世界上通过综合协调利用海洋并保持优质海洋环境的典范之一。

早在 1979 年,澳大利亚就颁布了《海岸和解书》,规定州和领地的控制范围是从海岸向海延伸 3 海里。20 世纪 90 年代,澳大利亚先后制定了《海洋拯救计划》(1991—2000 年)、《海岸带行动规划》、《海洋工业发展战略》(1990—1994 年)等。1997 年,澳大利亚联邦政府工业、科学和旅游部公布了由澳大利亚海洋产业和科学理事会负责编制的《海洋产业发展战略》,明确了综合管理作为协调海洋产业之间关系、管理机构和层次之间关系以及推进海洋产业发展的根本管理模式。该战略对推动该国海洋产业的发展发挥了重要作用,使澳大利亚海洋产业的许多方面处于世界领先地位,或是具有世界竞争力。1998 年,澳大利亚政府颁布了《澳大利亚海洋政策》(AOP),该政策首次就澳大利亚广大海域提供了基于生态系统的综合管理框架,为规划和管理海洋开发提供了战略依据。2004 年 5 月 21 日颁布的东南海域计划是首个在 AOP 下执行的地域性海洋计划。本文研究表明,虽然横跨部门和权限的充分综合化尚未出现,然而在东南地区,新的 AOP 主动性、机构和管理方法已经大大增强了部门和管辖权的协调。2006 年,澳大利亚自然资源管理部长委员会(Natural Resource Management Ministerial Council)发布了《综合海岸带管理国家协作方式——框架与执行计划》(National Cooperative Approach to Integrated Coastal Zone Management-Framework and Implementation Plan),综合分析了澳大利亚海岸带所面临的压力与问题,并在此基础上研究制定国家海岸优先发展的领域,进一步对国家实施这些优先领域制定系列的执行措施与目标,对澳大利亚今后的海岸发展起到了指导作用。为了更好地让海洋资源造福全社会,1999 年澳大利亚出台了海洋科技计划。时隔 10 年,为顺应海洋科技发展形势的需要,2009 年 3 月澳大利亚政府又公布了海洋研究与创新战略框架。在区域海洋规划发展方面,2005 年 2 月,岸线管理委员会(CMC)历时 6 年多完成了澳大利亚东部海岸 Tweed 郡的岸线管理规划(Coast Line or Shore Line Management Plan),规划期限为 15~20 年。2007 年,澳大利亚开始实施海洋生物区规划（Australia Marine Bioregional Plans），旨在摸清海底和水体环境，为海洋空间规划提供多尺度的数据支撑。

（五）加拿大的海洋规划

加拿大是一个三面环海的国家，历来重视海洋的开发利用和保护。加拿大于1987年制订了《多年海洋计划》。进入20世纪90年代，联邦政府通过环境部制订了综合性规划《绿色规划》，旨在促进加拿大沿海和海洋水域的保护行动。根据《绿色规划》，又相继启动了弗雷泽河口行动计划、圣·劳伦斯行动计划、大西洋海岸行动计划、五大湖行动计划和生境行动计划。1997年，加拿大颁布并实施了《海洋法》，使加拿大成为世界上第一个具有综合性海洋管理立法的国家。《海洋法》授权加拿大渔业和海洋部长负责组织领导并督促《加拿大海洋战略》的制定工作。继《海洋法》之后，2002年7月《加拿大海洋战略》出台，该战略提出在海洋综合管理中坚持生态方法，重视现代科学知识和传统生态知识；坚持可持续发展原则；了解和保护海洋环境、促进经济的可持续发展和确保加拿大在海洋事务中的国际地位。根据该战略，联邦政府组织有关人士制订了针对加拿大三个沿海地区的管理计划，其中包括：北冰洋波弗特海综合管理规范计划、大西洋东斯科舍陆架综合管理和太平洋不列颠哥伦比亚省中部海岸计划。2005年5月，加拿大《海洋行动计划》开始实施，首笔投资2800万加元，以进一步加强联邦政府保护加拿大脆弱海洋生态系统的能力，为加拿大民众和沿海居民提供更好的可持续发展机会；2009年又启动了"海王星"海底观察站计划。

（六）印度尼西亚的海洋规划

印度尼西亚是世界上最大的群岛国家。近年来，印度尼西亚颁布了一系列促进海洋开发的法令、规定与规划。

2003年，为了实现海岸带与小岛的合理计划，海岸与小岛事务理事会会同中央政府与地方政府召开会议专门讨论立法计划，与会者包括中央和地方政府部门及其他涉海管理部门，讨论的议题主要包括以下7个方面：① 海岸带与小岛开发计划立法的重要性；② 海岸带与小岛开发立法系统与程序；③ 佩达省空间安排的进程与政策；④ 海岸带与小岛政策的管理；⑤ 连接海岸带与小岛空间开发的中心与区域；⑥ 海岸带与小岛开发的土地产权；⑦ 海沙区管理。根据讨论，会议颁布了《海岸带区域海洋空间开发安排计划》，包括：考虑相关的一些重要因素，争取和谐开发海岸带与海洋；对于已经安排好的海洋空间开发计划，要努力赋予实施；作为区域发展的基础，努力发展海洋与渔业。2004年，海岸与小岛事务理事会召开研讨会，会议主题是"推进小岛投资活动，促进小岛海洋空间开发的政策与策略"，会后提出了支持对小岛投资，促进海洋空间开发的基本政策与策略，包括：赋予小岛功能配合海洋空间的开发；在开发小岛资源的同时，制订可持续发展计划；根据小岛的地理条件投资。在同年预算中，海洋管理理事会、海岸与小岛事务理事会、海洋事务与渔业部对海岸和海滩发展实行早期服务资格认证和货物征税计划，覆盖领域包括：农业与乡村发展、边陲地区。提供中间服务咨询的单位必须在服务和货物征税委员会注册公司，该委员会出具早期服务资格认证，同时办理委任状。2005 年，印度尼西亚出台了《海洋渔业发展战略规划2005—2009》。2010 年，印度尼西亚海洋事务与渔业部（MMAF）在 44 个行政区开展了沿海分区规划，今后的沿海区域管理必须严格遵守沿海区划。佐科总统2014 年 10 月上台后提出建设"海上高速公路"的计划，意在发展海运，改善现有港口设施，建立新的深海港，促进物资交流。

二、国外海洋规划的特点

（一）海洋规划的层次级别较高

美国总统、副总统亲自过问海洋规划的制定，并亲自提名海洋委员会的成员。日本的海洋开发计划，由内阁总理大臣提出建议，并由内阁负责计划的协调和实施。韩国由国务总理亲自提名任命海洋政策调整委员会委员长，负责协商海洋开发计划的推进方案，国会负责审查计划的执行情况。澳大利亚成立联邦/州部长级机构负责海洋规划的实施。

（二）海洋规划实施监督机制较完善

美国每年对海洋规划进行一次审查，并制订年度执行计划，成立科学指导小组和项目办公室，监督执行情况。日本对海洋规划项目成立专门的委员会审核和监督。英国在内阁中建立评价办公室负责审查、监督海洋规划的实施。韩国海洋规划执行部门要制订年度运营计划和预算，各部门每年定期监控和审查海洋规划运营计划，并要求提交报告书。

（三）定期修订、调整海洋规划

国外重要海洋国家纷纷用动态的眼光看待本国海洋发展态势，定期调整、修订或者制定适合不同时期的海洋发展规划。如美国 20 世纪 60—80 年代每 10 年制定一次海洋规划，到 90 年代则是每 5 年或每 3 年修订或出台新的海洋规划。日本每 10 年出台一项新的海洋规划，并根据规划实施的具体情况对海洋规划每年进行一次调整或修订，以便更好地发挥海洋规划对海洋事业的指导作用。

（四）重视海洋科技、权益规划

为了不断增强本国海洋产业竞争力，保持海洋科技领先地位，确保世界海洋强国的地位，美国、日本均先后出台了一系列海洋科技、战略权益规划。美国先后提出了《全球海洋科学规划》（1986 年）、《21 世纪海洋发展战略规划》（1999 年）、《2001—2003 年大型软科学研究计划》（21 世纪初）、《规划美国今后十年海洋科学事业：海洋研究优先计划和实施战略》（2007 年）。从 1968 年始，日本就先后推出了《海洋高技术产业发展规划》《海洋研究开发长期规划》等旨在推进海洋高科技发展的海洋规划；21 世纪初，日本制订了大肆掠夺海洋资源的"抢海"计划；2005年日本将秘密机构"拦截对策本部"升格并公开化，成立了负责制订并实施抢夺海洋权益计划的专门部门，应对东海等海区的海洋权益之争。

（五）提倡政府、学术界、公众等社会各方的广泛参与

国外海洋规划的参与者面很广，从中央到地方政府的相关部门、议会及议员、企业代表、民间代表，从官员到专家及社会公众都有。海洋规划在立项、编制和实施的整个过程中，广泛听取专家、社会团体及公众等社会各方的意见，建立并完善反馈程序，实现多元主体和共同参与的有效机制。例如，美国的《托尔图加斯生态保护区规划》就是个成功的典范，在规划编制与实施的全过程，广泛听取公众、科学家与其他利益相关者的意见，并进行修改，不仅完善了规划的编制，也大大增加了他们对保护区建设最终决策的支持与参与。日本政府注重依靠权威专家，做到了政府、学术界、经济界乃至军界的广泛参与，并通过一些海洋论坛与媒体宣传，进一步广泛征集民众的意见，同时也引起民众对海洋问题的关心，加深了他们对国家海洋规划政策的理解。

三、国外海洋规划发展对我国制定海洋规划的启示

（一）立法是海洋规划实施的重要保障

全球已有诸多沿海国家先后制定并颁布了海洋法。法律法规的严肃性、规范性和稳定性，保证了海洋规划的有效实施。加拿大率先通过《海洋法》，为综合海洋政策和管理提供了法律框架，进一步加强了加拿大在海洋综合管理方面的实力，并提出实施基于生态系统的海洋管理；比利时先后颁布了《大陆架法》《专属经济区法》《海洋保护法》等，逐步构建了海洋空间立法框架，将海洋空间规划作为一种海洋利用管理的手段；日本 2007 年出台《海洋基本法》，同期推出了《专属经济区海洋构筑物安全水域设定法》《海底资源开发推进法》《在专属经济区等行使天然资

源勘探和海洋科学调查主权权利及其他权利法案》两部海洋法律也在审议之中，此前制定了《专属经济区和大陆架法》《养护及管理海洋生物资源法》《海岸带管理暂行规定》《无人海洋岛的利用与保护管理规定》等以及若干部海洋环保类法律，为制定海洋政策、海洋规划建立了日臻完善的法律保障体系；美国先后颁布了《海洋自然保护区规划条例》《海岸带管理法（CZMA）》《海洋法令》等；德国近年修订了"联邦空间规划法案"，扩大了国家部门性管辖权（包括海洋空间规划），把专属经济区纳入部门管理范围。《英国海洋法》中有专门一个章节为海洋规划，提出将构建战略性海洋规划体系。越南国会于 2012 年 6 月通过了《越南海洋法》，为落实其南海海洋战略提供了重要的法理依据。

（二）建立海洋管理与规划的高层协调机制

许多沿海国家都有各具特色的海洋规划协调机构。例如，在英国，当各部门之间在海域利用上发生矛盾时，有关部门之间成立委员会自己协调解决，解决不了的交由内阁成立的专门委员会进行协调；英国的主要综合管理协调机构包括英国皇家地产管理委员会负责协调海域使用，海洋科学技术协调委员会负责协调政府资助的有关海洋科技活动；澳大利亚成立了由环境部、工业科学与资源部、农林渔业部、交通部以及旅游部等涉海部门的部长组成的国家海洋部长委员会，负责协调联邦政府各涉海部门的有关海洋工作，具体海洋管理职能分散在各海洋行业管理部门。为了防止部门之间职能重叠，加强协调，印度尼西亚成立了海洋理事会作为部门间协调机构，由海洋部、外交部、交通部、警察总署、海军、旅游部等部门负责人以及私人企业、非政府组织的代表组成，总协调人是海洋事务与渔业部部长。

（三）重视海洋科技规划，推进科技兴海战略

美国、英国、日本等国非常重视海洋科技规划，美国的海洋规划更是始于 20 世纪 50 年代的海洋科学研究规划，并先后制定了《美国海洋学长期规划》《全球海洋科学规划》《规划美国今后十年海洋科学事业：海洋研究优先计划和实施战略》等，英国也先后制定了《90 年代英国海洋科学技术发展规划》《海洋科学技术发展战略》《2005—2010 年的战略科学规划》《2009—2014 年的战略科学规划》和《英国海洋科学战略》等。而我国的海洋科技水平与世界海洋强国有一定的差距，因此，要继续发挥科技先导的作用，加强海洋科技规划的编制与实施，推进配套工程建设。

（四）加强海洋规划实施的评估监督

评估、监督海洋规划的实施情况，是海洋规划目标切实落到实处的保障。美国从规划开始实施起就制订 5 年执行计划，执行计划每年修订一次，并根据这些信息

和执行措施跟踪规划进展，制定和修订年度预算指标、业务计划和执行计划，必要时将修订战略规划，重申战略目标和任务。因此，我国应加快建立海洋规划运行监督机制和海洋规划评估制度，进一步研究建立规划评估指标体系和考核办法，制订切实可行的海洋规划年度实施计划以及保障政策和措施，逐步建立相应的实施保障及监督机制，确保海洋规划落到实处。

（五）建立健全公众参与和反馈机制

海洋规划对象的广泛性和复杂性，是建立海洋规划公众参与机制的客观要求。提高公众对海洋规划全过程参与程度，广泛地听取专家、社会团体及公众等利益相关者的意见，建立并完善沟通与反馈程序，实现多元主体共同参与模式，是改进海洋规划管理的有效手段。同时，加强公众参与，也有助于公众对海洋规划的理解，扩大海洋规划的宣传范围，也是更好地落实规划目标和任务的重要措施。

（六）完善海洋规划体系

美国、日本、澳大利亚均已建立了完备的海洋规划体系，其规划体系中，既有中长期规划，也有短期规划；既有宏观规划，也有具体计划，它们之间相互配合，结构合理，优势互补，有效地保障了海洋规划的实施，推动了海洋事业的发展。而我国海洋规划中，短期规划多，中长期规划少；宏观规划多，具体规划少，且存在相互间不匹配的矛盾。因此，我国海洋规划体系设计应充分考虑体系结构，做好中长期规划与短期规划、宏观规划与具体规划的相互配合，以期更好地引导我国海洋事业的发展。

第三章　海洋规划编制流程和技术方法研究

第一节　海洋规划编制流程

一、总结与评估上一轮规划

海洋规划编制之前首先应对上一轮海洋规划实施情况进行系统科学的总结和评估，分析规划目标和主要任务的完成情况，弄清哪些发展目标和主要任务已经完成，哪些没有完成，并搞清未完成的原因，一是由于规划实施过程中出现了不利因素，还是因为发展目标和主要任务设定得不够科学合理，这些问题都应在对上一轮规划的总结和评估中解决，这样在编制新一轮规划时，可以针对完成情况，重新设计科学合理的发展目标和任务措施。

二、分析存在问题

任何科学研究和公共政策的制定都是从问题开始的，海洋规划也以解决海洋发展中的问题为根本目的，因此，问题界定应先于海洋规划编制和研究。问题导向和目标导向并不冲突，规划目标总是与规划要解决的问题紧密联系在一起。由于海洋不同发展阶段的目标不同，因而问题的界定标准及其重要性排序也不相同。

发现问题大体可以分为寻找问题的切入点、分析问题因素、问题因素的层次分析、进行问题重要性排序4个步骤。

1. 寻找问题的切入点

一是从海洋系统内部各种因素间的关系这一途径发现问题。

二是从系统与系统之间的关系这一途径来发现问题。

三是构建合理的数学模型来发现问题。

四是通过在不同领域、不同学科、不同部门之间进行跨域移植而发现问题。

五是通过对公认的原则、规范进行怀疑、挑战而提出高一层次的问题。

2. 分析问题因素

按照上述问题的切入点，首先界定分析问题的系统范围，分析范围内的各因素现状，然后逐层分解罗列现状各因素。其方法最好采取自上而下、逐层分解的方法，以免被过多的细节所淹没。要有控制、逐步地了解更多的细节，有效解析大系统的复杂性。此外，也可以在分析目标的基础上构成问题，把关于整体目标的高度概括但又比较含糊的陈述转变为一些更具体、便于分析的目标，并界定问题所处的外部环境和影响问题的主要因素。

3. 问题因素的层次分析

针对分解的各项因素进行调查和资料收集，初步研究调查结果和收集的资料，明确各因素的层次关系。总的来说，海洋发展问题就是经济社会发展对海洋的要求与限制以及影响海洋发展的自然、社会、经济诸因素之间存在的矛盾关系，层次分析就是在已经清楚系统的范围及其所包含因素的基础上，分析各因素之间的关联关系和隶属关系。

4. 进行问题重要性排序

对于一个需要规划的海洋系统而言，海洋规划既有迫切需要解决的问题，也有可以推延解决的问题；既有现有技术条件能解决的问题，也有需要技术更新才能解决的问题；既有重要问题，也有次要问题；既有宏观问题，也有微观问题；既有普遍性问题，也有特殊性问题。要确定解决问题的优先级别，选择其中关系重大、迫切需要解决又能够解决的问题优先排序。

三、专题分析研究

专题分析研究是海洋规划编制前期研究的重要内容，其广度和深度决定了海洋规划编制的质量和水平。专题研究目的是通过分析当前海洋经济和海洋事业各领域发展现状和突出问题，以及发展潜力，对比分析与国内外发展的差距，合理确定海洋经济和海洋事业各领域发展的主要思路、目标和任务措施，以及需要开展的重大专项和工程。专题研究的设置应当根据规划工作基础、规划层级、规划任务实际确定，以满足规划编制需要为宜。

四、确定目标和指标

规划目标是规划所要达到和追求的目的，是基于对海洋经济和海洋事业发展及其相关联的经济社会的认识构成，基于解决海洋发展问题的途径而确定的未来理想状态。海洋规划的目标是落实国家海洋发展总体战略，分析海洋发展面临的形势，针对当前突出的问题和矛盾，根据海洋发展现状和潜力，确定各海洋领域总体发展目标，然后，把海洋总体发展目标细化到具体海洋领域，确定各领域的发展目标，同时，利用数学模型对预期指标进行预测，对约束性指标做出确定，最后形成预期性和约束性指标共同构成的海洋规划指标体系。

规划目标不是既定的，它会随着环境的变化而改变；目标也不是唯一的，系统的多样化的结构功能决定了规划目标的多元化。确定规划目标的途径一般要经过以下几个步骤：① 确定基本目标。基本目标是规划的终极目标，各层面的规划目标都是在基本目标的基础上针对各层面问题延伸出来的；② 针对问题的目标罗列。通过调查研究，明确需要解决和可能解决的问题，针对问题明确目标；③ 利益相关者的目标罗列。这是确定目标的另外一条途径，即根据利益相关者的需求，列出不同利益相关者冲突的目标，分析目标之间的相互关系；④ 目标调整修订。以基本目标为标准，将上述所有目标进行分析，确定各目标之间的相互关系，删除重复的目标、由于条件不具备难以实现的目标，对相互矛盾的目标提出可能的协调方案，再对剩余规划目标的重要性程度、紧迫性程度进行分析，按照目标可能实现的时间进行分配，最终确定规划的总体目标。

海洋经济和海洋事业各个领域通常都会有若干个具体的指标作为衡量该领域发展目标的尺度。指标是指反映总体现象数量特征的概念和具体数值，具有数量性、综合性、具体性的特点。海洋规划指标是对未来海洋事业发展的目标，包括规模、结构、布局、时序和效益等总体性互动的特征和状况的数量界定，是规划内容的具体化和数量化的表现。规划指标具有以下功能：① 描述功能，能够确定规划的模型框架；② 导向功能，能够起到信息引导的作用；③ 评价功能，能够判断海洋经济与海洋事业发展系统运行状态与理想目标之间的差距；④ 调控功能，能够根据国家总体战略和发展现状，进行系统性和有目的性的干预。规划指标可以是量化的指标，也可以是质的指标。如果一个目标具有明确的取向，可以量化，那么就应该用单一或多个定量指标来刻画该目标，以帮助政策分析和决策。例如，在海洋经济发展目标中，可以有海洋生产总值、增速、在国民经济中的比重等指标作为规划管理、监测和评估的尺度。质的指标是指不能够用数量或指数加以衡量的目标，通过定性的特征衡量规划目标的尺度。例如，海洋主体功能区划战略可以用空间分区的方法来体现。

五、编制方案

海洋规划的制定包括规划方案的编制和依法定程序完成规划审批两个逻辑上前后相连的内容，其中规划方案的编制又包括供选方案的编制、供选方案实施的效果预测、供选方案的综合平衡、供选方案的比较和择优等工作。

海洋规划作为一种公共政策，应编制尽可能多的供选方案，是合理决策、提高规划科学性的先决条件。编制规划方案的主要依据包括：① 国家和地方关于海洋的法律法规和政策规定；② 上级规划的要求；③ 国家和地区经济社会发展战略和规划；④ 前期研究确定要解决的海洋发展问题；⑤ 前期研究拟定的规划目标和指标；⑥ 相关规划和部门对海洋发展的需求；⑦ 专题研究成果等研究结论。

依据所确定的规划目标和控制指标，分析和预测海洋发展的影响因素和变化趋势，根据规划目标实现途径、投入水平和保证条件的不同，拟定规划供选方案。每个供选方案均需保证规划主要目标的实现。具体编制步骤为：① 根据海洋发展条件和规划大纲所确定的目标，分析目标实现的各种可能途径和情形，拟定规划实施的不同条件；② 根据不同的规划实施条件，对规划期间海洋发展任务及其对经济、社会、环境的影响进行预测；③ 对各类海洋发展任务进行综合平衡，拟定各类海洋发展任务方案；④ 对各供选方案逐一进行比较，从中选择最优方案。

六、方案优化

各种供选方案由于考虑问题的角度不同，其效益和特点也就不同。选择时要对各种供选方案进行全面评价对比，选择效益较好、最有可能实施的方案作为规划送审方案。

（一）方案评价内容

1. 技术可行性

技术可行性主要是从技术数据、路线、所采用的方法模型等层面看规划方案的科学性、合理性。具体来说，主要考虑基础资料和数据是否翔实；分析、评价、预测的各项技术指标和参数是否准确可靠；海洋经济和海洋事业发展指标的确定和依据是否充分；规划方案对于规划目标和任务满足的程度等方面。

2. 经济可行性

经济可行性分析就是从提高海洋发展的经济效益的角度考察评价各方案，经济效益高的方案相对较优。

3. 生态可行性

海洋发展不仅要考虑其经济效益，还要考虑其生态效益。生态效益是指海洋开发利用对生态环境的改善作用。

4. 组织实施可行性

主要从管理体制、运行机制是否有利于规划方案的实施；各种调控措施资金投入的可能性；部门和公众代表对规划方案接受的程度；实施规划的措施是否切实可行等方面进行考察评价。

任何一个规划方案同时达到上述 4 个方面的最优几乎是不可能的，这就需要进行综合评价，选择综合效果最优、某一方面可能次优的满意方案作为最终方案。这个比较和选择的过程可能是一个各有关方面谈判妥协和讨价还价的复杂政治过程，但也需要借助一些科学的评价决策方法。

（二）方案选择方法

规划方案选择的方法很多，从逻辑上来考虑，可以概括为两种，即筛选法和归并法。筛选法是通过对供选方案各方面的比较，按照选择标准优胜劣汰，确定合格方案或最优方案，淘汰不合格的方案。这种筛选可以包括直接选优或间接淘汰选优。直接选优是指根据选择标准，直接选出合格的方案；间接淘汰选优是指在合格方案不好确定的情况下，寻找不合格的方案逐步淘汰，最后间接找出合格方案。归并法是指待选方案中没有一个合格方案，而不合格的方案又各有自己的长处时，一方面可以将各个待选方案的长处归并到一起，形成一个新的合格方案；另一方面也可以将数个待选方案的长处归入一个待选方案中，使这一方案成为一个新的合格方案。这种归并法实际上是一种重新规划或修订意义上的选择方法。

各种供选方案由于考虑问题的角度不同，其效益和特点也就不同。选择时对各种供选方案全面评价，对比优选，选择效益好、最有可能实施的方案作为规划方案，其他方案作为应急调整方案，以备实施过程中遇特殊情况时实施。规划方案确定之后，要组织有关部门进行论证和协调。根据可行性论证和效益评价的结论，从规划供选方案中选择一个最佳方案作为规划推荐方案，提交规划编制领导小组审议。

（三）方案论证程序

从程序上来考虑，方案论证主要包括两个方面：一方面是搞好协调衔接。按照上下结合、相互协调的原则，重点做好3个方面的协调衔接工作：① 搞好与有关部门的协调衔接工作；② 做好与经济社会发展规划、环境规划等的协调衔接工作；③ 做好与上级和下级海洋规划的协调衔接工作。另一方面加强专家咨询和公众参与。在规划编制的不同阶段及时召开有关专家咨询会，不断对规划方案进行论证。征求公众对规划的意见。探索建立规划咨询审议、民主决策、公众参与等制度，增强规划的可行性和可操作性。

七、规划审批

规划方案择优后被选了出来，并不一定能立即付诸实施，它需要按照一定的法律程序予以确定，取得合法化的地位，才能在各项海洋开发利用活动中具有广泛的约束力。因此，规划审批是规划制定的重要阶段，也是规划实施的前提。

1. 评审

为了保证规划成果质量，海洋规划编制完成后，由上级政府或主管部门组织规划成果评审小组对规划成果进行评审。规划成果评审小组对被评审的规划成果应做出结论，符合条件的应评为合格。对规划成果不合格的或部分不合格的，评审小组应提出纠正、修改或补充的具体意见。

2. 审批

海洋规划审批是对海洋规划成果的确认阶段，依法定权限逐级呈报有权批准的人民政府审批。

按照规划的共同特征，资料收集、现状评价、发展预测和评价决策是规划的4项核心工作，海洋规划亦不例外，它们贯穿海洋规划全过程。实现海洋规划编制过程中客观的现状评价、可靠的目标预测、适宜的空间区划和合理的行为决策都离不开科学的方法。尽管海洋规划层次复杂、内容纷繁、类型众多，其编制技术方法却可从中进行一般化地提炼，形成较为完整和清晰的结构体系。本章从海洋规划编制的过程和特征分析入手，在构建海洋规划编制方法体系的基础上，借鉴陆域相关规划技术方法逐一分析其基本思路、实施步骤、适用特点，并分别按性质和类型分析其对海洋规划的适用性与可行性，由此得出适用于海洋规划一般过程的方法集和分类过程的推荐方法。

第二节 技术方法体系

规划是人们根据现有的认识，对规划事物的未来设想和理想状态及其实施方案的选择过程。规划通常兼有两层含义：一是描绘未来，是人们根据现在的认识对未来目标和发展状态的构想；二是行为决策，即实现未来目标或达到未来发展状态的行动顺序和步骤的决策。相对于陆域规划而言，海洋规划亦是区域规划的一种类型，因此，海洋规划的编制也符合规划编制的一般过程，从现代系统科学的角度看可分为确定规划思路与总体目标、现状数据资料收集与分析、未来发展状态预测与评价、规划措施拟定、规划方案决策5个步骤（见图3.1）。

根据海洋规划编制的一般过程，按各步骤和过程的重要性，可以建立海洋规划编制的方法体系。由于"确定规划思路与总体目标"往往在规划编制前期阶段通过专家咨询等手段已经完成，可不纳入编制的方法体系，故将规划编制方法体系归纳为"两过程、五步骤"，即系统分析过程和行为决策过程，前者又依次分为资料收集、现状分析、发展预测3个步骤；后者依次分为方案评价、规划决策2个步骤。该规划编制方法体系既适用于海洋综合规划，又适用专项规划；既适用于空间规划，也适用于非空间规划。考虑到具有区域规划特性的海洋规划编制较多涉及空间分析与区划，为此又设置了空间区划技术方法子系统（见图3.2）。

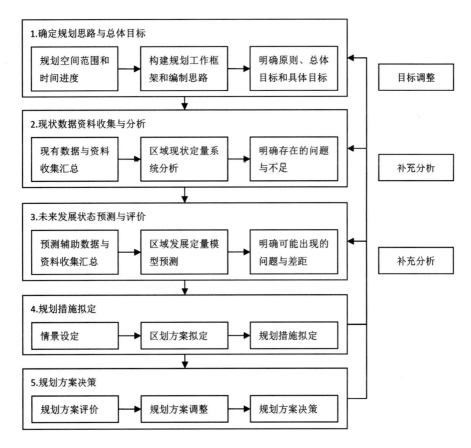

图 3.1　海洋规划编制的一般过程

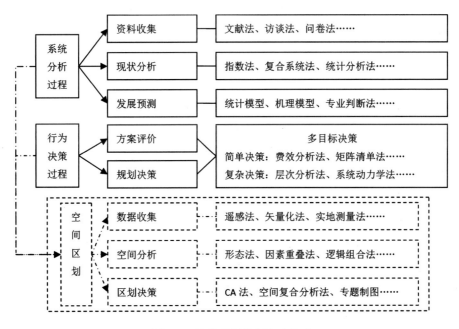

图 3.2　海洋规划编制方法体系

第三节　资料收集方法

一、文献资料法

（一）基本思路

文献资料法是指根据一定的目标和题目通过有关文献收集资料的社会调查方法。文献调查法的主要对象是文献。文献有狭义和广义之分。狭义的文献是指用文字和数字记载的资料；广义的文献是指一切文字和非文字资料，包括照片、录像等。通过文献调查得到启发，可以有的放矢地确定研究课题，减少重复劳动量，提高调查研究的效率。

（二）实施步骤

（1）根据研究课题，确定文献收集的范围。此处的"范围"应包括文献的内容范围、时间范围、文献的类别范围等。

（2）做好文献收集准备工作。首先，拟定文献收集的大纲，包括文献的来源、评价标准和取舍标准等。其次，与获取资料的单位进行联系。

（3）文献收集工作。采用一定的方法把资料记录下来，一般包括逐字记录、摘要记录和提纲式记录，对于记录的资料，要按照一定的标准进行分类。

（4）文献的分析整理。对收集到的文献资料，要进行认真分析，并把分析之后的资料整理成系统资料，以便利用和保存。

（三）方法优点

（1）超越时空限制，广泛了解社会情况。从时间跨度上讲，通过图书、报刊、地方志可以了解几千年以前的社会情况和历史事件；从空间跨度上讲，它可以超越地区和国界，了解到世界各地的历史事件、历史人物和社会情况，这是其他社会调查方法难以比拟的。

（2）避免调查者对调查对象的影响，真实性强，可信度高，特别是涉及个人隐私的资料是其他直接调查方法难以收集到的。

（3）效率高、费用低。采取文献法调查所收集到的资料，有的有很高的研究价值，甚至是当代同类研究项目的最高成果，所以调查的质量很高。不必动用过多的人力、物力，花费的经费也很少，这种方法是获取资料的捷径。

（四）方法缺点

（1）缺乏生动性和具体性。由于是间接得来的资料，调查者既不在事情发生的现场，又没有亲自实地调查，材料缺乏一定的生动性和具体性。

（2）文献资料与实践情况有一定差距。文献都是一定的人，在一定的具体时间、具体条件下撰写出来的，文献资料都受一定人的主观意志支配和一定时间、具体条件的制约。因此，在应用文献资料时，应对文献资料的准确性作出评估。

（3）所得资料滞后于现实情况。文献都是过去社会现象的记载，而社会生活无时不在发展变化着，新事物、新情况会不断出现，这些新情况都没有记录到文献上。

二、现场调研法

（一）基本思路

现场调研法是指观察者带有明确目的，用自己的感觉器官及其辅助工具直接地、有针对性地收集资料的调查研究方法。根据调研内容是否有统一设计的结构性调研项目和要求，调研可分为有结构调研和无结构调研。前者是指调研者根据调研目的，制定出研究的理论框架，按照详细的规定和计划，采用标准的调研程序和手段进行的调研；后者是一种大致确定调研内容和调研对象的方法，其没有严格的调研计划，使用结构比较松散的调查提纲，标准化程度较低。

（二）实施步骤

现场调研法可以概括为调研准备、调研实施和调研整理3个阶段。

（1）调研准备阶段，包括决定调研的目的和任务，确定调研的对象，确定调研的具体手段，选择和培训调研人员，确定调研的时间、地点和范围，制定调研提纲。

（2）调研实施阶段，包括进入调研现场，与调研对象建立关系，进行调研和收集资料，从调研场所退出。

（3）调研整理阶段，包括整理调研资料，分析调研收集到的资料，撰写调研研究报告。

（三）方法优点

（1）通过调研可以直接获取资料。在实地调研中，不需其他中间环节，调研者可以直接感知调研对象，获取生动的、具体的感性资料，可靠性较高。特别是参与调研，更能掌握大量的第一手资料，这是其他间接调查方法无法比拟的。

（2）能直接调研自然状态下发生的比较可靠的社会现象。调研者直接到现场调研发生在自然状态下的社会现象，这样就可以避免调研对象在活动中故意造假。因此，它与书面调查和口头调查相比可靠性更高。

（3）获取的资料及时主动。由于现场调研法观察到的是正在发生的事情，能保持调研对象的正常活动，能观察到当时当地的特殊环境和气氛，所以这样调研得到的材料就较为及时、生动、形象。

（四）方法缺点

（1）受调研人员自身素质的限制。由于调查或观察是由人直接进行的，而每个人的素质、经历不同，这就必然带有某些局限性。

（2）受时间空间条件的限制。一些社会活动都是在一定时间、一定空间中进行的，超过一定时间空间或范围就观察不到。

（3）受被调研对象的限制。被调研对象所处的环境和对问题的见解往往有很大的差异，因此其调研结果就难以反映被调研对象的平均水平。

三、社会调查法

社会调查法包括访谈法和问卷法两种主要形式。

（一）访谈法

1. 基本思路

访谈法是运用有目的、有计划、有方向的口头交谈方式向被调查者了解社会事实的方法。作为一种专门的认识活动，访谈法首要的基本性质是具有显著的目的性、计划性和方向性。访谈法的首要目的是为一定的调查研究搜集资料和证据，并且还要保证搜集来的资料和证据是可靠的、有效的。访谈法的第二个基本性质是它以现场的口头交谈作为了解社会事实的主要方式。访谈法通过和调查对象的现场交谈、谈论、征求意见，能获得一种实实在在的听的"现场感"。这种现场访问中才会有听的现场感不仅包括了谈话中被调查者的语腔语调，而且包括了被调查者在谈话时的姿态形象，以及当时谈话的语境等非言语性事实，对丰富社会调查的资料和事实很有意义。

2. 实施步骤

（1）准备访谈。包括准备好必要的调查提纲或其他调查工具；选择好访谈的对象并做好必要的了解；计划好访谈的时间、地点和场合；选择和训练访谈员。其他访谈工具的准备包括访谈人员的必要身份证明和介绍信、调查员证件等；调查对象的名册清单，以及各种必要的记录工具，如照相器材与录音器材等。

（2）进入访谈。进入访谈是访谈员和被访对象建立起交际关系，以便展开正式访谈的必要环节，为了和被访对象从毫无联系的陌生人变成相互有所了解的交谈对象，访谈员必须掌握相关技巧，包括进入访谈现场，和被访者建立接触，形成良好的访谈氛围。

（3）控制访谈。控制访谈是整个访谈调查的主要环节，是实际搜集资料的阶段，这一阶段运用的技巧包括提问的技巧、追问的技巧、引导的技巧。在访谈过程中做好记录，其基本要求是准确记录，尊重被访谈者的原意。

（4）结束访谈。

3. 方法优点

（1）回答率高，在现场交谈的人际交往中，只要恰当地运用人际交往技巧，就能直接得到被访者的合作和回答。同时，在现场交谈中，能直接消除对问题不清楚、不理解的障碍，使被访者更易于作答。

（2）适应性强，访谈法通过人与人的直接交往来搜集资料，就能面对各种对象、各种语境和各种变化，因时、因地、因人而异地采取临时性变通手段，保证资料搜集的成功率和可靠性。访谈法还特别适用于对学历不高或有书写困难的调查对象的调查，这是问卷法难以做到的。

（3）调查内容有很大的机动性，可随时扩展和深入。

4. 方法缺点

（1）调查成本大。访谈法需要调查者支出更多的时间、人力和经费，其中经费的支出和时间的损耗是最突出的困难。

（2）匿名性差。在社会调查中，被调查对象有时希望自己以陌生人的面目出现。特别是当调查涉及比较敏感的问题，不愿或不便当面阐述时，这种匿名性要求就更加强烈。访谈法会销蚀对方的匿名感。

（3）访谈过程通常过于急迫，易受当时环境的干扰。

（4）标准化程度低。访谈法通过口头交谈传递信息，自由度较大，在措辞和记录上受到一定影响。

（二）问卷法

1. 基本思路

问卷法是社会调查中最常用的资料收集方法。美国社会学家艾尔·巴比称"问卷是社会调查的支柱"，可见问卷法在当今社会调查中的重要作用。在西方国家，问卷被广泛地应用于民意测验、社会调查以及社会问题的研究。

2. 实施步骤

（1）摸底调查。指在问卷设计之前，要先熟悉、了解一些有关的基本情况，以便对问卷中各种问题的提法和可能的回答有一个初步的总体考虑。问卷设计的探索性工作的常见方式，是进行初步的非结构式访问。

（2）问卷设计。需经问卷初稿设计、试用修改、正式定稿三个步骤，形成一份完整的定稿问卷。一般来说，问题不宜太多，问卷不宜太长。一般应限制在被调查者20分钟以内能顺利完成为宜，最多不超过30分钟。问卷太长往往引起回答者心理上的厌倦情绪或畏难心理，影响填答的质量和回收率。由于大多数问卷主要由封闭式问题构成，答案的设计就成为问卷设计中非常重要的一部分，其设计的好坏直接影响到调查的成功与否。

（3）问卷发放和回收。问卷发放的方式主要包括报刊问卷方式、邮寄问卷方式、发送问卷方式、访问问卷方式。一般来说，当回收率达到70%～75%，或以上时，方可作为研究结论的依据。因此，问卷的回收率一般不应少于70%。

（4）问卷统计、分析及最终处理。

3. 方法优点

（1）省时、省钱、省力。由于问卷法可在很短时间内同时调查很多人，收集到大量资料，因此，问卷法具有很高的效率；同时问卷法可以通过邮寄等形式发给被调查者，调查可以不受地域的限制，范围非常广泛；与访问法相比，问卷法所需要的调查员人数、所需要的费用和调查所用的时间，都远远少于访问法。

（2）便于定量处理和分析。一般地，问卷调查所使用的问卷主要由封闭式问题组成，通过对答案进行编码，可将收集的资料转换成数字，输入计算机进行定量处理分析。而社会调查研究的定性研究与定量分析相结合，这正是当今社会调查研究发展的趋势之一。

（3）避免主观偏见，减少误差。在问卷调查中，被调查者都是按照事先统一设计的问卷来回答问题，他们面对同样的问卷，且问题的表述、前后次序、答案类型、回答方式等都是相同的，这样可以减少许多主观因素的干扰，避免人为的偏差，得到比较客观的资料。

（4）匿名性。通过问卷进行调查时，问卷不要求署名，避免了在面对面的访问调查中，人们很难交谈关于人的隐私、社会禁忌或其他敏感性问题。减轻了回答者的心理压力和种种顾虑，这样有利于他们如实回答问题，所获得的资料较为真实可靠。

4. 方法缺点

（1）要求回答者有一定的文化水平。问卷调查要求回答者首先能够看懂问卷，要能够阅读和理解问题的含义，懂得回答问题的方法。因此，问卷法的适用范围受到一定限制。

（2）回收率难以保证。问卷的发放不论采取何种形式交到被调查者手中，如果回答者对调查内容毫无兴趣，就会不合作，或对问卷调查不够重视，或受到时间、情绪、能力等方面的限制，这些因素都将造成问卷的回收率难以保证，从而影响调查的进度和质量。

（3）资料质量难以保证。在访问调查中，访问员可以随时对访问的过程进行控制，而问卷调查时，由于没有访问员在场，所以对回答者填答问卷的环境无法控制，回答者是否独立填答也无法获悉。

社会调查是一种标准化程度较高的研究方法，其实施过程有一套相对固定的程序。任何社会调查研究都是针对社会领域中的实际问题，有目的、有步骤地进行的，海洋规划也不例外。因此，一般性社会调查方法均适用于海洋类规划，只要方法本身的适用性满足于某一具体海洋规划，其便可直接移植并应用于海洋规划资料收集的过程之中。

第四节　现状分析方法

规划是在运筹学和系统分析的基础上形成和发展起来的，现状分析构成规划研究的基础。现状分析可以被视为由定性、定量或两者相结合的方法组成的一个集合，现状分析的目的在于在充分调查研究的基础上，整理、统计、分析处理所获得的各类现状信息，从而为规划设计、规划决策和规划实施提出可靠的依据。定量化现状分析一般是在指数法的思想指导下进行的，其分析工具包括复合系统分析方法与数学统计处理方法两大类。

一、量化分析基础——指数法

定量化现状分析是按照一定的评价目的，把评价指标从总体上综合起来，对其进行定量的评定。由于规划性质、对象和目的的多样性和复杂性，现状分析是一个十分复杂的问题，尽管已经开发了许许多多的方法，但其基本出发点都是通过方式各异的系统分析方法或统计分析方法得出定量化指数结果，因此指数法思想是定量化现状分析的基础。指数法的核心思想是将复杂的评价对象的评价指标运用数学方法加以综合抽象，得到简便直观的评价数据。指数评价方法的作用包括：① 根据评价指数与评价标准的关系进行分级，转化为综合评价指数；② 可以评价系统现状好坏与影响大小的相对程度，采用同一指数，还可作不同地区、不同方案间的相互比较。指数法通常可分为简单指数法（单因子法、综合指数法）和复杂指数法（主导因子指数法、最低限制因子法），下面以海洋环境质量评价为例进行简要分析。

（一）简单指数法

1. 单因子法

先引入环境质量标准，然后对评价对象进行处理，通常就以实测值（或预测值）C 与标准值 C_s 的比值作为其数值。

$$P = C/C_s \qquad (3.1)$$

单因子指数法用于分析该环境因子的达标（$P_i < 1$）或超标（$P_i > 1$）及其程度。

2. 综合指数法

如大气环境影响分指数、水体环境影响分指数、土壤环境影响分指数、总体环境影响综合指数等。

$$P = \sum_{i=1}^{n} \sum_{j=1}^{m} P_{ij} P = c_{ij}/c_{sij} \qquad (3.2)$$

式中：

i ——第 i 个环境要素；

n ——环境要素总数；

j ——第 i 环境要素中的第 j 环境因子；

m ——第 i 环境要素中的环境因子总数。

以上综合方法是等权综合，即各影响因子的权重完全相等。各影响因子权重不同的综合方法可采用如下公式：

$$P = \frac{\sum_{i=1}^{n} \sum_{j=1}^{m} W_{ij} P_{ij}}{\sum_{i=1}^{n} \sum_{j=1}^{m} W_{ij}} \qquad (3.3)$$

（二）其他指数法

1. 主导因子指数法

该方法是多因子综合评判法的特殊运用，在影响某一方面的多个因子中，选择一个或两个起决定性作用的主导因子作为评判依据，然后对这种起主导作用的评价因子，提出一个或多个能全面确切地表达它的评价指标。同多因子综合评判法一样，对每一个指标按一定标准做出分级，这样便可得到评价的最终结果。

2. 最低限制因子法

该方法也是多因子综合评判法的一种特殊运用，选取多个限制因子作为评价因子，各限制因子按其对评价对象的限制程度进行指标分级，即划分为不同级别的定量或定性的评判指标或标准；然后对被评对象的各个限制因子一一评定其级别，与多因子综合评判法所不同的是，最后以限制因子评定的最低级别来确定被评对象的等级。

二、复合系统分析方法

海洋规划系统范围往往是复杂的复合系统，涉及人、地、海等多个系统，因此有必要采用复合系统的分析方法分析其系统要素及要素之间的关联。一般地，对复合系统的分析方法主要分为三类：第一类是基于物质流的经济系统的物质流核算体系 MFA；第二类是以货币为基础的环境经济系统综合核算体系 SEEA；第三类是以能量流动为基础的环境经济系统能量核算体系 EBA。在海洋规划中，以 MFA 和 EBA 方法适用性较强。

（一）物质流分析法

1. 基本思路

MFA 依据质量守恒定律，定量分析系统的物质输入与输出及其背后的隐流问题，是研究系统代谢过程的有力工具。在海洋经济和海洋事业快速发展的背景下，MFA 是对海洋资源消耗、环境污染、生态破坏等问题定量化研究的有效工具，可以帮助诊断海洋问题的根源。海洋规划的物质流分析方法可以应用于各个不同的层面：既可以对整个国家进行物质流分析；也可以研究某一海域、地区；还可以对某个企业进行具体研究；更可以研究和评价某种稳定的纯物质（如铅、铁、铜等）的使用和消耗情况。物质流分析主要包括 3 个方面的内容：① 分析物质流动方向；② 优化系统结构；③ 提高系统效率。就已有的物质流研究中，应用的方法主要集中在总物质需求和输出、实物投入产出表、物质流分析、生态足迹分析、生命周期评价、环境空间、单位服务的物质强度等。

2. 实施步骤

（1）确定系统边界。由于物质流分析所关心的焦点在于社会经济系统在自然环境系统中的物质代谢，因此需要对系统边界进行严格界定（本地社会经济系统与自然环境系统之间的边界、本地与其他地区之间的行政边界）。

（2）资料收集。收集研究对象相关的自然环境、地理和社会经济各种资料数据，整理分类及处理。

（3）建立物质流分析的基本框架：物质流分析以质量守恒定律为基本依据，从实物的质量出发，将通过经济系统的物质分为输入、储存、输出三大部分，通过研究三者的关系，揭示物质在特定区域内的流动特征和转化效率。

（4）构建物质流分析的指标体系。进一步建立和计算出一系列反映系统特征与效率的指标体系。

（5）系统的发展评价和策略分析。通过指标比较分析、系统结构与功能的评价和模拟，为制定正确可行的规划措施和发展策略提供科学依据。

（二）能流分析法

1. 基本思路

能流分析是用来评估能源使用效率的方法，它对环境—经济系统中能量的投入和产出进行量化分析，同时通过能量统计，对能源的初级输入、能源转换、最终能源使用、能源输出等过程进行结算。以往能流分析将各种性质和来源根本不同的能源以能量单位表示后进行比较和数量研究，然而不同类型的能源并不能作比较和加减。以能值作为共同的度量标准，则可以将各种原本不可相加和比较的能量，通过其能值相加和比较，使系统分析建立在太阳能值为标准的基础上。通过对海域（区域）环境—经济系统进行能流分析，可以为海域（区域）系统的优化管理和相关政策的制定提供导向。能值分析的方法，以分析对象而言，有大范围国家或地区生态经济系统的能值分析，资源与经济的能值分析，以及小范围的具体生产系统（如海洋产业）的能值分析。

2. 实施步骤

（1）资料收集。收集研究对象相关的自然环境、地理和社会经济各种资料数据，整理分类及处理。

（2）能量系统图的绘制。应用"能量系统语言"图例绘制能量系统图，以组织收集的资料形成包括系统主要组分及相互关系的系统图解。

（3）编制各种能值分析表。计算系统的主要能量流、物质流和经济流；根据各种资源的相应能值转换率，将不同度量单位的生态流或经济流转换为能值单位；编制能值分析评价表，评价它们在系统中的地位和贡献。

（4）构建系统的能值综合结构图。构建体现系统资源能值基础的能值综合结构图，对总系统和各子系统生态流进行集结和综合。

（5）建立能值指标体系。由能值分析表及系统能值综合结构图，进一步建立和计算出一系列反映生态与经济效率的能值指标体系，诸如能值/货币比率、能值投入率、净能值产出率、能值变换率、环境承载率等。

（6）系统模拟。可采用能量系统进行动态模拟。

（7）系统的发展评价和策略分析。通过能值指标比较分析，系统结构与功能的能值评价和模拟，为制定正确可行的系统管理措施和经济发展策略提供科学依据，指导生态经济系统良性循环和可持续发展。

（三）复合系统分析法

物质流和能流分析的实质，正是通过对系统的物质能量输入与输出的测度和解析，了解和掌握整个复合系统物质能流的流向、流量，揭示系统物质结构的组成和变化，全面展现社会经济发展与自然环境之间的动态联系，为规划分析和决策提供定量依据。因此，其适用于广大海洋类规划中复杂系统的分析，特别适用于海洋环境保护规划、海洋循环经济规划等经济—环境复合系统规划。物质流与能流的复合系统分析方法具有如下优缺点。

1. 方法优点

（1）定量化。通过将各个经济要素、资源要素、环境要素换算成统一的物质流单位或太阳能值，既避免了传统可持续发展分析中各指标量纲不一、难以计算和比较的缺陷，又能度量资源、商品与劳务的真实价值。

（2）以人为本。物质流分析和能值分析认为消费者提供的主要反馈控制使得经济系统得以完成复杂过程，因此充分重视人的作用，拓展了其分析方法将人视为单纯消费者的理念，将人的劳动纳入计算过程，并作为最集中的项目。

（3）物质流和能值概念突出了环境子系统在可持续发展复合系统中的重要地位，可以公允地评价经济、环境子系统各自对系统的贡献，并能表征环境子系统与经济子系统内部及其相互之间的物流和能流过程，从而为可持续发展的过程分析提供更详尽的信息。

2. 方法缺点

（1）就整体而言，物质流和能流分析研究或多或少存在统计数据的不完整，统计数据有效性不强，各系统之间的数据及研究结果可比性较差。

（2）能值成本价值论与市场价值论的整合问题。能值分析反映的是物质产生过程中所消耗的太阳能，从根本上而言是一种成本价值论的价值评价方法，不能反映人类对生态系统所提供的服务的需求性（支付意愿）。

（3）可持续性阈值问题。能值分析面临的最大挑战是难以提出系统可持续性的阈值，无法准确判定系统的持续性与否，而只能基于不同空间单元的横向比较与不同时期的纵向比较，判断系统可持续性程度的高低与升降。

三、统计分析法

统计分析法指通过对研究对象的规模、速度、范围、程度等数量关系的分析研究，认识和揭示事物间的相互关系、变化规律和发展趋势，借以达到对事物的正确解释和预测的一种研究方法。世间任何事物都有质和量两个方面，认识事物的本质时必须掌握事物的量的规律。统计分析法就是运用数学方式，建立数学模型，对通过调查获取的各种数据及资料进行数理统计和分析，形成定量的结论，是一种比较科学、精确和客观的测评方法。

（一）主成分分析法

1. 基本思路

主成分分析法也称主分量分析法，旨在利用降维的思想，把多指标转化为少数几个综合指标。在实证问题研究中，为了全面、系统地分析问题，我们必须考虑众多影响因素。这些涉及的因素一般称为指标，在多元统计分析中也称为变量。因为每个变量都在不同程度上反映了所研究问题的某些信息，并且指标之间彼此有一定的相关性，因而所得的统计数据反映的信息在一定程度上有重叠。在用统计方法研究多变量问题时，变量太多会增加计算量和增加分析问题的复杂性，人们希望在进行定量分析的过程中，涉及的变量较少，得到的信息量较多。主成分分析正是研究如何通过原来变量的少数几个线性组合来解释原来变量绝大多数信息的一种多元统计方法。既然研究某一问题涉及的众多变量之间有一定的相关性，就必然存在着起支配作用的共同因素，根据这一点，通过对原始变量相关矩阵或协方差矩阵内部结构关系的研究，利用原始变量的线性组合形成几个综合指标（主成分），在保留原始变量主要信息的前提下起到降维与简化问题的作用，使得在研究复杂问题时更容易抓住主要矛盾。

2. 基本原理

设有 n 个样本，p 个指标，构成一个 n 阶原始资料矩阵：

$$X = \begin{pmatrix} x_{11} & x_{12} & \cdots & x_{1p} \\ x_{21} & x_{22} & \cdots & x_{2p} \\ \vdots & \vdots & \cdots & \vdots \\ x_{n1} & x_{n2} & \cdots & x_{np} \end{pmatrix} \tag{3.4}$$

如果将原来的变量指标记为 x_1，x_2，$\cdots$，x_p，正交变换后的新变量指标为 z_1，z_2，$\cdots$，$z_m(m \leq p)$，则

$$\begin{cases} z_1 = l_{11}x_1 + l_{12}x_2 + \cdots + l_{1p}x_p \\ z_2 = l_{21}x_1 + l_{22}x_2 + \cdots + l_{2p}x_p \\ \quad\quad\quad\quad \cdots \\ z_m = l_{m1}x_1 + l_{m2}x_2 + \cdots + l_{mp}x_p \end{cases} \tag{3.5}$$

上述公式中，z_i 与 z_j 相互无关，z_1 是 x_1，x_2，$\cdots$，x_p 的线性组合中方差最大者；

z_2 是与 z_1 不相关的 x_1，x_2，…，x_p 的所有线性组合中方差最大者；其他的以此类推。

从上述方法中取得的新变量指标 z_i 称为原变量指标 x_i 的第 i 个主成分。所以，在实际应用情况下，可选择前面几个比例最大的主成分，这样不但减少了变量的数目，又突出显现了主要指标，也就简化了变量之间的关系。所以，确定主成分就在于确定原来变量在主成分上的载荷，它们是 x_1，x_2，…，x_p 的相关矩阵的 m 个特征值所相对应的特征向量。

（二）聚类分析法

1. 基本思路

聚类分析法是研究"物以类聚"的一种多元统计分析方法。聚类分析的基本思想是根据对象间的相关程度进行类别的聚合。在进行聚类分析之前，这些类别是隐蔽的，能分为多少种类别事先也是不知道的。聚类分析的原则是同一类中的个体有较大的相似性，不同类中的个体差异很大。可以运用一定的方法将相似程度较大的数据或单位划为一类，划类时关系密切的聚合为一小类，关系疏远的聚合为一大类，直到把所有的数据或单位聚合为唯一的类别。

2. 基本原理

聚类开始时，样本中的各个样品（或变量）自成一类；通过计算样品（或变量）间的相似性测度，把其中最相似的两个样品（或变量）进行合并，合并后，类的数目就减少一个；重新计算类与类之间的相似性测度，再选择其中最相似的两类进行合并，这种计算、合并的过程重复进行，直至把所有的样品（或变量）归为一类。

（1）数据变换处理。为了克服原始数据由于计量单位的不同对聚类分析结果产生不合理的影响，在聚类分析过程中，首先应对原始数据进行数据变换处理。其变换公式为：

$$X'_{ij} = \frac{X_{ij} - \bar{X}_j}{S_j} \qquad (i = 1, 2, \cdots n; j = 1, 2, \cdots, p) \tag{3.6}$$

其中：X'_{ij} 表示标准化数据，$\bar{X}_j = \frac{1}{n} \sum_{i=1}^{n} X_{ij}$ 表示变量 j 的均值，S_j 表示变量 j 的标准差，即

$$S_j = \sqrt{\frac{1}{n-1} \sum_{i=1}^{n} (X_{ij} - \bar{X}_j)^2} \tag{3.7}$$

（2）计算聚类统计量。聚类统计量是根据变换以后的数据计算得到的一个新数据。它用于表明各样品或变量间的关系密切程度。研究样品或变量疏密程度的数量

指标有两大类：一类是距离；另一类是相似系数。这两大类指标就是用于反映各样品或各变量间差别大小的统计量。变量的测量尺度不同，所采用的统计量也就不同。定距、定比变量的聚类统计量可以分为两类：距离和相似系数。距离通常用于样品聚类分析，距离的计算方法多种多样，但常用方法主要有 4 种，即欧氏距离、明考斯基距离、绝对值距离、切比雪夫距离。欧氏距离是聚类分析中运用最广泛的距离，两样品之间的距离是每个变量值之差的平方和之平方根。如果变换数据矩阵计算第 i 行和第 k 行的欧氏距离，则有欧氏距离公式为：

$$d_{jk} = \sqrt{\sum_{j=1}^{p} (X_{ij} - X_{kj})^2} \qquad (3.8)$$

由欧氏距离的计算可知，距离是把每个单位看成是 p 维（p 是变量的个数）空间的一个点，在 p 维坐标系中计算的点与点之间的某种距离。有了距离，则可以根据点与点之间的距离进行分类，即将距离较近的点归为一类，而将距离较远的点归为不同的类。

（3）选择聚类方法。根据聚类统计量，运用一定的聚类方法，将关系密切的样品或变量聚为一类，将关系不密切的样品或变量加以区分。选择聚类方法是聚类分析最终的，也是最重要的一步。层次聚类法是目前应用最多的一种聚类方法。正如前面所说，该方法的基本思路是，首先将每个样品各自看成一类，选择距离最小的两类合并成新类（如果样品间关系采用相似系数，则应选择相似系数绝对值最大的两类合并成新类），然后计算该新类与其他类之间的距离，再将距离最小的两类进行合并，如此继续，这样每次合并后都减少一类，直到把所有的样品都聚为一类为止。

（三）回归分析法

1. 基本思路

在海洋规划中，某些经济和社会数据总是在不规则地反映着客观规律作用的结果。但这些数据的产生并不是完全任意的，在其背后有一个真正的数据生成过程。统计工作者可以从总体的一组样本中，利用已知的离散点统计推断其真正的数据生成过程，从而建立最优模型。回归分析已成为广大自然科学与社会科学研究人员、经济管理人员、工程技术人员和生态环境工作者等最常用的统计分析工具之一。

2. 基本原理

（1）一元回归法。一元回归法是只含有一个内生变量和一个外生变量的回归方法。它包括一元线性回归法和一元非线性回归法两种。如果解释变量只有一个，而且数据样本呈直线趋势，便可选用一元线性回归模型。它的方程式为：

$$y = a + bx \qquad (3.9)$$

但如果数据样本呈现某种曲线趋势，就应选用相应的一元非线性回归预测模型。它的方程式为：

$$y = ae^{bx} \tag{3.10}$$

（2）多元回归法。多元回归法是含有多个内生变量和外生变量的回归方法。它包括多元线性回归法和多元非线性回归法两种。如果解释变量不止一个，而且每个解释变量与预测量组成的数据样本均呈直线趋势，一般可选用相应与解释变量个数相同的多元线性回归预测模型。它的方程式为：

$$y = a + b_1x_1 + b_2x_2 \tag{3.11}$$

但如果有一个或一个以上的解释变量与预测量组成的数据样本呈曲线趋势，那就要考虑选用相应的多元非线性回归预测模型。它的方程式为：

$$y = a + b_1x_1^2 + b_2x_2 \tag{3.12}$$

（四）判别分析法

1. 基本思路

判别分析法是1921年英国统计学家 Pearson 首先提出并用于种族研究，其后被 Fisher，Neyman 等加以发展和完善。在现代的一些社会科学和自然科学的研究中，判别分析根据观测得到的一些数量特征，对客观事物进行分类，分辨事物的种属。判别分析的应用十分广泛，有些问题的一个共同特点就是事先已有"类"的划分，或事先已对某些已知样本分好了"类"，需要判断那些还未分类的样本究竟属于哪一类。判别分析就是解决这类问题的一种数学方法。而聚类分析所处理的问题是在分类前没有任何关于"类"的知识，类是分类的结果，所以很多文献也称聚类分析为无监督分类。它是在事先毫无关于"类"的知识情况下应用的。这正是判别分析与聚类分析的关键区别所在。

2. 基本原理

判别分析法是应用性很强的一种多元统计方法，已渗透到各个领域。但不管是哪个领域，判别分析的问题都可以这样描述：根据观测到的样品的若干数量特征（判别因子和判别变量）对样品进行归类、识别，判断其属性的预报（预测）称之为定性预报。解决、处理这种定性预报的多元分析方法称之为判别分析。用数学语言描述，则有：

假设有 k 个总体：G_1，G_2，…，G_k。它们的分布函数分别为 $F_1(y)$，$F_2(y)$，…，$F_k(y)$，每个 $F_i(y)$ 均为 p 维分布函数。当 $k = 2$ 时，是最简单的情形，称之为两类判别，$k > 2$ 时，统称为多类判别。

判别分析法的内容很丰富，方法很多。按判别的组数来区分，有两组判别分析和多组判别分析；按区分不同总体的所用的数学模型来分，有线性判别和非线性判别；按判别时所处理的变量方法不同，有逐步判别和序贯判别等。判别分析可以从不同的角度提出问题，因此有不同的判别准则，如马氏距离最小准则、Fisher准则、平均损失最小准则、最小平方准则、最大似然准则、最大概率准则等等，按判别准则的不同又提出多种判别方法。

判别分析法的实施步骤：① 收集样本。收集一批已知为 n 种不同类型的样本，根据专业测定或者调查每个样本的详细属性值，并按一定的比例分为训练样本和测试样本两部分；② 选择判别方法。根据专业问题的特性选择相应的判别分析方法，就训练样本建立判别函数（或判别量表）；③ 训练样本考核。将训练样本每个对象的条件属性值代回到所建立的判别函数，做出类别判断，并与训练样本的决策属性值进行比较，计算训练样本的判别误差率，以考核所建立的函数的判别效果；④ 测试样本考核。当训练样本的判别误差率较小时，将训练样本每个样本的条件属性值代入判别函数，计算测试的判别误差率。

（五）关联分析法

1. 基本思路

关联分析也称对应分析、R-Q型因子分析，是近年新发展起来的一种多元相依变量统计分析技术，通过分析由定性变量构成的交互汇总表来揭示变量间的联系。其基本思想是将一个列联表的行和列中各元素的比例结构以点的形式在较低维的空间中表示出来。它最大的特点是能把众多的样品和众多的变量同时做到同一张图解上，将样品的大类及其属性在图上直观而又明了地表示出来，具有直观性。另外，它还省去了因子选择和因子轴旋转等复杂的数学运算及中间过程，可以从因子载荷图上对样品进行直观的分类，而且能够指示分类的主要参数（主因子）以及分类的依据。这是一种直观、简单、方便的多元统计方法。

2. 基本原理

关联分析法的整个处理过程由两部分组成：表格和关联图。表格是一个二维的表格，由行和列组成。每一行代表事物的一个属性，依次排开。列则代表不同的事物本身，它由样本集合构成，排列顺序并没有特别的要求。在关联图上，各个样本都浓缩为一个点集合，而样本的属性变量在图上同样也以点集合的形式显示出来。

（1）假设原始资料矩阵为

$$X = \begin{vmatrix} x_{11} & x_{12} & \cdots & x_{1p} \\ x_{21} & x_{22} & \cdots & x_{2p} \\ \vdots & \vdots & \cdots & \vdots \\ x_{n1} & x_{n2} & \cdots & x_{np} \end{vmatrix} \tag{3.13}$$

其中：n 为样品个数；p 为指标个数；X_{ij} 为第 i 个样品第 j 个指标观察值。

（2）将 X 按行、列分别求和 T

$$T = \sum_{i=1}^{m} \sum_{j=1}^{p} X_{ij} \qquad (3.14)$$

（3）对原始数据作对应变换

$$Z_{ij} = \frac{X_{ij} - X_i \cdot X_j T}{\sqrt{X_i \cdot X_j}} \quad (i = 1, 2, \cdots n; \ j = 1, 2, \cdots, p) \qquad (3.15)$$

（4）因子分析

得 R 型因子载荷矩阵：

$$F = \begin{vmatrix} F_1 & F_2 & \cdots & F_m \\ u_{11}\sqrt{\lambda_1} & u_{12}\sqrt{\lambda_2} & \cdots & u_{1m}\sqrt{\lambda_m} \\ \vdots & \vdots & \vdots & \vdots \\ u_{p1}\sqrt{\lambda_1} & u_{p2}\sqrt{\lambda_2} & \cdots & u_{pm}\sqrt{\lambda_m} \end{vmatrix} \qquad (3.16)$$

得 Q 型因子载荷矩阵：

$$G = \begin{vmatrix} G_1 & G_2 & \cdots & G_m \\ v_{11}\sqrt{\lambda_1} & v_{12}\sqrt{\lambda_2} & \cdots & v_{1m}\sqrt{\lambda_m} \\ \vdots & \vdots & \vdots & \vdots \\ v_{n1}\sqrt{\lambda_1} & v_{n2}\sqrt{\lambda_2} & \cdots & v_{nm}\sqrt{\lambda_m} \end{vmatrix} \qquad (3.17)$$

（5）在二维因子轴上作图进行分析。

（六）对海洋规划的适用性分析

以上多元统计分析方法具有普适性，因此，均适用于海洋类规划，但应注意其具体应用时的合理选择。利用多元统计分析方法解决分析现状时，要按照研究目标的要求，结合数据特性，选择合适的方法工具。如研究多变量之间的关系，可采用回归分析、路径分析、因子分析等工具；若要研究事物的分类，则可选用聚类分析、判别分析等方法。

表 3.1　多元统计分析方法的合理选择

资料的条件	可选用的多元统计分析方法
原因变量全是定性的	多元方差分析、判别分析等
原因变量有定性与定量两类	多元协方差分析、多元多重回归分析等
无原因变量	主成分分析、因子分析、对应分析、聚类分析等

第五节 发展预测方法

海洋规划中常用的预测方法大体上可分为：① 以专家经验为主的主观预测方法；② 以数学模式为主的客观预测方法，根据人们对预测对象认识的深浅，又可分为黑箱、灰箱、白箱 3 类，前两类属于统计分析方法，用统计、归纳的方法在时间域上通过外推做出预测，一般称为统计模式；后一类为理论分析方法，用某领域内的系统理论进行逻辑推理，通过数学物理方程求解，得出其解析解或数值解作预测，故又可分为解析模式和数值模式两小类；③ 以实验手段为主的实验模拟方法，在实验室或现场通过直接对物理、化学、生物过程测试来进行预测，一般称为物理模拟模式。

一、专业判断法

在需要进行预测时，常常会遇到缺乏足够的数据、资料，无法进行客观的统计分析，某些环境因子难以用数学模型定量化，某些因果关系太复杂，找不到适当的观测模型，或由于时间、经济等条件限制，不能应用客观的预测方法等问题，此时只能用主观的专业判断法。

（一）对比法和类比法

对比法是最简单的主观预测方法。此法通过对规划实施前后某些因子影响机制及变化过程进行对比分析，研究其变化的可能性及其趋势，并确定其变化程度；类比法是通过一个已知的相似规划前后的影响订正得到预测结果，特别适合于相似规划的分析。

（二）德尔菲法

1. 基本思路

德尔菲法是采取匿名的方式广泛征求专家的意见，经过反复多次的信息交流和反馈修正，使专家的意见逐步趋向一致，最后根据专家的综合意见，从而对评价对象做出评价的一种定量与定性相结合的预测、评价方法。

2. 实施步骤

（1）编制专家咨询表，按评价内容的层次、评价指标的定义、填表说明，绘制咨询表格。

（2）多轮咨询，一般需要经过四轮咨询。第一轮：征询预测事件有关情况。将咨询表发给各位专家，让他们根据自己的知识经验和对评价对象的了解情况，填写表格，收回表格后组织者要立即进行整理归类，然后提出预测事件的新的咨询表，再分发给专家。第二轮：征询对事件的预测及其理由。这一轮要求专家根据咨询表中所列的事件给出自己的估计同时要说明理由。收回咨询表后，要对专家的评估意见进行归类处理，将整理后的数据设计在新的咨询表中，作为第三轮调查表反馈给专家。第三轮：专家根据反馈信息，再一次做出判断并提出修改意见。第四轮：在第三轮的基础上，专家再次进行判断，或保留第三轮的意见。

（3）结果处理，应用常规的统计分析方法，对专家应答的结果进行分析。

3. 方法优点

德尔菲法有匿名性、轮回反馈沟通情况、以统计方法处理征询结果 3 个特点。它可以对未来发展中可能出现或期待出现的前景做出概率估价，为决策者提供多方案选择的可能性。

（1）充分发挥专家的集体智慧，避免主观片面性，从而提高预测质量，为决策提供可靠的信息。

（2）利于专家独立思考，各抒己见，充分发挥自己的见解，通过反馈，了解各种不同的意见，互相启发，修正个人的意见。

（3）依据专家的理论水平和经验为判断基础，从而适用于缺少信息数据时的预测，具有较高的可靠性。

（4）简便易行，预测快速、省时、高效。

4. 方法缺点

无论是环节应用还是全程应用，德尔菲法有其本身的公共难点，主要有：

（1）专家组的形成问题。选择具有代表性的专家组是德尔菲法在综合评价中成功应用的首要前提，这包括专家组的选择、专家意见的公正性判断等问题。

（2）调查轮次的确定问题。确定合理的调查轮次是德尔菲法在综合评价中有效率应用的关键，这包括专家意见一致性的识别、阀值的事先有效确定等问题。

（3）专家意见调查形式的组织问题。选取科学的专家意见调查形式是德尔菲法在综合评价中成功应用的保障，这包括"背靠背"设计的具体化形式的选择、各种信息交流机制的优劣识别等问题。

（三）头脑风暴法

1. 基本思路

头脑风暴法又称智力激励法、脑力激荡法。它是一种通过会议形式，让所有参加者在自由愉快、畅所欲言的气氛中，通过相互之间的信息交流，每个人毫无顾忌地提出自己的各种想法，让各种思想火花自由碰撞，好像掀起一场头脑风暴，引起思维共振产生组合效应，从而形成宏观的智能结构，产生创造性思维的定性研究方法，它是对传统的专家会议预测与决策方法的修正。

2. 实施步骤

（1）热身阶段。这个阶段的目的是创造一种自由、宽松、祥和的氛围，以便活跃气氛，使大家得以放松，进入一种无拘无束的状态，促进思维。

（2）明确问题。主持人扼要地介绍有待解决的问题。介绍时须简洁、明确，不可过分周全，否则过多的信息会限制参加者的思维，干扰思维创新的想象力。

（3）畅谈阶段。畅谈是头脑风暴法的创意阶段，引导大家自由发言，自由想象，自由发挥，使彼此相互启发，相互补充，真正做到知无不言，言无不尽。主持人或书记员要对发言记录进行归纳、整理，找出富有创意的见解，以及具有启发性的表述，供下一步头脑风暴时参考。

（4）筛选阶段。通过组织头脑风暴畅谈，往往能获得大量与议题有关的设想。更重要的是对已获得的设想进行整理、分析，以便选出有价值的创造性设想来加以开发实施，即设想处理。设想处理的方式有两种：一种是专家评审，另一种是二次会议评审，最后确定1~3个最佳方案。

3. 方法优点

（1）简便易行。头脑风暴法没有高深的理论，对环境没有特殊要求，实施起来简单易行。

（2）集思广益。头脑风暴法能够使与会人员通过交流信息、相互启发，产生"思维共振"，起到集思广益的作用，从而极大地提高管理决策的质量与效率。

（3）创新性强。头脑风暴法由于使用了没有拘束的规则，使与会人员没有心理压力，能在短时间内得到更多创造性的成果。

4. 方法缺点

（1）产生式阻碍。互动群体用头脑风暴法产生观点过程中，在某个成员阐述自己观点的同时，其他成员只有两种可能的选择：一是不得不努力记住自己已经产生但还没有机会表达的观点，以免发生遗忘；二是被迫去听别人的观点，结果导致注意力分散或妨碍继续产生新的想法，从而所产生的观点被遗忘，继而影响整个群体观点产生的效果。

（2）社会惰化。即个体倾向于在进行群体共同工作时，比自己单独工作时投入努力减少的现象。

二、数学模式法

数学模式便于定量分析。数学模式法一般有回归预测法、经济计量模型法和时间序列预测法。回归分析法是研究变量与变量之间相互关系的一种数理统计方法，具体有一元线性回归预测法、多元线性回归预测法和非线性回归预测法；时间序列预测法是一种考虑变量随时间发展变化规律并用该变量的以往统计资料建立数学模型进行预测的方法，可以分为确定型和不确定型时间序列法，确定型时间序列法有移动平均法、指数平滑法、趋势外推法等，不确定型时间序列法有我们所熟悉的博克斯-詹金斯法；统计预测按时间长短可以分为短期预测、中期预测和长期预测，0至12个月的预测是短期预测，1至2年的预测是中期预测，2年以上的预测是长期预测。

（一）回归预测法

回归预测法主要是研究变量与变量之间相互关系的一种数理统计方法，应用回归分析可以从一个或几个自变量的值去预测因变量将取得的值。回归预测中的因变量和自变量在时间上是并进关系，即因变量的预测值要由并进的自变量的值来进行推算。具体方法有一元线性回归预测法、多元线性回归预测法和非线性回归预测法等。

1. 线性回归

假设预测对象 Y，自变量为 X_1，X_2，$\cdots$，X_p，因变量与自变量存在如下的线性关系：

$$Y_i = \beta_0 + \beta_1 x_{i1} + \beta_2 x_{i2} + \cdots + \beta_p x_{ip} + \varepsilon_i \tag{3.18}$$

其中，β 为总体模型的参数，此外仍假设：① 自变量 X_1，X_2，$\cdots$，X_p 是确定性变量，是可以控制或预先给出的，且这些变量之间不存在线性关系；② 各随机误差项的期望值为零，方差为一常数，即：

$$E(\varepsilon_i) = 0, \ i = 1, \ 2, \ \cdots, \ n$$
$$Var(\varepsilon_i) = \sigma^2, \ i = 1, \ 2, \ \cdots, \ n$$
$$Cov(\varepsilon_i, \ \varepsilon_j) = 0, \ i \neq j$$

未知参数向量 β 的估计值向量为 b。其最小二乘解是：

$$b = \hat{\beta} = (X'X)^{-1}X'Y$$

其中：

$$Y = \begin{Bmatrix} y_1 \\ y_2 \\ \vdots \\ y_n \end{Bmatrix}, \ X = \begin{Bmatrix} 1 & x_{11} & \cdots & x_{1p} \\ 1 & x_{21} & \cdots & x_{2p} \\ \vdots & \vdots & \vdots & \vdots \\ 1 & x_{n1} & \cdots & x_{np} \end{Bmatrix}, \ \beta = \begin{Bmatrix} \beta_1 \\ \beta_2 \\ \vdots \\ \beta_n \end{Bmatrix}$$

2. 非线性回归

非线性回归模型一般分为两类：一类是可化为线性回归模型；另一类是不可化

为线性回归模型。前者化为线性回归模型后，用熟悉的最小二乘法求得参数估计值，再通过适当的变换，就得到所求的回归曲线模型。对于后者，通常采用高斯–牛顿方法求得参数的最小二乘估计。

（二）时间序列法

时间序列法是一种考虑变量随时间发展变化规律并用该变量的以往的统计资料建立数学模型作外推的预测方法。由于时间序列预测法所需要的只是序列本身的历史数据，因此，这一类方法应用得非常广泛，具体方法有时间序列分解分折法、移动平均法、指数平滑法、趋势外推法、灰色预测法、X–11 法、自适应过滤法、博克斯–詹金斯法、景气预测法、状态空间模型和卡尔曼滤波、干预分析模型法。

趋势模型最常用的有：

（1）多项式曲线预测模型：

$$\hat{y}_t = b_0 + b_1 t + b_2 t^2 + \cdots + b_k t^k \tag{3.19}$$

（2）对数曲线预测模型：

$$\hat{y}_t = a + b\ln t \tag{3.20}$$

（3）指数曲线预测模型：

简单指数曲线：

$$\hat{y}_t = ke^{at} \tag{3.21}$$

双指数曲线：

$$\hat{y}_t = ka^t b^{t^2} \tag{3.22}$$

修正指数曲线：

$$\hat{y}_t = k + ab^t \tag{3.23}$$

（4）生长曲线预测模型：

龚拍兹曲线：

$$\hat{y}_t = ka^{b^t} \tag{3.24}$$

罗吉斯蒂曲线：

$$\hat{y}_t = \frac{L}{1 + ae^{-bt}} \tag{3.25}$$

趋势方法最常用的有如下几种。

（1）分解分析法。当时间序列呈现出某些有规律性的季节型态时，应首先运用分解分析法。它适用于一次性的短期预测或不经常性的预测，也适用于区分同时在一个时间序列中的几种型态或在使用其他预测方法之前消除季节因素。这种方法的主要优点是比较简单和最低限度的初始工作。缺点是当连续预测时，工作很繁重，因为预测一个新的数值，就要重复整个计算过程。此法的计算一般要通过计算机来进行，否则计算的工作量太大。

（2）简单移动平均法。该方法一般只适用于时间序列中既无趋势也无周期变化形态的情况。若时间序列中出现了趋势和周期因素，就须用加权平均法。由于加权平均法使预测者能更灵活地设计预测模型，所以即使在时间序列中没有明显的趋势和周期形态，此法也是常常被使用的。它适用于短期的不带季节形态的重复预测。计算时只需一个计算器就行了，但初次选择权数时很费时间。

（3）自适应过滤法。该方法与所有加权方法一样，是建立在一般的加权公式之上的，但是它提供了根据新的信息修正权数的系统的方法。它适用于趋势形态的性质随时间而变化且没有季节形态的短期的反复预测。它的特点是能调节权数以响应形态的变化，但在一般情况下，这种方法难以找到最优权数。由于自适应性滤波的这一属性，就有必要采取措施预防出现次优模型。只要挑选初始权数时做些额外的努力，便不难办到这一点。作为额外检验，可将自适应过滤法的精确度与简单移动平均法或指数平滑法所得到的结果进行比较，以进一步找到最优权数。这种方法在制定和检验模型的规格时是很花时间的，计算工作繁重，因此有必要配备一台计算机。

（4）指数平滑法。该方法适用于具有或不具有季节形态的反复的短期预测。它的优点在于容易根据过去的误差来修正模型，只要第一次预测做好以后，用它就能轻易地做出新的预测。指数平滑法一般有 3 种形式：① 简单指数平滑法，它适用于时间序列中既没有循环变动也没趋势可言的情况；② 带有趋势形态的指数平滑法，它适用于时间序列存在某种趋势的情况；③ 带有循环变动形态的指数平滑法，它适用于当序列中存在循环变动，而不管是否存在长期趋势的情况。指数平滑法是一切重复预测方法中最简易的方法，用一台计算机就能完成计算工作。它的主要特点是初建模型时须花费时间，与自适应过滤法所花费的时间不相上下。由于这个原因，所以只要求一次预测的话，就不应该使用这种方法。

与带有趋势的指数平滑法密切相关的是二重指数平滑法。它实际上是过去各期加权平均数的加权平均数，其计算结果与带有趋势的指数平滑是相似的。尽管存在着三重指数平滑法那样更高级的形式，但它们在实践中是极少使用的。

（二）灰色预测法

系统可以根据其信息的清晰程度，分为白色、黑色和灰色系统。白色系统是指信息完全清晰可见的系统；黑色系统是指信息完全未知的系统；灰色系统是介于白色和黑色系统之间的系统，即部分信息已知、部分信息未知的系统。运用灰色系统理论、通过建立灰色模型所进行的预测即为灰色预测，其中灰色关联分析较为常见和常用。

灰色关联度是用来描述系统因素间的关系密切程度的量，是系统变化态势的一种度量。一般来讲，可量化系统的变化态势，可以用序列的变化态势来表征，而各个序列的变化态势总是按一定的量级和趋势（曲线形状）变化的。因此，系统序列间关系的密切程度，表现为二者间量级大小变化的相近性和发展趋势（曲线形状）的相似性，这便是灰色关联中两种既有区别而又互相制约的表现形式。而量级大小的变化可以用位移差（点间距离）来衡量，发展趋势可用一阶或者二阶斜率来度量。在众多关联度模型中，几种典型的关联度模型是邓氏关联度、广义绝对关联度、T型关联度、灰色斜率关联度、B型关联度、改进关联度。

邓氏关联度是最早提出计算灰色关联度的模型，它的建立充分体现了灰色关联公理的约束条件，其计算着重考虑了点与点之间的距离远近对关联度的影响。X_i与X_0的关联度为：

$$\gamma(X_0, X_i) = \frac{1}{n}\sum_{k=1}^{n}\gamma(x_0(k), x_i(k)) \qquad (3.26)$$

其中：$\gamma(x_0(k), x_i(k)) = \dfrac{\min\limits_{i}\min\limits_{k}|x_0(k)-x_i(k)| + \rho\max\limits_{i}\max\limits_{k}|x_0(k)-x_i(k)|}{|x_0(k)-x_i(k)| + \rho\max\limits_{i}\max\limits_{k}|x_0(k)-x_i(k)|}$

广义绝对关联度主要研究的是两个序列绝对增量间的关系，用两条序列折线间所夹面积的大小来衡量两序列间关联性的大小。X_i与X_0的关联度为：

$$\gamma_i = \frac{1 + |S_0| + |S_i|}{1 + |S_0| + |S_i| + |S_i - S_0|} \qquad (3.27)$$

其中：$|S_0| = \left|\sum_{k=2}^{n-1}x_0^0(k) + \dfrac{1}{2}x_0^0(n)\right|$

$|S_i| = \left|\sum_{k=2}^{n-1}x_i^0(k) + \dfrac{1}{2}x_i^0(n)\right|$

$|S_i - S_0| = \left|\sum_{k=2}^{n-1}(x_i^0(k) - x_0^0(k)) + \dfrac{1}{2}(x_i^0(n) - x_0^0(n))\right|$

X_0^0与X_i^0的关联度为序列的始点零化像。

T型关联度的基本思想是按照因素的时间序列曲线的相对变化态势的接近程度来计算关联度。X_i与X_0的关联度为：

$$\gamma(X_0, X_i) = \frac{1}{b-a}\sum_{k=2}^{n}\Delta t_k \cdot \xi(t_k) \qquad (3.28)$$

其中：

$$\xi(t_k) = \begin{cases} \mathrm{sgn}(\Delta y_0(t_k) \cdot \Delta y_i) \cdot \dfrac{\min(|\Delta y_0(t_k)|, |\Delta y_i(t_k)|)}{\max(|\Delta y_0(t_k)|, |\Delta y_i(t_k)|)} \\ 0(\Delta y_0(t_k) \cdot \Delta y_i = 0) \end{cases}$$

$$\Delta y_i = \left\{ (x_i(t_k) - x_i(t_{k-1}))/(\frac{1}{n-1}\sum_{k=2}^n |x_i(t_k) - x_i(t_{k-1})|),\ k = 2,\ 3,\ \cdots,\ n \right\},$$
$$i = 0,\ 1,\ 2,\ \cdots,\ m$$

灰色斜率关联度表征两序列相关程度的基本思想是按照因素的时间序列曲线的变化势态的接近程度来计算关联度的。X_i 与 X_0 的关联度为：

$$\gamma_i = \frac{1}{n-1}\sum_{k=2}^n \frac{1}{\left| \dfrac{x_0(k) - x_0(k-1)}{x_0(k)} - \dfrac{x_i(k) - x_i(k-1)}{x_i(k)} \right|} \tag{3.29}$$

B 型关联度是根据事物发展过程中的相近性与相似性，为全面描述事物之间发展过程的异同性，全面描述事物之间在发展过程中的关联程度，综合考虑总体位移差、总体一阶斜率差与总体二阶斜率差而提出的。X_i 与 X_0 的关联度为：

$$\gamma_i = \frac{1}{1 + \dfrac{1}{n}d_{ij}^{(0)} + \dfrac{1}{n-1}d_{ij}^{(1)} + \dfrac{1}{n-2}d_{ij}^{(2)}} \tag{3.30}$$

其中：

$$d_{ij}^{(0)}(t) = \sum_{k=1}^n |x_i(k) - x_0(k)|;$$

$$d_{ij}^{(1)}(t) = \sum_{k=1}^{n-1} |x_i(k+1) - x_0(k+1) - x_i(k) + x_0(k)|;$$

$$d_{ij}^{(2)}(t) = \sum_{k=2}^{n-1} |[x_i(k+1) - x_0(k+1)] - 2[x_i(k) - x_0(k)] + [x_i(k-1) - x_0(k-1)]|.$$

（四）人工神经网络

由于社会经济的高速发展，导致了经济系统日益复杂化，这就对预测精度的要求也越来越高。传统的预测方法不能有效地解决问题。如何解决好系统的复杂性、动态非线性和不确定性是寻求最优预测的困难所在。而把人工神经网络技术应用于经济预测中，探讨时间序列预测方法，为解决上述存在的问题提供可能的途径。

在人工神经网络多种模型中，BP 神经网络模型最为成熟，应用最为广泛，并在预测领域也得到了充分的应用。BP 算法的意思是多层神经网络的误差逆传播学习算法，是目前应用最广、基本思想最直观且最容易理解的一种 ANN 算法。BP 算法是用于前馈多层网络的学习算法，由于原理较为复杂，此处不再赘述。BP 神经网络可通过程序实现，MATLAB 软件中有神经网络工具箱，利用函数 newff 完成相关编程和分析。

（五）海洋规划的适用性分析

以上数学模式的量化预测方法具有普适性，因此，均适用于海洋类规划，但应注意其具体应用时的合理选择。

表 3.2　预测方法比较

方法	主要应用范围	预测时间段	所需条件	预测成本
回归预测法	可以找到相关因素的定量预测	近中期	数年历史统计数据	不高
移动平均法	有历史统计数据的定量预测	近期	一定数据的历史数据，需1周左右的预测时间	低
指数平滑法	有历史统计数据的定量预测	近期	一定数据的历史数据，需1周左右的预测时间	低
趋势曲线法	各种预测对象的趋势分析	中远期	5年以上的数据，只需几天的预测时间	低
灰色预测法	有历史统计数据的定量预测	中远期	取决于对象	中等
神经网络法	有历史统计数据的定量预测	中远期	在模型识别时需50个以上历史数据，需半个月左右的预测时间	高，计算机

三、物理模拟

　　物理模拟的最大特点是采用实物模型来进行预测。人们的认识过程存在大量的相似问题，而系统仿真是认识客观世界的重要方法，因此，系统仿真中必然存在大量的相似问题，相似原理是建模与模拟的核心原理。简单来说，模拟是这样一种科学方法：为了研究事物 A，先依据相似原理建立一个与 A 相似的模型 A′，再将对 A′研究的结果外推至 A，从而达到对 A 做更深刻的认识。模拟过程共分 3 步：① 依相似原理建立原型 A 的模型 A′。其理论基础是相似三定理；② 对模型 A′进行分析研究；③ 将对模型 A′分析研究的结果外推至原型 A。其外推过程运用了类比法。提高模拟方法可靠程度的途径主要有：构造 A′时尽可能模拟 A 中的主要要素且尽可能模拟较多的要素；外推时尽可能把握住 A 与 A′的内在关系，抓住其本质联系；设法提高 A 与 A′中要素的相似程度。

　　模拟相似通常要考虑：几何相似、运动相似、热力相似和动力相似。具体模拟方法包括：① 示踪浓度测量法，野外现场示踪试验所用的示踪物和测试、分析方法在物理模拟中同样可以使用；② 光学轮廓法，对物理模拟形成的气流、气团、水流、水团按一定的采样时段拍摄照片（或录像），所得的资料处理方法与野外资料处理方法相同。因海洋系统十分复杂，不确定性较多，故在海洋规划所需进行的研究中较少使用物理模型用于预测。

第六节　评价决策方法

决策是针对某一问题，根据确定的目标以及当时的实际情况，制定多个候选方案，然后按一定的标准从中选出最佳方案的过程。单从决策方法而言，主要有 3 种决策方法：① 确定型决策方法；② 不确定型决策方法；③ 风险型决策方法。海洋类规划的技术决策方法主要用到确定型决策方法，这其中又以多目标决策最为常见和通用。

一、基本思路

多目标最优化问题的解法有许多种，从大的方面可以分为 4 大类：① 转化成一个单目标问题的解法；② 转化成多个单目标问题的解法；③ 非统一模型的解法；④ 直接解法。目前在各种文献中引用较多的还是前两类解法。

所谓转化成一个单目标问题的解法是指：首先设法将原多目标规划转成一个单目标规划，然后再利用非线性规划的有关算法求解此单目标规划，并把求得的解作为最优解。该方法的关键是要保证所构成的单目标规划的最优解是多目标规划的有效解或弱有效解。各种方法均涉及权重系数，它是直接反映目标函数重要程度的。一般来说，重要的目标函数，相应的权重系数就要给得大些；而不是很重要的目标函数，其相应的权重系数就要给得小些。确定权重系数方法有 α 方法，排序法。多目标决策的具体方法包括主要目标法、线性加权法、极大极小法、安全法、评价函数法和理想点法等。

所谓转化成多个单目标问题的解法，顾名思义，就是设法将原多目标问题在各种意义下，转化成有一定次序的多个目标问题。然后分别求解这些单目标问题，并把最后一个单目标问题的最优解就作为最优解。具体包括分层排序法、重点目标法、分组排序法、中心法、可行方向法和交互规划法等。

二、简单决策方法

（一）费用效益分析法

这是通过盈亏平衡点（BEP）分析规划实施的投入成本与收益的平衡关系的一种方法。各种不确定因素（如资源环境本底、投资产出预测、成本分析、建设项目、开发时序等）的变化会影响规划方案的经济效果，当这些因素的变化达到某一临界值时，就会影响规划方案的取舍。盈亏平衡分析的目的就是找出这个临界值，即盈亏平衡点（BEP），判断规划方案对不确定因素变化的承受能力，为决策提供依据。盈亏平衡点越低，说明规划的经济效益越大，因而有较大的抗风险能力。

以海洋环境保护规划为例，费用效益分析通常包括以下 4 个主要步骤。

（1）弄清问题。费用效益分析的任务是评价解决某一环境问题各方案的费用与效益，然后通过比较，从中选出效益大于成本的方案，或者选出净效益最大的方案。因此，首先要弄清费用效益分析的对象，问题的性质、程度、涉及的地域和各解决方案的基本情况，才可能进行分析比较。

（2）效益分析。海洋环境保护规划的效益在于改善环境，恢复或提高环境功能，从而减少环境污染带来的经济损失。因而，计量解决环境问题各方案的效益要从环境功能分析出发，建立环境污染与环境功能损害的剂量反应关系，通过剂量反应关系计量各方案环境质量改善程度减少的环境污染经济损失，即产生的效益，如果产生的效益具有时间延续性，还要计算效益的现值。

（3）费用分析。计算各方案的费用，包括设施投资和设施运行费用。如果发生的费用具有时间延续性，还要计算费用的现值。

（4）费用与效益的比较。比较各方案费用与效益（或现值），计算出各方案的净效益的现值，找出净效益最大的方案。

费用效益分析法的核心是规划成本与效益的货币化方法，仍以海洋环境保护规划为例，其关键问题在于效益货币化计算。所有货币化评估方法背后的经济学概念都是个人对环境服务或资源的支付意愿，即基于需求曲线的积分面积。实际评估方法可如表 3.3 进行分类。

表 3.3　海洋环境保护规划效益的经济价值评估技术

行为类型	市场类型		
	传统市场	隐含市场	虚构市场
真实行为	对生产的影响 对健康的影响 预防成本	旅行成本 工资差额 资产价值 市场商品替代	虚拟市场
预期行为	重置成本 影子工程	成果转移法	条件价值评估

直接市场法：直接基于由环境影响造成的市场价格或生产率的变动。① 生产率变动：项目能够影响生产，市场产出的变化可以用标准的经济价格来评估；② 收入损失：环境质量影响人体健康，理想状况下，健康影响的货币价值应该由改善健康的 WTP 来确定，实际上，替代的方法比如放弃的净收入可以用在过早死亡、疾病或旷工的情况，还可通过计算健康欠佳或死亡统计概率的成本；③ 预防成本：个人、

厂商和政府采用"防御支出"来避免或降低有害环境的影响，防御支出比直接评估环境损害容易，可视为对效益的最低估计。

传统市场法：① 重置成本：估计更换受损资产带来的成本，实际的损害成本可能高于或低于重置成本，如有可持续的约束要求某种资产存量保持完整无缺，这种方法将尤为重要；② 影子项目：基于计算一个或多个提供替代环境服务的"影子项目"的成本，用来补偿正在实施项目给环境资产带来的损失，当至关重要的环境资产处于风险之中而又需要保持的时候，它是重置成本的制度判断。

隐含市场法：间接使用市场信息，包括：① 旅行成本法：用于衡量休憩地产生的效益，可以确定对某一地点的需求，作为像消费者收入、价格、各种社会经济特征等变量的函数，价格通常是观察到的成本元素的总和；② 资产价值法：基于更一般的土地评估方法的特征价格法，将房地产价格分解成归因于不同特点的组成部分，类似于学校、商店、公园等的接近程度，试图通过更清洁的环境中的房价来确定人们为改善当地环境质量而增加的支付意愿；③ 工资差额法：假设存在一个竞争市场，对劳动力的需求等于边际产品的价值，劳动力供给随着工作和生活条件而变，这样在受污染地区或更有风险的职业就需要更高的工资来吸引劳动力；④ 市场商品替代非市场商品法：如果环境物品在市场上有很接近的替代品，环境物品的价值可以用其市场上可观测到的替代品价格做参照。

虚拟市场法：① 条件价值评估：当市场价格不存在，该方法直接询问人们对效益的支付意愿，或容忍损失的受偿意愿。询问的过程可以通过直接问卷调查，也可以通过实验，被试者在"实验室"条件下对问题做出应答。在某些情况下，这是估计效益的唯一可得方法；② 人造市场：可以出于实验目的构建一个虚拟的市场，来评估消费者对某物品或服务的支付意愿，如家用净水器、游乐场的价格。

（二）矩阵清单法

矩阵清单法将清单中所列的内容，按其因果关系，系统加以排列。并把开发行为和受评价环境要素组成一个矩阵，在影响因素和受影响因素之间建立起直接的因果关系，以定量或半定量地说明影响因素对受影响因素的影响。这类方法主要有相关矩阵法、迭代矩阵法两种，前者最为常用。

1. 相关矩阵法

将横轴上列出各项影响因素的清单，纵轴上列出受影响的各要素清单，从而把两种清单组成一个识别矩阵。因为在一张清单上的一项条目可能与另一清单上的各项条目都有系统的关系，可确定它们之间有无影响。这有助于对影响的识别，并确定某种影响是否可能。当影响因素与受影响因素之间的相互作用确定之后，此矩阵就已经成为一种简单明了的有用的评价工具。表 3.4 为某海洋规划利用矩阵法进行损益分析的实例。

表 3.4 海洋规划损益分析

影响要素	海域占用	水文改变	基础设施建设	水污染	船舶增加	总影响
地形	−8（3）	−2（7）	−6（3）			−56
海水利用	−7（1）	−9（2）		−9（4）	−1（1）	−62
气候		−1（1）				−1
人口密度	3（2）		9（4）	−2（2）	3（1）	43
建筑			4（1）		−1（2）	2
交通	−3（1）	−1（1）				−4
总影响	28	−34	22	−40	0	−80

注：表中数字表示损益值，正数表示损害，负数表示收益，0 表示没有影响，10 表示影响最大；括号内数字表示权重。

2. 迭代矩阵法

迭代就是把经过评价认为是不可忽略的全部一级影响，形式上看作"行为"处理，再同全部环境因素建立关联矩阵进行鉴定评价，得出全部二级影响，按照此步骤继续进行迭代，直到鉴定出至少有一个影响是"不可忽略"，其他影响全部"可以忽略"为止。其基本步骤为：首先列出规划的基本行为清单及基本受影响因素清单；将两清单合成一个关联矩阵。把基本行为和受影响因素进行系统地对比，找出全部"直接影响"，即规划行为对某因素造成的影响；进行"影响"评价，每个"影响"都给定一个权重 G，区分"有意义影响"和"可忽略影响"，以此反映影响的大小问题，进行迭代。

三、复杂决策方法

（一）层次分析法（AHP）

1. 基本思路

在多目标决策中，会遇到一些变量繁多、结构复杂和不确定因素作用显著等特点的复杂系统，这些复杂系统中的决策问题都有必要对描述目标相对重要程度做出正确的估价。而各因素的重要程度是不一样的，为了反映因素的重要程度，需要对各因素相对重要性进行估测（即权重）。层次分析法是一种较好的权重确定方法。它是把复杂问题中的各因素划分成相关联的有序层次，使之条理化的多目标、多准则的决策方法，是一种定量分析与定性分析相结合的有效方法。层次分析法的特点是能将人们的思维过程数学化、系统化，以便于接受。应用这种方法时所需的定量信息较少，但要求决策者对决策问题的本质、包含的要素及其相互之间的逻辑关系掌握得十分透彻。这种尤其对没有结构特性的系统评价决策以及多目标评价决策更为适用。

2. 基本原理

先分解后综合，整理和综合人们的主观判断，使定性分析与定量分析有机结合，实现定量化决策。首先将所要分析的问题层次化，根据问题的性质和要达到的总目标，将问题分解成不同的组成因素，然后按照因素间的相互关系，将因素按不同层次聚集组合，形成一个多层分析结构模型，最终归结为最低层（方案、措施、指标等）相对于最高层（总目标）相对重要程度的权值或相对优劣次序的问题。

3. 实施步骤

（1）建立层次结构模型。根据具体问题选定影响因素，并建立合适的层级。层级的划分要依情况而定，一般包含：目标层、准则层、子准则层、方案层等。

（2）评价指标的比较。确立衡量不同评价指标两两对比的标准，并构造不同指标重要性两两对比结果的矩阵。分别对每个方案中所有指标进行打分，并运用加权平均，利用上一步的结果计算每个方案下每个指标的相对权数。

（3）一致性检验。由于成对比较的数量较多，很难做到完全一致。为了解决一致性问题，AHP 提供了一种方法来测量决策者做成对比较的一致性。如果一致性程度达不到要求，决策者应该在实施 AHP 分析前重新审核成对比较并做出修改。

（4）确定最佳方案。确定各方案在所选定的评比指标体系中的总排序，即计算同一层次所有元素相对上一层次的相对重要性的权值。

4. 方法优点

（1）层次分析法是一种把定性分析与定量分析有机结合起来的较好的科学决策方法。它通过两两比较标度值的方法，把人们依靠主观经验来判断的定性问题定量化，能处理许多传统的最优化技术无法解决的实际问题，应用范围比较广泛。

（2）层次分析法分析解决问题，是把问题看成一个系统，在研究系统各个组成部分相互关系及系统所处环境的基础上进行决策。对于复杂的决策问题，最有效的思维方式就是系统方式。层次分析法恰恰反映了这类系统的决策特点。

5. 方法缺点

（1）与一般的评价过程，特别是模糊综合评价相比，AHP 客观性提高，但当因素多（超过 9 个）时，标度工作量太大，易引起标度专家的反感和判断混乱。

（2）对标度可能取负值的情况考虑不够，标度确实需要负数，因为有些措施的实施，会对某些特定目标造成危害，对于这种标度下的权重计算问题讨论不足。

（3）对判断矩阵的一致性讨论得较多，而对判断矩阵的合理性考虑得不够，这是因为对标度专家的数量和质量重视不够。

（4）没有充分利用已有的定量信息。AHP是研究专门的定性指标评价问题，对于既有定性指标也有定量指标的问题讨论得不够。事实上，为使评价客观，评价过程中应尽量使用定量指标，实在没有定量指标才使用定性判断。

（二）系统动力学法

1. 基本原理

系统动力学法简称SD，是一种以反馈控制理论为基础，以计算机仿真技术为辅助手段的研究复杂社会经济系统的定量分析方法。该方法是在总结运筹学的基础上，综合系统理论、控制论、信息反馈理论、决策理论、系统力学、仿真与计算机科学等基础上形成的崭新的学科。系统动力学法以现实存在的系统为前提，根据历史数据、实践经验和系统内在的机制关系建立起动态仿真模型，对各种影响因素可能引起的系统变化进行实验，是一种节省人力、物力、财力和时间的科学方法。

2. 实施步骤

（1）系统辨识，是根据系统动力学的理论和方法对研究对象进行系统分析。这是利用系统动力学解决问题的第一步，其主要目的是找出所要研究的问题。主要内容包括：调查收集有关系统的基本情况和数据资料；认识所要解决的主要问题；分析系统运行的主要问题、影响的主要因素，并确定有关变量；确定系统边界，并确定其内生变量、外生变量和输入量；确定系统行为的参考模式。

（2）结构分析，是在系统辨识的基础上，划分系统的层次与子块，确定总体的与局部的反馈机制。主要内容包括：分析系统总体与局部的反馈机制；划分系统的层次与子块；分析系统的变量及变量间的关系，定义变量（包括常数），确定变量的种类及主要变量；确定回路及回路间的反馈关系；初步确定系统主回路及其性质，并分析主回路随时间变化的特性。

（3）模型建立，利用系统动力学的专用语言——DYNAMO语言，建立数学的、规范的模型。主要内容包括：建立状态变量方程（即L方程）、速率方程（即R方程）、辅助方程（即A方程）、常数方程（即C方程）和初值方程（即N方程）等；确定并估计参数；给所有的N方程、C方程和表函数赋值。

（4）模拟分析，以系统动力学理论为指导，并借助于已建立的模型进行模拟分析同时进一步剖析系统以得到更多的信息，发现新的问题，修改模型。主要内容包括：模型的有效性分析、政策分析与模拟试验。目的是更深入地剖析系统，寻找解决问题的政策，修改模型，包括模型结构与有关参数的修改。

（5）模型评估，是通过回代与灵敏度分析等手段，对模型的准确性进行检验与评估。

3. 方法优点

（1）能够容纳大量变量，一般可达数千个以上，适合复杂巨系统研究的需要。

（2）描述清楚，模型具有很好的透明性，系统动力学方法模型既有描述系统各要素之间因果关系的结构模型，又有专门形式表现的数学模型，是一种定性和定量相结合的仿真技术。

（3）模型可以反复运行，模型所含因素和规模可以不断扩展，能起到实际实验室的作用。通过人机结合，既能发挥人对研究系统的了解、分析、推理、评价、创造的优势，又具有利用计算机高速计算和迅速跟踪的功能，以此来试验和剖析实际系统，从而获得丰富而深化的信息。

（4）系统动力学法通过模型进行仿真计算的结果，可以用来预测未来一定时期各种变量随时间而变化的曲线和数值的变化情况。也就是说，系统动力学法能做长期的、动态的、战略的定量分析，特别适用于解决高阶次、非线性、多重反馈的复杂时变系统的有关问题。

4. 方法缺点

（1）精度较低。

（2）只能显示出仿真时间内变量的动态变化。

（3）一次仿真结果只能给出一定条件下系统行为的特解，若需要知道所有可能的行为模式，则需要有针对性地改变条件进行大量的仿真运行。

第七节　空间技术方法

海洋类规划的内容涉及面广、工程周期性强、业务工作量大。大量多源数据对存储、管理、维护、快速访问、智能分析、可视化和自动制图提出了挑战。地理信息系统（GIS）作为对蕴涵空间位置信息的数据进行采集、存储、管理、分发、分析、显示和应用的通用技术以及处理时空问题的有力工具，愈来愈被海洋领域的专家所关注。空间技术方法旨在为海洋规划提供可选择的、适当的方式和平台以分析处理大量数据，提取有价值的信息，并通过对海洋信息的分析、综合、归纳、演绎及科学抽象等方法，研究海洋系统的结构和功能，揭示和再认识海洋现象的各种规律，从而为海洋规划信息的科学管理、分析和应用提供强有力的手段，实现信息的挖掘和再开发。

一、数据收集

海洋遥感是海洋空间区划区别于非空间类规划的数据收集的重要途径。海洋遥感主要应用于调查和监测大洋环流、近岸海流、海冰、海洋表层流场、港湾水质、近岸工程、围垦、悬浮沙、浅滩地形、沿海表面叶绿素浓度等海洋水文、气象、生物、物理及海水动力、海洋污染、近岸工程等方面。其调查和监测结果均可作为规划编制的数据来源，主要包括：① 海域使用情况调查；② 海洋水色调查（叶绿素浓度、悬浮泥沙含量、可溶有机物含量、真光层厚度、油膜覆盖）；③ 海洋污染监测（油膜和航迹或泥浆水羽流、赤潮）；④ 历史变化情况对比。

二、空间分析

一般比较公认的对空间分析的理解是：空间分析是基于地理对象的位置和形态特征的空间数据分析技术，其目的在于提取和传输空间信息。从分析对象来讲，空间分析对象可分为栅格对象、矢量对象和空间统计三类对象。

（一）栅格数据分析模式

栅格数据由于其自身数据结构的特点，在数据处理与分析中通常使用线性代数的二维数字矩阵分析法作为数据分析的数学基础，因此具有自动分析处理较为简单，分析处理模式化很强的特征。一般来说，栅格数据的分析处理方法可以概括为聚类聚合分析、多层面复合分析、追踪分析、窗口分析、统计分析、量算等几种基本的分析模式。

栅格数据的聚类聚合分析是指将一个单一层面的栅格数据系统经某种变换而得到一个具有新含义的栅格数据系统的数据处理过程。栅格数据的聚类是根据设定的聚类条件对原有数据系统进行有选择的信息提取而建立新的栅格数据系统的方法。栅格数据的聚合分析是指根据空间分辨力和分类表，进行数据类型的合并或转换以实现空间地域的兼并。栅格数据的聚类聚合分析处理法在数字地形模型及遥感影像处理中的应用是十分普遍的。例如，由数字高程模型转换为数字高程分级模型便是空间数据的聚合，而从遥感影像信息中提取其一地物的方法则是栅格数据的聚类。

栅格数据的复合分析能够极为便利地进行同地区多层面空间信息的自动复合叠置分析，是栅格数据一个突出的优点。正因为如此，栅格数据常被用来进行区域适应性评价、资源开发利用、规划等多因素分析研究工作。在数字遥感影像处理工作中，利用该方法可以实现不同波段遥感信息的自动合成处理；还可以利用不同时间的数据信息进行某类现象动态变化的分析和预测。因此该方法在计算机地学制图与分析中具有重要的意义。

栅格数据的追踪分析是指对于特定的栅格数据系统，由某一个或多个起点，按照一定的追踪线索进行追踪目标或者追踪轨迹信息提取的空间分析方法。栅格所记录的是地面点的海拔高程值，根据地面水流必然向最大坡度方向流动的基本追踪线索，可以得出在以上两个点位地面水流的基本轨迹。此外，追踪分析法在扫描图件的矢量化、利用数字高程模型自动提取等高线、污染源的追踪分析等方面都发挥着十分重要的作用。

栅格数据的窗口分析地学信息除了在不同层面的因素之间存在着 定的制约关系之外，还表现在空间上存在着一定的关联性。对于栅格数据所描述的某项地学要素，其中的 (I, J) 栅格往往会影响其周围栅格的属性特征。准确而有效地反映这种事物空间上联系的特点，也必然是计算机地学分析的重要任务。窗口分析是指对于栅格数据系统中的一个、多个栅格点或全部数据，开辟一个有固定分析半径的分析窗口，并在该窗口内进行诸如极值、均值等一系列统计计算，或与其他层面的信息进行必要的复合分析，从而实现栅格数据的水平方向分析。

（二）矢量数据分析方法

与栅格数据分析处理方法相比，矢量数据一般不存在模式化的分析处理方法，而表现为处理方法的多样性与复杂性。

矢量数据包含分析确定要素之间是否存在着直接的联系，即矢量点、线、面之间是否存在空间位置上的联系，这是地理信息分析处理中常要提出的问题，也是在地理信息系统中实现图形、属性对位检索的前提条件与基本的分析方法。利用包含分析方法，还可以解决地图的自动分色，地图内容从面向点的制图综合，面状数据从矢量向栅格格式的转换，以及区域内容的自动计数（如某个设定的珊瑚礁保护区内，某一种类的个数）等。

矢量数据的缓冲区分析根据数据库的点、线、面实体，自动建立其周围一定宽度范围内的缓冲区域多边形实体，从而实现空间数据在水平方向得以扩展的信息分析方法。点、线、面矢量实体的缓冲区表示该矢量实体某种属性的影响范围，它是地理信息系统重要的和基本的空间操作功能之一。例如，船舶噪声污染源所影响的一定空间范围、航道两侧所划定的缓冲，即可分别描述为点的缓冲区与线的缓冲带。而多边形面域的缓冲带有正缓冲区与负缓冲区之分，多边形外部为多边形正缓冲区，内部为负。

多边形叠置分析是指同一地区、同一比例尺的两组或两组以上的多边形要素的数据文件进行叠置。叠置的目的是通过区域多重属性的模拟，寻找和确定同时具有几种地理属性的分布区域，按照确定的地理指标，对叠置后产生的具有不同属性的多边形进行重新分类或分级；或者是计算一种要素（如海域利用）在另一种要素

（如行政区域）的某个区域多边形范围内的分布状况和数量特征，提取某个区域范围内某种专题内容的数据。

矢量数据的网络分析的主要用途是选择最佳路径、设施以及进行网络流分析。所谓最佳路径是指从始点到终点的最短距离或费用最少的路线，最佳布局中心位置是指各中心所覆盖范围内任一点到中心的距离最近或费用最小；网流量是指网络上从起点到终点的某个函数，如运输价格，运输时间等。网络分析首先要建立网络路径的拓扑关系和路径信息属性数据库。也就是说需要知道路径在网络中如何分布和经过每一段路径需要的成本值，才能进行后续分析。

（三）空间统计分析与内插

空间统计分析的目的是为了找出某种属性分布的整体特征和趋势，了解其中的规律，以便科学地对其进行分析和预测。空间统计方法是建立在概率论与数理统计基础上的一类地理数学方法，适用于对各种随机现象、随机过程和随机事件的处理。几乎所有的地学现象、地学过程和地学事件都具有一定随机性，这是由于地学对象的复杂性决定的。地学现象这种随机性是空间统计方法应用的基础。

空间数据往往是根据自己要求所获取的采样点观测值，诸如地面高程、土地肥力等，这些点的分布一般是不规则、不连续的，在用户感兴趣或模型复杂区域可能采样点多，反之则少。采样获得的数据一般都是研究因素在某点的具体数值，是空间的矢量点数据。对于研究区域某空间因子采样的个数是有限的，不可能布满整个研究区域。当用户对未采样点的数值需要准确地了解时，就必须去实地再次进行采样。根据已知采样点的信息对附近未知点的属性进行预测或估计的需求导致了空间内插技术的诞生。一般来讲，在已存在观测点的区域范围之内估计未观测点的特征值的过程称内插；在已存在观测点的区域范围之外估计未观测点的特征值的过程称外插或推估。插值方法大都是基于矢量点数据的。

内插目的是为了根据已知点的属性合理判断和预测附近未知点的属性值，由点数据内插形成表面，得到面上任意点的值（以样条插值为例）。内插的方法有若干种，各自有自己的特点和不足，常用的有反距离权插值、样条插值和克力格插值。根据具体问题的特征，选择适当的插值方法进行插值，才可能对未知点的属性得到较为准确的预测和反映。

三、区划决策

决策支持系统是辅助决策者通过数据、模型、知识以人机互动方式进行半结构化或非结构化决策的计算机应用系统。它为决策者提供分析问题、创建模型、仿真决策过程和方案的环境，运用各种信息资源和分析工具，帮助决策者提高决策水平和质量。决策支持系统的基本结构主要有 4 个部分，即数据部分、模型部分、推理部分、计算机互动部分。

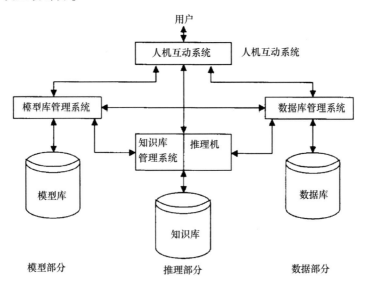

图 3.3　空间决策支持系统

　　海洋 GIS 在专属经济区研究中的应用可以夏威夷群岛中的瓦胡岛和夏威夷岛为例，夏威夷岛周围水域有大批的陆地地雷和火山弹覆盖层掩盖的爆炸性物质，为了查清近岸海底这些危险物质的分布状况，SEATECH 承包公司花费 6 年时间及耗资 100 万美元进行监测扫海，建立了具有航行记录的海洋 GIS 系统，这个系统的数据库可以为用户便利地提供不同海洋空间信息的处理、存储、更新、操作和分析等功能。这个 GIS 系统可以为水下未探明的军事器械监测和排除规划进行辅助决策。

第四章 海洋规划评估技术方法研究

对于规划评估，一般认为有广义规划评估和狭义规划评估之分。广义的规划评估贯穿于规划制定和实施的整个过程，包括规划编制水平评估、规划决策水平评估、规划实施过程评估、规划实施效果评估、规划纠错置换与保值增值评估等。狭义的规划评估特指规划实施效果评估。[①] 本研究侧重于狭义的海洋规划评估，即规划实施效果评估。本章在综述相关规划评估研究进展、归纳公共政策效果评估思想和技术方法的基础上，对海洋规划实施评估的基本理念进行探讨，初步提出了海洋规划实施评估的系统构成和基本流程。

第一节　相关规划评估研究进展

近年来，我国规划理论和实践处于快速发展阶段，但目前各领域规划普遍存在评估研究滞后于规划发展的现象，各领域的规划评估方法基本都处于探索之中，海洋领域的规划评估研究更是不多见。尽管如此，系统整理相关规划评估标准，吸收借鉴理论成果、评估指标、评估方法等，仍可以为开展海洋规划实施评估研究提供参考依据。

一、研究进展

（一）经济社会发展规划评估进展

国民经济和社会发展规划的中期评估在"十一五"时期成为正式的制度安排。全国人大 2006 年 3 月 4 日通过的《中华人民共和国国民经济和社会发展第十一个五年规划纲要》第四十八章规定，"国务院有关部门要加强对本规划实施情况的跟踪分析，接受全国人民代表大会及其常务委员会对规划实施情况的监督检查。在本规划实施的中期阶段，要对规划实施情况进行中期评估。中期评估报告提交全国人民代表大会常务委员会审议。经中期评估需要修订本规划时，报全国人民代表大会常

---

① 张利华，李颖明. 区域科技发展规划评估的理论和方法研究 [J]. 中国软科学，2007（2）：95-101，138.

务委员会批准。"①

五年规划评估已成为中央政府各部门、地方政府以及第三方科研机构需要长期开展的一项工作。但与要求不相适应的是评估经验的不足以及国内外对发展规划评估方法研究的不足。历次五年计划实施情况评价主要开展的是对完成情况的检查与监督，直到"十五"时期才有正式的五年计划官方评估与第三方评估②·③，评估经验相对缺乏，尚未形成成熟的方法。

由于"五年规划（计划）"是一项很具中国特色的制度安排，国际通行的评估方法很难直接照搬。鄢一龙等（2009）④ 在吸收国际先进评估方法的基础上，基于中国公共政策的特点，提出了"规划蓝图-实施情况"一致性评估方法，较好地实现了科学性与实用性相结合。

相伟（2009）指出，目前我国规划评估体系还不健全，年度评估、中期评估、应急性评估长期没有开展。2003 年，我国第一次开展五年计划中期评估，并由国家发展改革委发展规划司提交了"十五计划实施情况的中期评估报告"，但该报告总体上是描述式的，没有对因素进行深度分析来解释所观察到的趋势。他认为，不同类型的规划评估重点差别很大，评估方法因此各不相同。指令性规划的基本目标是实现投资、财政、信贷等的"三大平衡"，主要围绕经济增长速度、投资总量等指标来安排具体项目，对其评估的重点是主要指标实现程度和指标之间的平衡趋势，方法主要是对指标进行定量对比。指导性规划目标的重点在于阐述和落实经济社会发展的战略方向及相应对策措施，对这类规划的评估也集中到落实发展战略的主要领域，主要是评估各领域的发展是否符合规划的方向，以及实现的程度如何，评估方法也由单纯的定量比较研究向定性与定量相结合的方法转变，包括利用定量指标判断基本指标的实现程度，依靠专家定性判断经济社会发展方向与规划战略的吻合程度，利用问卷调查评价规划对企业和民众的影响等。⑤

相伟（2008）建议应着重从"指标、战略、满意度"三个方面对《中华人民共和国国民经济和社会发展第十一个五年规划纲要》进行中期评估。"指标"主要是指发展指标体系（具体数字目标）和重大工程项目，重点评估各指标的实现程度和工程项目的实施进度。"战略"是指评价经济、社会、文化、生态、军事等各领域

① 中华人民共和国国民经济和社会发展第十一个五年规划纲要.

② 马凯．"十一五"规划战略研究［M］．北京：科学技术出版社，2005：44-54.

③ 胡鞍钢，王亚华，鄢一龙．"十五"计划实施情况评估报告［J］．经济参考研究，2006，2：40-55.

④ 鄢一龙，王亚华．经济社会发展规划实施评估方法［J］．经济研究参考，2009，50：50-55.

⑤ 相伟．中外经济社会发展规划比较研究［J］．经济纵横，2009（1）：67-70.

的发展是否遵循规划的战略意图，是中期评估的难点。可采取分层评估的办法。第一层：基于各领域内重点工程的完成情况和统计指标，判断该领域战略意图的实现程度，并对这些工程能否实现该领域的战略意图进行反馈性思考；第二层：动态模拟规划实施效果，按月份采集规划执行后的相关领域数据，利用定量模拟技术，对当前的政策、措施、工程等在该领域内的效果进行动态延伸，对比该领域规划编制前的发展情况，综合考察按照目标发展轨迹能否达到预期的目标；第三层：依靠各领域内的专家，判断规划执行后该领域的发展情况与战略方向的契合度；第四层：结合规划满意度的评估，根据问卷调查结果，即综合采取对比研究、动态模拟、定性与定量相结合的方式评估战略性内容的实现程度。"满意度"则主要调查企业、个人、各级政府部门对规划实施的满意程度。[①]

张建涛（2010）以陕西省国民经济和社会发展五年规划为切入点，从规划评估的目标出发，紧密围绕发展规划的目标提出了规划评估指标体系，从宏观经济、工业经济、人民生活、资源环境、公共服务 5 个方面对规划评估工作进行细化和分解，最后对这 5 个方面的具体内容进行分析和阐述[②]。

贾川（2012）指出，当前我国发展规划评估存在四大问题：一是规划自身缺陷导致难以评估；二是规划体系衔接不畅，导致规划评估无所适从；三是评估方法有待进一步改善；四是公众参与程度仍需提升。针对这些问题，他从完善规划体系、明确规划边界、改进规划编制方法、强化考核评估机制、构建公众参与平台 5 个方面提出对策建议。[③]

（二）土地利用总体规划评估进展

王万茂（2006）在《土地利用规划学》一书中指出，土地利用总体规划实施评估是根据一定的标准，运用一定的方法，对土地利用总体规划执行的效果进行分析、比较与综合所做出的一种价值判断。包括三个方面：一是土地利用总体规划结果评估，指对土地利用总体规划执行后的结果是否实现其目标及实现程度的评估；二是土地利用总体规划效益评估，指对土地利用总体规划结果与土地利用总体规划投入之间的关系的评估；三是土地利用总体规划效力评估，指土地利用总体规划执行后对规划对象及其环境所产生的影响的评估。[④]

赵小敏（2003）以王万茂的理论为基础，认为土地利用总体规划实施评估系统由土地利用总体规划实施评估者、评估对象、评估目的、评估标准（或指标体系）、

---

① 相伟. 科学开展"十一五"规划中期评估工作 [J]. 宏观经济管理, 2008 (7)：24-26.
② 张建涛. 陕西省规划评估指标体系的构建 [J]. 大众商务, 2010 (1)：208-209.
③ 贾川. 完善发展规划评估机制的对策与建议 [J]. 中国经贸导刊, 2012 (12)：93.
④ 王万茂. 土地利用规划学 [M]. 北京：科学出版社, 2006.

评价方法5个要素组成；包括效果指标和执行指标两大类，前者可以从社会公众认知度、投入产出率、环境改善率、劳动生产提高率4个方面进行衡量，后者可以分为完成性指标、限制性指标、违反规划事件指标。在此基础上提出了指标量化模型和评估方法。[①]

郑新奇等（2006）认为，土地利用总体规划实施评价的目的是全面掌握规划实施情况，判断规划质量的优劣，确定调整规划的时机，维护规划的严肃性和权威性，不断提高规划工作的水平。应采用科学的方法对规划的执行情况、实施效益与社会影响进行评价，提出改进规划方法的建议。在借鉴国内外相关研究成果和多次专家论证的基础上，以实施结果评价类型为主，设计了三级评估指标体系和计算模型，并应用于济南市的规划评估中。[②]

（三）城市规划评估进展

随着我国经济社会的快速发展、城市化水平的不断提高，近年来，城市规划得到了快速发展，针对规划实施评估的研究也在一定程度上得到了发展。

针对城市规划评估内涵的研究，吕晓蓓等（2006）指出，城市规划实施评估是指在城市规划实施过程中，对城市规划实施效果以及规划实施环境的趋势和变化进行持续的监测，并在固定的实施阶段利用事先约定的评估指标对规划实施监测的结果进行评估，以衡量规划实施的效果，再通过比照规划实施的实际效果与规划原定的阶段实施目标的偏差，对规划目标、策略和实施手段进行调整[③]。简逢敏等（2006）把城市规划实施后评估定义为"是对已付诸实施的规划，在其实施了一段时间之后形成的结果与规划编制的内容是否得到真正的实施，并对其实施结果的作用与影响所进行的评估"[④]。

在城市规划实施评估的方法研究方面，欧阳鹏（2008）以公共政策视角，重新审视了城市规划评估的政策维度，理顺了规划方案技术评估、规划主体价值评估、规划过程实施评估和规划结果绩效评估之间的关系，建构了一种将规划目标与手段、事实与价值整合的全过程评估模式和方法体系[⑤]。施源等（2008）认为，规划实施

① 赵小敏，郭熙．土地利用规划实施评价［J］．中国土地科学，2003（5）：35-40．

② 郑新奇，李宁，孙凯．土地利用总体规划实施评价类型及方法［J］．中国土地科学，2006（2）：21-26．

③ 吕晓蓓，伍炜．城市规划实施评价机制初探［A］．规划50年——2006年中国城市规划年会论文集（上册）［C］．北京：中国建筑工业出版社，2006．

④ 简逢敏，伍江．住宅区规划实施后评估的内涵与方法研究［J］．上海城市规划，2006（3）：46-51．

⑤ 欧阳鹏．公共政策视角下城市规划评估模式与方法初探［J］．城市规划，2008（12）：22-28．

评估通常运用定量和定性两种方法，如既可通过数据和模型等对实施结果与目标蓝图的契合度进行实证分析，也可通过定性描述来说明规划是否为决策提供依据以及是否坚持公正与理性①。林立伟等（2009）指出，我国城市规划评估实践研究涉及宏观、中观和微观的各层次各类型的规划，主要集中在城市总体规划实施效果评估和框架体系构建，城市设计和近期建设规划评估及其评估体系构建，城市交通、物流等方面的规划评估及评估指标体系构建等领域②。

进入 21 世纪以来，在城市规划实施评估实践方面，我国的许多城市，如广州、深圳、天津、武汉、上海等，已开始进行城市规划评估的探索，一般表现为对上一轮规划做出评估或检讨，进而指导下一轮规划的编制。这些城市在规划评估实践中逐步积累经验，逐步采用更加系统全面的方法，探索从目标规划到行动规划的转变。

近年来，国家已经从法律法规上规定了规划评估的必要性和重要性。2008 年实施的《城乡规划法》第四十六条规定，省域城镇体系规划、城市总体规划、镇总体规划的组织编制机关，应当组织有关部门和专家定期对规划实施情况进行评估。《城市总体规划实施评估办法（试行）》中进一步规定了城市总体规划评估的必要内容和实施程序。这表明我国对城市规划评估实施的重视及其工作的开展都将进入一个新的发展阶段。③

（四）环境保护规划评估进展

於方等（2009）指出，环境保护规划实施评估是一个系统的、具有持续性的动态过程，应有一套科学合理的评估方法体系。从总体上看，中国目前针对环境保护规划实施评估方法的研究尚属空白。虽然一些地方进行了一些探索，但主要采用的还是规划目标与实现程度的对比分析方法，这只是环境保护规划评估最基础的部分，而且目前的对比分析方法在指标体系的选取及比较角度的选择等方面都存在问题，这使得现有环境保护规划评估远不能满足保障环境保护规划可持续运行的需求。於方认为，从国外环境保护规划评估的发展来看，20 世纪 80 年代后，环境保护规划评估逐渐趋向多元化的研究方法，如管理分析、系统分析、费用效益分析、环境经济模拟、预测分析等，并取得了较好的效果。鉴于此，环境保护规划评估的方法和技术，除了继续借鉴已有的公共政策实施评估理论和方法外，也要逐步向系统性的

① 施源，周丽亚．对规划评估的理念、方法与框架的初步探讨——以深圳近期建设规划实践为例 [J]．城市规划，2008（6）：39-43.
② 林立伟，沈山．我国城市规划评估研究进展与展望 [J]．上海城市规划，2009（6）：14-17.
③ 宋彦，江志勇，杨晓春，等．北美城市规划评估实践经验及启示 [J]．规划师，2010，26（3）：5-9.

综合评估靠拢，建立一套完整灵活的环境保护实施评估理论和方法体系。当前，尤其要根据中国环境保护规划突出存在的经济分析不足的现实，做好环境保护规划的经济评估技术的研究。① 应用对比分析方法评估规划目标完成度和措施执行效果；② 应用环境经济宏观预测方法预测规划目标的可达性；③ 应用费用效益分析方法提高规划的经济有效性；④ 应用规划的经济投入产出分析提高规划投资的宏观决策水平。①

周劲松等（2013）认为，环境保护规划评估与考核是及时掌握规划实施进展、督促各方实施规划以及保障规划顺利实施的重要手段和措施。他们结合《国家环境保护"十一五"规划》中期评估与终期考核具体实践，对未来环境保护规划的评估与考核工作提出四条建议：进一步加强评估考核的体制建设，提高定性评估技术水平，研讨评估技术的实际应用，工程设施领域的评估内容应从重建设转向重运营。②

（五）科技教育人才规划评估进展

根据匡跃辉（2005）的归纳总结，学术界一般把科技政策评估的标准具体化为效益标准、效率标准、效应标准和生产力标准，常用的科技政策评估方法包括同行评议法、自我评定法、对比分析法、成本-效益分析法、统计抽样分析法。③

杨多贵等（2006）阐述了主要国家科技政策与规划（计划）评估现状，他指出，美国具有十分完善的科技计划评估体系和评估制度，而且科技计划评估的法制化、程序化程度非常强。日本在《科技基本计划》（第一期、第二期）特别突出科技评价制度的地位和作用，强调把客观公正、高度透明的科技评估作为推进基础研究和完善竞争性的研发环境的重要前提和手段，把科技评估的重点从注重立项之前的评估，转移到对研发结果的评估，并把评估结果与预算经费分配直接挂钩。韩国依据其《科学技术基本法》，由韩国科学技术评价院负责对科技规划进行依法评估。德国也建立有比较完整的科技评估组织体系、评估组织机构、评估程序，对其科技计划进行评估。就我国科技规划（计划）评估管理而言，当前主要存在两大突出问题：一是高度重视规划（计划）的制定，对规划（计划）的发展环境评估、实施过程监督、目标实现程度和产生效果的评估不足，即使开展评估也难以做到法制化、程序化和制度化；二是绝大多数评估以政府自我评估为主，从而使评估结果的客观

① 於方，董战峰，过孝民，等．中国环境保护规划评估制度建设的主要问题分析［J］．环境污染与防治，2009，31（10）：91-94.

② 周劲松，吴舜泽，万军．环境保护规划评估考核技术方法与实践研究［J］．环境科学与管理，2013，38（10）：12-17.

③ 匡跃辉．科技政策评估：标准与方法［J］．科技管理研究，2005，12，23（6）：62-65，79.

性和公信力受到严重影响，出现政府"既是运动员，又是裁判员"的情况。在此基础上，杨多贵等提出了尽快建立和完善我国中长期科技发展规划评估体系和评估制度的建议。①

表 4.1　教育政策评估标准体系

政策属性	评估标准	标准内涵
公共属性	公平性	政策成本与收益在不同社会阶层中分配的公平程度
工具属性	可行性	包括政治可接受性（政策不能违背当政阶层的主流政治思想，不能违背其政治利益等）、经济可接受性（政策实施所需的财力、物力和人力投入是否有保障）、社会可接受性（政策不能有悖于社会公认的基本原则和规范，不能违背社会多数人的利益）和管理可行性（政策实施必须是现行行政体系可以操作与管理的）4 个方面
	可预测性	政策效果和政策过程中可能出现的问题可被预见，并能通过适当方式进行测量，表明政策方向
	程序公正性	问题认定、制定、执行、评估、持续与终结程序公正
	效率	政策投入与产出、效率成本与收益之间的比例关系，衡量标准是根据单位成本所能产出的最大价值或最小成本建立的。成本和收益均需要从政策主体、客体和环境三个方面考虑。成本上需要考虑直接成本和间接成本，收益上需要考虑直接收益和间接收益
	效果	政策实施后产生的各种结果与影响，包括政策目标的实现程度、政策对社会产生的影响（包括有利和不利）
	满意度	公众回应和满意度，指利益相关者对政策的满意度以及政策满足特定群体的需要、偏好或价值观的程度
	简明性	政策问题、文本、目标、评估标准等的表述简明扼要，不会造成理解歧异
系统属性	兼容性	制定、修订、持续及终结教育政策必须考虑与其他教育政策以及非教育政策间的一致；政策预测与效果测量中的统计口径、统计结构等保持一致
动态属性		教育政策评估是一个动态的过程，每一个标准并不仅限于政策周期的某一阶段，而是在整个政策周期里都有不同程度的反映

胡伶（2008）认为，教育政策评估是按照一定的标准和程序，对教育政策问题的确认、政策制定、执行、评估与变更的过程和效果及其影响因素进行的事实判断和价值判断，是一个贯穿教育政策周期的动态发展的活动过程。教育政策评估标准

---

① 杨多贵，周志田．尽快建立和完善中长期科技发展规划评估体系和评估制度［J］．经济研究参考，2006，74.

是对教育政策属性或方面在质上的规定，是教育政策评估者进行评估时应坚持和遵循的客观尺度，是用来判定政策行动优劣的一系列标准。胡伶根据教育政策的4个属性，认为教育政策评估标准的设定需要考虑教育政策的公共性、工具性、动态性和系统性（见表4.1），而且每一个标准都贯穿于政策的整个周期。①

孙锐等（2015）认为，人才规划实施评估主要是指对规划实施状况、效果及绩效产出的评估。他们对《国家中长期人才发展规划纲要（2010—2020年）》实施效果评估的实践探索进行了总结分析，并指出开展人才战略规划实施评估对提升人才强国战略知晓度和影响力、强化各地方各部门贯彻落实力度，推动规划目标实现方面具有重要的促进作用，建议出台国家人才规划实施评估实施办法，推动以第三方评估为主的专业评估模式，完善包括综合评估、专项评估和政策评估的评估内容体系，健全人才规划实施监测评估统计指标体系，建立国家人才规划实施分层分类的评估网络体系，构建人才规划实施评估相关技术支撑平台，加强规划评估实施的组织保障、国际合作和人员培训。②

二、存在问题

规划评估工作在经济社会发展、土地利用、城市建设、环境保护和科技教育人才等领域已取得了一定的研究进展和实践经验。特别是一些在部分领域得到实践应用的指标体系和评价方法以及评估理念和评估思路，对海洋规划实施评估起到了很好的指导和借鉴作用。但总体来说，规划评估与规划编制工作相比，仍处于早期发展阶段，理论研究还很不成熟，仍需不断探索和实践。总体而言，主要存在以下问题。

（一）缺乏必要的规划评估制度基础

我国规划评估工作正处于起步阶段，其发展面临诸多方面的问题和困难。究其原因，则在于制度化、法制化、程序化的欠缺。

《城乡规划法》《土地管理法》分别使城乡规划、土地规划具备了法律地位。1991年《城乡规划技术标准体系》的出台是我国第一次形成系统的城市规划技术标准体系，使城乡规划评估工作逐步制度化、规范化。除此之外，相关领域的规划评估标准有的处于试行阶段，如全国家庭教育工作"十一五"规划评估标准体系，但大多尚未制定规划评估指南。总体来看，规划评估工作普遍缺少制度约束。另一方

---

① 胡伶. 教育政策评估标准体系的架构研究［J］. 教育理论与实践，2008，28（12）：20-24.

② 孙锐，吴江，蔡学军. 我国人才战略规划评估现状、问题及机制构建研究［J］. 科学学与科学技术管理，2015，36（2）：10-17.

面，问责制的概念虽已引入到各级政府管理之中，但从规划领域来看仍停留在口号和概念层面，规划制定者或执行者不需要为规划的效果担负明显的法律或行政责任。这也是制约规划评估发展的主要因素之一。

（二）缺乏科学、系统和规范的规划评估理论和方法指导

规划评估在我国是一个新兴领域，其理论和方法仍在发展和完善之中，尚未形成规范化、系统化的评估体系。

虽然一些学者已对规划评估进行了积极探索和有益尝试，但总体而言，规划评估研究数量仍很有限、不够系统，而且较为零散，对评估实践的指导作用不足。相关领域的规划评估研究普遍缺乏对其他学科分析方法的有效借鉴，具体方法存在经验推理多、实证研究少，定性分析多、定量评估少的问题。除此之外，指标体系和评估标准尚处于探索阶段，学术界还缺少统一定论，方法的可操作性不强。

（三）规划监督评估环节依然薄弱

监督和评估规划实施情况是规划目标切实落到实处的重要保障。例如美国从规划开始实施起就制订5年执行计划，执行计划每年修订一次，并根据这些信息和执行措施跟踪规划进展，制定和修订年度预算指标、业务计划和执行计划，必要时将修订战略规划，重申战略目标和任务。虽然近年来我国各领域研究制定和出台的规划数量日渐增多，但重编制、轻评估、监督流于形式的现象仍然非常普遍。

（四）公众参与和反馈机制尚不健全

规划对象的广泛性和参与性是建立规划评估公众参与和反馈机制的客观要求。在规划评估过程中，广泛听取专家、社会团体及公众等利益相关者的意见，建立并完善沟通与反馈机制，是推进规划实施的有效手段。但很显然，这一机制在我国规划评估工作中还有待进一步完善。

第二节　公共政策评估方法概述

海洋规划属于公共政策的范畴[1][2]。在公共政策评估中，政策效果评估占有重要而突出的位置，围绕公共政策的实际效果，政策评估专家们研究提出许多成熟而有效的分析方法与技术。因此，本部分主要在前文综述相关规划评估研究进展的基础

---

① 周达军，崔旺来．海洋公共政策研究［M］．北京：海洋出版社，2009.
② 贾宝林．国内海洋政策的几个研究视角［J］．海洋开发与管理，2011（9）：12-15.

上，以公共政策效果评估方法为参照和指导，归纳总结其中对海洋规划实施评估可借鉴的评估思想和技术方法，为后文提供参考依据。

一、政策效果评估的定性方法

定性评估方法是指评估者根据自己的经验和知识，综合运用逻辑思维，通过对评估对象的性质进行分析和判断，进而形成对政策效果、体系和过程的基本判断。定性评估方法是所有评估方法中通用性最强的方法之一，任何政策都可以进行定性评估。一方面，许多公共政策的影响、效果无法被量化或难以用数字去衡量，而定性评估方法能够弥补定量评估方法的不足；另一方面，当公共政策效果涉及广泛的社会、政治、文化、伦理道德问题或包含有这类因素时，定量评估方法难以有用武之地，而定性评估却能够显示出解决这类问题的优越性。正因为如此，定性方法被认为是政策评估的"软"技术。

但定性评估方法也有其弱点和局限：① 由于定性评估方法主要是依据典型的或少量的个案资料得出结论，这种结论的普适性值得怀疑；② 主观洞察性的分析评估既有可能获得真知灼见，但也有可能导致荒谬绝伦；③ 定性评估得出的结论由于缺乏客观的评价标准，无法对其结论进行检验。一般来说，常用的定性评估方法有专家会议法和德尔菲法。

（一）专家会议法[①②]

1. 基本原理

专家会议法又称会议调查法，是指评估人员采用召开规划实施效果调查会议的方式，向与会人员获取规划实施信息，评估规划实施效果的一种直观评估方法。采用这种方法，不是依靠一位或少数海洋规划评估专家，而是依靠许多专家或专家集体；不仅依靠海洋领域专家，同时广泛邀请相关领域专家参与评估。这样不仅可以消除个别专家思维的局限性和片面性，而且根据大数定律可以知道，当各位专家的评估值为独立同分布的随机变量时，只要专家人数足够多，其评估值的算术平均值将趋近于真实值的期望值。而且，现代专家评估法是在定性分析的基础上，以打分等方式做出定量评估，其评估结果具有数理统计特征。这种方法在缺乏足够基础数据和资料的情况下，可以对海洋规划实施效果做出较为准确的评估。

2. 实施步骤

（1）邀请专家参加会议，一般以 10 人左右为宜，以免人数太多导致意见不易

① 孙文生，杨汭华. 经济预测方法［M］. 北京：中国农业大学出版社，2005：21-23.
② 刘思峰，党耀国. 预测方法与技术［M］. 北京：高等教育出版社，2005：23-24.

集中。

（2）会议召集人必须事先拟定详细的规划评估提纲供专家讨论，并在讨论过程中进行必要的修正和补充。

（3）由经验丰富的主持人引导会议的方向和进程，以实现会议的预期目标。

（4）会后对专家意见进行比较、评价归类，最后确定评估结果。

专家会议法的优点是比较经济，效率高；不足之处是专家面对面发表自己的意见，受个人影响力大小的影响可能难以做到畅所欲言。20世纪50年代兴起的头脑风暴法与专家会议法相类似。

（二）德尔菲法

1. 基本原理

德尔菲法又称专家咨询法，20世纪40年代末由美国兰德公司首创，是专家会议法的发展。德尔菲法采用调查表的形式，以匿名方式，通过几轮函询征求专家们对预测的意见。预测领导小组对专家们每一轮的意见都要汇总整理，作为参考资料再匿名寄给各位专家，供他们分析判断，提出新的见解。如此反复多次，直到专家们的意见趋于一致或多数专家不再修改自己的意见为止。最后由评估领导小组汇总，处理专家们最后一轮的意见，做出最后评估结果，写出规划实施评估报告。

2. 实施步骤

（1）根据待评估规划的具体内容，拟定评估意见征询表。注意所提问题明确并且是专家所熟悉的领域，同时还应为专家提供规划评估问题的相关背景材料。

（2）选定征询专家。专家选择的合适与否，关系到该方法的成败。一般根据评估问题包括的专业面来确定专家人数，以20人左右为宜。

（3）反复征询专家意见。第一轮专家意见回收后，由调查人员进行归纳后与第二轮调查的要求一起寄回给各位专家。这样，各位专家在第二轮调查中能够了解到第一轮意见的集中和分散的情况，并就后者再次发表自己的意见。第三轮调查是在第二轮的基础上进行的。如此反复，直到意见趋于一致。

（4）对经过反复征询得到的意见做出调查结论。

德尔菲法的优点在于由于匿名调查，降低了心理因素的干扰，给各位专家创造了自由发表意见的环境。同时由于多次反馈调查，集思广益，提高了调查的全面性和可靠性。这种方法的不足之处在于反馈次数过多，时间过长，有些专家可能因为其他工作而中途退出，影响调查评估。

在对政策进行定性评估中，系统评估是最基本、最常用的定性评估工具。根据评估的层次，该方法还可以细分为整体评估法和层次评估法两种类型①②。

二、政策效果评估的定量方法③

定量评估方法是指根据调查研究、资料搜集所获得的信息，运用运筹学、统计学、数学、计量经济学、系统工程理论等学科的理论与方法，建立政策评估的数学模型，然后借助电子计算机等手段进行大量的计算来求得答案的方法、技术的总称。定量评估方法以理性主义为其哲学基础，强调以准确、可靠的数据资料作为评估的依据，以严密的逻辑推理、精确的数学计算为评估的基本工具，因而被认为是政策评估的"硬"技术。

但定量评估方法的局限性也不容忽视。① 定量方法无法处理那些涉及诸如价值观、意识形态、社会政治制度等不能或难以量化的因素；② 定量方法本身的特点决定了它不易为多数人所掌握或接受，在此基础上得出的结论更是如此；③ 定量方法数学模型的建立往往也是依据一定的主观判断的假定和研究框架完成的。如果模型赖以建立的思想出现严重错误，模型自身的可靠性就值得怀疑。

定量评估的基础性方法是"前后对比法"（图 4.1），就是将政策实施前后的有关情况进行对比来判断政策效果，提出政策建议的一种分析思路。前后对比评估法可分为以下 4 种基本类型④⑤。

（一）简单"前-后"对比评估法

简单"前-后"对比评估法就是将政策实施前后的状态直接加以比较的政策评估方法，政策效果被视为政策对象在接受政策作用后可以测量出的效果减去政策未发生作用前的数值的差额，如图 4.1 所示。图中 A_1 表示政策实施前的状态数值，A_2 表示政策实施后的状态数值，A_2-A_1 就是政策效果。

简单"前-后"对比评估法的优点是，简洁、方便、明了。缺点在于，评估对象的变化可能是特定政策发生作用引起的，也可能是该政策以外的因素引起的，而与该政策的作用没有必然联系。如果将评估效果全部归因于政策的作用，必然夸大该政策的影响力，忽视其他政策以及社会其他非政策因素的影响。

---

① 刘斌，王春福，等．政策科学研究（第 1 卷）［M］．北京：人民出版社，2000：311-314.

② 牟杰．公共政策研究的理论与方法［M］．郑州：河南人民出版社，2003：238-239.

③ 牟杰，杨诚虎．公共政策评估：理论与方法［M］．北京：中国社会科学出版社，2006：280-281.

④ THOMAS R DYE. Understanding Public Policy（10th Edition）［M］．New Jersey，Pearson Education Inc. Upper Saddle River：318.

⑤ 张金马．政策科学导论［M］．北京：中国人民大学出版社，1992：264-266.

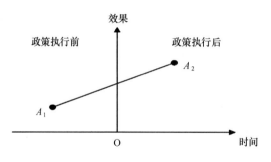

图 4.1 简单"前–后"对比评估法

(二)"投射–实施后"对比评估法

"投射–实施后"对比评估法是将政策执行前的趋向线投射到政策执行后的某一时间点上,并将所得到的投影与政策执行后的实际状态进行对比,以此确定政策的实际效果,如图 4.2 所示。

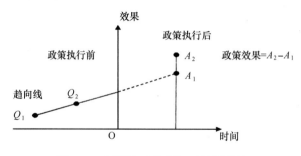

图 4.2 "投射–实施后"对比评估法

图中 Q_1、Q_2 是根据政策执行前的各种数据、资料建立起来的趋向线;A_1 表示该趋向线外推至政策执行后的某一点的投影,代表若无该政策影响,在该点可能发生的情况;A_2 表示政策执行后的实际情况;A_2-A_1 就是政策的实际效果。

这种方法的优点是,通过投影将非政策影响完全"滤除",从而使评估结果更为精确。不足之处在于很难详尽地收集和掌握政策执行前内外环境和政策互动的参考资料及数据,从而使确定政策趋势有一定难度。

(三)"有政策–无政策"对比评估法

"有政策–无政策"对比评估法是测量政策效果的主要方法之一。该方法是在政策执行前和执行后两个时间点上,分别就"有政策"和"无政策"两种情况进行前后对比,然后比较两次对比结果,以此确定政策的实际效果,如图 4.3 所示。

图中 A_1 和 B_1 分别代表政策执行前"有政策"和"无政策"的两种情况,A_2 和

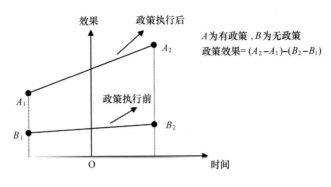

图 4.3 "有政策–无政策"对比评估法

B_2 分别代表政策执行后"有政策"和"无政策"的两种情况,($A_2 - A_1$)为"有政策"条件下的变化结果,($B_2 - B_1$)为"无政策"条件下的变化结果,($A_2 - A_1$) – ($B_2 - B_1$)就是政策的实际效果。

该方法的优点是,可以对不同的政策目标或其他政策要素情况进行比较,大大拓宽了政策评估的思路。不足之处在于对时间点的选择有严格的要求,且政策纯效果在实际观察中不太直观。

（四）"控制对象–实验对象"对比评估法

"控制对象–实验对象"对比评估法是社会实验法在政策评估中的运用,也是政策评估的经典研究设计方法。在运用该方法进行评估时,评估者需要将政策执行前完全相同的评估对象分为两组:一组为实验组,即对其施加政策影响的组;另一组为控制组,即不对其施加影响的组。然后比较这两组在政策执行后的情况以确定政策的实际效果,如图 4.4 所示。

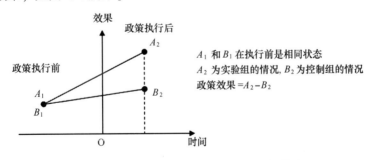

图 4.4 "控制对象–实验对象"对比评估法

图中 A_1 和 B_1 分别是实验前的实验组和控制组的情况,A_2 和 B_2 分别是实验后的实验组和控制组的情况,$A_2 - B_2$ 就是政策效果。这种设计与"有政策–无政策"对比的区别在于,两类评估对象在实验前是同一的,而且评估者在评估过程中有条件地对影响评估对象的各种可变因素进行某种程度的控制，以尽可能地消除其他因素的影响。其优点在于实验组和控制组在政策执行前起点完全一致，政策效果通过对比，可以直观、准确地反映出来；缺点在于评估条件和技术性要求较高，实施有一定的难度。

三、政策效果的模糊综合评估法

在评估政策效果时，评估者常常会遇到政策目标无法精确描述或政策指标设置模糊的情况，从而为评估带来了特殊的困难。此时可运用模糊综合评估法①。所谓模糊综合评估就是应用模糊数学的原理，模拟人脑评价事物的思维过程，对构成被评价事物的各个相关因素进行综合考虑，把各个影响因素的作用大小程度定量化，运用模糊变换原理对事物做出一个总的综合评定。模糊综合评估法较好地反映了人脑思维的综合评估活动。

模糊综合评估法的一般步骤如下。

（1）确定评估对象的因素集。

$$u = \{u_1, u_2, \cdots, u_m\}$$

（2）给出评价集。

$$V = \{V_1, V_2, \cdots, V_n\}$$

（3）进行单因素评估。对第 i 个因素的单因素模糊评估为 V 上的模糊子集 $\bar{R}$，据此可确定模糊关系矩阵。

$$\bar{R} = \begin{Bmatrix} V_{11} & V_{12} & \cdots & V_{1n} \\ V_{21} & V_{22} & \cdots & V_{2n} \\ \cdots & \cdots & \cdots & \cdots \\ V_{m1} & V_{m2} & \cdots & V_{mn} \end{Bmatrix}$$

（4）综合评判。对因素的权数分配为 u 上的模糊子集 $\bar{X}$ 记为：

$$\bar{X} = \{X_1, X_2, \cdots, X_m\}$$

式中：X_i 表示第 i 个因素 u_i 所对应的权数，一般地，

$$\sum_{i=1}^{m} X_i = 1$$

对评估对象的模糊综合评估 $\bar{y}$ 为 V 上的模糊子集，且

$$\bar{y} = \bar{X} \otimes \bar{R} = \{y_1, y_2, \cdots, y_n\}$$

式中："$\otimes$" 为模糊合成运算符号。

上式表明，$\bar{y}$ 是权数分配模糊子集 $\bar{X}$ 和模糊关系矩阵 $\bar{R}$ 的合成，合成法就是取小

---

① 陈庆云．公共政策分析［M］．北京：中国经济出版社，2011：269-271.

取大法。"∧"表示取小运算，即 $0.2 \wedge 0.8 = 0.2$；"∨"表示取大运算，即 $0.2 \vee 0.8 = 0.8$。

（5）归一化处理并做出评估结论。归一化处理即用 $\bar{y}$ 的分量之和去除各分量构成新向量，也就是

$$\{y_1,\ y_2,\ \cdots,\ y_n\} \Rightarrow \left\{\frac{y_1}{\sum y},\ \frac{y_2}{\sum y},\ \cdots,\ \frac{y_n}{\sum y}\right\}$$

最后根据最大隶属原则做出评估结论。

第三节　海洋规划实施评估的基本理念

海洋规划是在一定时期内对海洋开发、利用、治理、保护活动进行统筹安排的战略方案和指导性计划，是国家经济与社会发展规划体系的重要组成部分，是海洋综合管理的重要手段。制定海洋规划，对于保障海洋开发活动有序有度进行、促进海洋经济和海洋事业持续健康发展、推动国民经济和社会发展大局，具有极其重要的意义[①]。与其他规划一样，海洋规划重在制定，贵在实施，而评估是规划动态实施机制的一个重要环节（图4.5），只有建立在科学的规划评估基础上，规划的滚动机制才有可能建立[②]。

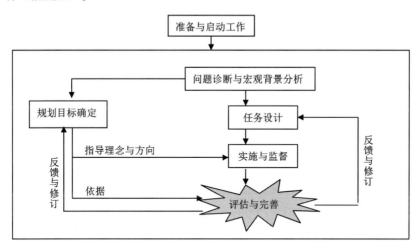

图4.5　海洋规划编制流程示意图

---

① 刘佳，李双建. 我国海洋规划历程及完善规划发展研究初探［J］. 海洋开发与管理，2011（5）：8-10.

② 施源，周丽亚. 对规划评估的理念、方法与框架的初步探讨——以深圳近期建设规划实践为例［J］. 城市规划，2008，32（8）：39-43.

但从以往经验来看，我国海洋规划领域长期存在着重编制、轻实施、轻评估的现象，海洋规划评估工作和相关研究都较为薄弱。目前，如何对海洋规划实施情况进行评估，是十分重要而紧迫的问题。本部分将从海洋规划实施评估的基本认识、主要内容和系统构成入手，探讨海洋规划评估的基本理念，探索建立一套适用于多类型、多级别的海洋规划实施评估的一般性程序，为制定海洋规划实施评估技术导则奠定必要的基础，推进海洋规划实施评估的制度化和规范化。

一、海洋规划实施评估的基本认识

（一）对海洋规划实施评估的几点认识

（1）海洋规划实施评估是指根据一定的标准、运用一定的方法，对海洋规划执行情况和实施效果进行分析、比较与综合所做出的一种判断[①]。海洋规划实施评估的目的是全面掌握规划实施进展，判断规划执行情况，提出调整和改进规划的建议，维护规划的严肃性和权威性，不断提高海洋规划工作的水平。理论和实践都表明，对规划实施过程进行监测、对实施结果进行评估，是增强规划执行力、促进规划完善的重要手段。

（2）规划是理想蓝图，海洋规划的实施就是将已经绘制完成的蓝图照样执行。但在规划执行过程中，不确定性贯穿始终。如果外部环境发生重大变化，影响规划目标的实现，甚至会出现实际情况与规划目标及政策严重偏离的问题。我国正处于经济社会发展转型期，一些重大政策和新的公共价值导向正陆续出台，加上经济全球化的快速推进和高新技术革命的日新月异，以及由此可能带来的重大技术变革，都可能使海洋规划执行期间的发展环境和条件发生较大变化。因此，海洋规划实施评估需要将这些不确定因素充分结合到评估过程中。

（3）海洋规划的作用因素难以单独分离出来，规划实施效果对海洋事业以及海洋经济、海洋生态环境、海洋科技、国际合作、海洋执法等专项领域的作用和影响不是完全直接和显著的，难以清晰界定哪些实施结果是由于规划作用而产生的，哪些不是。

（4）海洋规划按行政层级可分为国家级、沿海省（自治区、直辖市）级、市县级三级；按对象和功能可分为总体规划、专项规划和区域规划三类。不同级别、不同类型的海洋规划会存在侧重点和内容深度等方面的不同。因此，对不同级别、不同类型海洋规划开展评估所采用的指标体系和技术方法势必会存在差异。因此，本

---

① 赵小敏，郭熙．土地利用总体规划实施评价［J］．中国土地科学，2003，10，17（5）：35-40.

研究拟构建的海洋规划实施评估的基本流程和技术方法只是一般性程序，在具体开展海洋规划实施评估过程中，必须根据评估对象的具体情况，加以变通、灵活运用，以提高评估结论的可信度。

（二）海洋规划实施评估类型

根据开展规划实施评估的操作时间，规划实施评估可以分为定期评估和不定期评估。定期评估包括年度评估、中期评估、最终评估；不定期评估主要是指应急评估[①]。年度评估主要是评估规划的年度执行情况，某种程度上起着"监测"的作用。中期评估主要是评估规划的实施情况，督促规划实施。一般开展中期评估的时间与新一轮规划前期研究的启动时间相连。因此，中期评估还具有为新一轮规划前期研究的选题及进一步完善规划提出建议的功能。最终评估是评估规划的完成质量，并为新一轮规划提供直接依据。应急评估是指在国内外发生重大突发事件时开展的评估，其主要功能是针对该事件对规划产生的现实和潜在影响进行评估。其评估过程如确有必要，可建议终止原有规划、编制应急规划或新规划。

按照规划评估的内容，可以分为结果评估、效益评估和效力评估[②]；按照规划评估组织和参与主体，可以分为专家评估、公众评估、政府评估。此外，还可以从评估对象、评估方法、评估作用等不同角度对规划评估进行分类。

不同类型的规划评估重点差别很大，评估方法也各不相同。指令性规划评估重点是实现程度和指标之间的平衡趋势，方法主要针对指标进行定量对比。指导性规划目标的重点在于阐述发展的战略方向及相应对策策略，评估集中到落实发展战略的主要领域，主要是评价各领域的发展是否符合规划方向，以及实现的程度如何，评估方法要注重定性和定量方法的结合，包括依靠定量指标判断基本指标的实现程度，采用专家打分法判断发展方向与战略的吻合程度，利用问卷调查评估规划对企业和民众的影响等。

二、海洋规划实施评估系统的构成

海洋规划实施评估系统由评估主体、对象、目的、内容、时机、标准和方法等要素组成，它们之间相互依存，相互作用，共同构成了一个完整的规划评估系统。一项具体海洋规划的评估就是以这种系统的方式存在并发挥作用的[③]。

---

① 相伟.科学开展"十一五"规划中期评估工作［J］.宏观经济管理，2008，7：24-26.
② 王万茂.土地利用规划学［M］.北京：科学出版社，2006.
③ 牟杰，杨诚虎.公共政策评估：理论与方法［M］.北京：中国社会科学出版社，2006：50-51.

（一）规划实施评估主体①

评估主体是指参与或者实施规划评估的机构、组织或个人，是规划评估的执行者和参与者。一般来说，规划评估的主体非常广泛，包括地方政府及其部门机构、企业、非政府组织、专家或专家组、公众与媒体等。不同主体的积极参与是保证规划评估客观与公正的重要前提。当前，我国规划的编制与实施的组织者主要是政府部门，规划评估的主体主要也是政府部门。但是评估的独立性是一种客观趋势，建立独立的规划评估小组或授权某些独立的科研机构或社会组织开展规划评估，并考虑将公众纳入评估主体的可能性和途径，将是今后规划评估的发展趋势。

（二）规划实施评估对象

评估对象包括编制完成的各级各类海洋规划文本、正在执行中的规划、规划中的部分内容（如政策措施、规划指标等）、规划编制的程序、规划审批的政策机制，以及规划所涉及的执行对象与利益相关方等。

（三）规划实施评估目的

评估目的是海洋规划实施评估活动的出发点和归宿，是回答为什么要进行评估的问题，评估目的渗透到评估的各个环节。评估目的一旦确定，就能选择评估的组织、人员、标准、方法等。在实践中，通常规划实施评估目的并非单一的，而是多种评估目的的有机结合。

（四）规划实施评估内容

评估内容根据海洋规划评估类型的不同而存在差异。但总体来看，全面的规划实施评估通常包括将实施结果与规划确定的目标进行对照，评价其符合的程度，分析未完成的原因等。

（五）规划实施评估时机

评估时机是开展海洋规划评估的时间安排，是制度化评估的重要表现。确定海洋规划评估的时间和频率应根据海洋规划的性质、要求和管理机制，以及各地实际条件等要素灵活确定。确定时间表的唯一原则是能够为有效监督和实施规划提供必要而准确的信息。

---

① 王晓惠，徐从春，等．海洋经济规划评估方法与实践［M］．北京：海洋出版社，2009：21-23.

（六）规划实施评估标准

评估标准是衡量和表征海洋规划质量高低和优劣的尺度。海洋规划实施评估从本质上说是对海洋规划执行情况的价值判断，必须建立在客观事实的基础上。判断依据或评估标准一般是评价指标体系，通过指标设计和赋值将客观事实和判断依据进行有机结合。

（七）规划实施评估方法

确定行之有效的评估方法是海洋规划实施评估的重要内容，是规划实施评估系统的一个有机组成部分，也是规划实施评估赖以完成其一系列过程、实现其目标的手段。一般的规划后评价方法是组织规划部门专家学者和其他部门的有关人员对规划及其执行情况进行分析、评论，客观地评定成绩，找出差距，进而研究改进的方法。

第四节　海洋规划实施评估技术方法研究

以前文研究为基础，本部分将海洋规划实施评估分为"三个维度"：目标、主要任务、实施措施；"三个阶段"：评估准备、评估实施、撰写评估报告。

一、评估的"三个维度"

一般来说，海洋规划文本包括形势分析、规划目标、主要任务、保障措施等内容，其中，规划目标是核心，主要任务是目标的进一步细化，也是实现目标的主要途径，保障措施是规划目标、战略与任务实施的重要保障。

海洋规划的目标与任务实际上是实现海洋发展的分级目标体系。总目标、分目标、任务、分项任务形成了一个多级的层次关系。以《国家海洋事业发展规划纲要》提出的"海洋经济发展向又好又快方向发展，对国民经济和社会发展的贡献率进一步提高"目标为例，这一目标分解为4个子目标：① 2010 年海洋生产总值占国内生产总值的11%；② 海洋产业结构趋向合理，第三产业比重超过50%以上；③ 年均新增涉海就业岗位 100 万个以上；④ 海洋经济核算体系进一步完善。针对这些目标，提出了海洋经济宏观调控、海洋经济规划指导和海洋循环经济培育引导 3 项任务，并进一步细化为 19 项具体任务。

规划的保障措施是从机制上、政策上保障目标实现与规划任务完成。以《国家海洋事业发展规划纲要》为例来看，主要包括 6 项措施：① 加强海洋政策研究，健全管理协调机制；② 强化海洋法制建设，推进依法行政；③ 实施海洋人才战略，提高人员综合素质；④ 推进海洋重大专项，强化基础能力建设；⑤ 加大政府投入力度，提高资金使用效益；⑥ 增强全民海洋意识，大力弘扬海洋文化来保障规划的实施。

因此，根据规划内容，海洋规划实施评估可以划分为三个维度的评估，如图4.6所示。

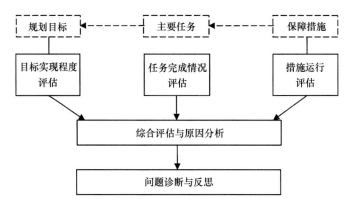

图 4.6　海洋规划实施评估的三个维度

（一）规划目标实现程度评估

规划目标部分是预期性的，部分是约束性的[①]，对规划提出的目标的实现程度和实现速度进行分析与评价，将反映目标的可实现性、政策措施的有效性，以及未来是否需要调整、如何调整等。

（二）规划任务完成情况评估

主要是评估规划提出的主要任务的完成程度。除了规划目标，海洋规划中还往往提出规划的主要任务。由于海洋规划通常涉及多个领域、多个部门，对任务完成情况的评估，一般需要多领域、多部门的统筹协调，共同推进。

（三）规划保障措施的评估

对规划提出的保障措施在规划实施中是否得到有效贯彻，规划实施的组织机构、

---

①　注：《中华人民共和国国民经济和社会发展第十一个五年规划纲要》指出，"预期性指标是国家期望的发展目标，主要依靠市场主体的自主行为实现。政府要创造良好的宏观环境、制度环境和市场环境，并适时调整宏观调控方向和力度，综合运用各种政策引导社会资源配置，努力争取实现。约束性指标是在预期性基础上进一步明确并强化了政府责任的指标，是中央政府在公共服务和涉及公众利益领域对地方政府和中央政府有关部门提出的工作要求。政府要通过合理配置公共资源和有效运用行政力量，确保实现。"

相关的体制机制、政策保障等各个方面是否完善，规划实施是否有利于促进规划目标的实现等进行分析评估，提出相应的调整意见。

二、评估的"三个阶段"

海洋规划实施评估是一个由多阶段、多环节组成的过程。国内有些学者将规划实施评估划分为 5 个阶段①，也有学者将其划分为 8 个阶段②，但规划实施评估过程的本质是一致的，分歧在于每一阶段所包含的具体环节。本研究将海洋规划实施评估分为评估准备、评估实施和撰写评估报告"三个阶段"，再细分为若干个环节进行讨论，如图 4.7 所示。

（一）评估准备阶段

海洋规划实施评估的时间性强、涉及面广、内容复杂，因此，做好评估准备工作对于确保规划实施评估的顺利完成具有重要意义。

1. 了解待评估规划的内容和背景

作为评估准备阶段的第一个环节，了解待评估规划的内容和背景主要包括两个方面：一是了解海洋规划本身的基本信息，如主要目标、任务、措施、重大工程、规划类型和级别、执行主体、利益相关者等；二是了解海洋规划制定和执行的具体情况，如规划出台的时间、出台前后的相关海洋领域的发展概况、执行环境等。

2. 研究制定海洋规划实施评估工作方案

在把握规划基本内容和相关背景后，需要研究制定评估方案，用于指导海洋规划实施评估工作。海洋规划实施评估工作方案通常以书面形式详细说明以下几方面内容：① 评估的目的和意义；② 评估主体和评估对象；③ 相关数据和资料信息的收集与分析方法；④ 规划评估的技术方法和测量指标；⑤ 评估工作的时间进度安排；⑥ 经费预算。

3. 规划评估的组织准备

组织准备工作是海洋规划实施评估得以顺利开展的前提条件。该环节主要包括 3 方面内容：① 确定评估队伍的规模；② 确定评估课题组成员的知识结构；③ 确定评估咨询者，以解决评估中的技术难题。

① 牟杰，杨诚虎. 公共政策评估：理论与方法 [M]. 北京：中国社会科学出版社，2006.
② 张金马. 公共政策分析：概念·过程·方法 [M]. 北京：人民出版社，2004.

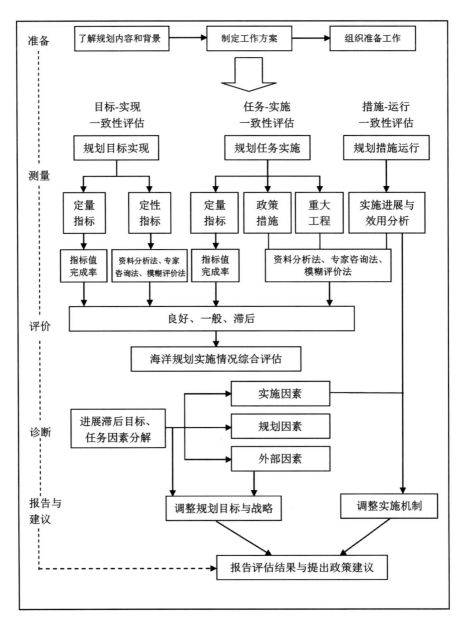

图 4.7 海洋规划实施评估技术路线

(二) 评估实施阶段

1. 收集整理信息

全面充分地收集和整理信息是促进规划实施评估工作深入进行的重要基础。一般而言，海洋规划实施评估的相关信息可以分为两大类：① 与海洋规划相关的真实信息，大致包括规划目标、规划执行过程和执行后的综合效果，基本上是客观存在的；② 与海洋规划实施评估相关的主观信息，主要是规划相关者对规划执行过程和实施效果的认知、态度和观点，具有主观性、不确定性和随意性。

上述两类信息的存在方式或来源的差异，决定了评估者获取这些信息的方法有所不同。一般来说，真实信息可以通过文献研究法获得，包括内部资料和外部资料两种；主观信息可以通过观察法、访谈法、问卷抽样调查法等方法获得。必要时，应组织相关涉海部门，结合各自分管的海洋领域，对目标、任务和保障措施的执行和落实情况进行总结、评估，由相关涉海部门提交评估材料和分析报告，在此基础上进行综合分析和统一协调，以形成得到广泛认可的评估意见，作为海洋规划实施情况总体评估的重要资料来源和参考依据。

2. 采用适当的方法进行评估

海洋规划是国民经济和社会发展规划在海洋领域的延伸和细化，因此"规划蓝图-实施情况"一致性评估方法①同样适用于海洋规划的评估。该方法的基本思路是，首先对各分项的实施情况进行定量测量和定性测量；然后把测量结果与规划蓝图进行比较，对各分项的实施进展进行分级评价，识别进展良好、一般、较差的分项；最后对海洋规划实施情况进行综合评估。

1）测量

测量就是对收集整理的相关信息进行科学分析，采用一定的测量方法衡量目标实现程度、任务实施情况、措施运行状况。

（1）目标实现测量。定量目标测量的方法很简单，就是根据实证数据来测量规划指标的实际进展情况。定性目标值的测量方法是在掌握大量现实资料的基础上判断目标的进展情况。

（2）任务实施测量。任务实施测量的重点是规划提出的定量指标、重点子任务、重大工程的实施情况。测量方法是定量测量与定性量度相结合，可以分别参照定量目标和定性目标的测量方法。其中，定性量度要重点测量对目标起支撑作用的任务，重点测量政府责任要求加以分解落实的任务与重大工程。

（3）措施运行测量。规划保障措施运行情况的测量，主要是测量规划实施保障措施的体制机制建设开展情况，以及对目标实现、任务实施的支撑情况，可以参照定性目标的测量方法加以测量。

2）评估

评估是在测量的基础上对各子项目标、任务、措施进行分级评估，从而识别出进展较差的子项，为下一步问题诊断与反思奠定基础。在目标、任务、措施分别评

---

① 鄢一龙，王亚华．经济社会发展规划实施评估方法［J］．经济研究参考，2009，50：50-55.

估的基础上对规划实施情况进行综合评估。评估结果一般分为良好、一般、滞后三级。

（1）目标实现评估。定量目标实现评估：第一步用完成率来衡量"目标-结果"的一致性程度（方法详见后文）。指标值完成率指该指标在评估期内的实际变化量占规划要求的规划期内变化量的比率。第二步对定量目标进行分级评估。根据指标值完成率的区间，可以做如下划分：完成率超过100%的为良好，介于60%~100%之间的为一般，小于60%（包括负值）的为滞后（表4.2）。

表4.2　定量指标评估对照

指标值完成率	≥100%	60%~100%	<60%（包括负值）
指标完成情况	完成	基本完成	未完成
指标评估结果	良好	一般	滞后

定性目标实现评估：定性目标实现一致性程度也分三个等级进行评估，以采用资料分析法（方法详见后文）为主，专家咨询法为辅。

（2）任务实施评估。对任务中的定量指标评估方法与定量目标实现评估方法相同。对任务中的主要政策措施与重大工程等定性内容，可参照定性指标评估方法，其中，超额完成或按照评估标准按期保质完成的为良好，进展程度基本达到评估期标准的为一般，进展程度较差的评价为滞后。

（3）措施运行评估。相关措施全面实施，并得到较大程度推进，评估结果定为进展良好；相关措施已经全面实施，并得到一定程度推进，评估结果定为进展一般；相关措施尚未开始或刚开始实施，以及只有少部分实施，评估结果定为进展滞后。

（4）综合评估。在单个指标测量与评估的基础上，分别计算目标完成率、任务完成率、措施运行完成率和海洋规划的综合完成率，从而评估出三个维度的进展情况和规划实施的整体情况（方法详见后文）。

3）问题诊断与反思

这一环节主要是对进展滞后的目标、任务进行诊断分析。分析进展情况是由于规划本身原因、实施原因，还是由于外部因素变化而导致的进展滞后。这一步骤是提出规划建议的前提，对于实施原因要结合实施机制评估结果进行调整，对于规划原因与外部原因，要对规划的目标与战略进行调整。在此基础上，总结归纳上轮规划实施过程中存在的问题和经验教训，提出相应的意见和建议。

（三）撰写评估报告阶段

海洋规划实施评估报告是整个评估活动的结晶，也是评估成果的集中体现。评估结果报告是提交给政策制定者的最终产品，为政策制定者提供及时、准确、清晰的决策支持信息。在这个阶段，要对统计信息所得出的结果的可信度和有效度进行检验，并将评估结论与规划制定者、决策者、执行者、参与者进行沟通，征求各方意见。

一般情况下，一份规范化的书面评估报告应由以下7个部分组成。

（1）标题页：包括海洋规划实施评估报告的题目、提交日期、起草单位。

（2）评估摘要：是整个评估报告的缩略版，包括评估的主要程序、简单的结论和对策建议，一般控制在1 000字左右。

（3）目录：为了使报告的阅读对象能够直接找到报告的有关内容，撰写者应列出主要标题、小标题和图表的页码。

（4）导言：是评估报告的开头部分，一般应使用简短的语言，描述规划评估的大致背景、目的意义等。

（5）评估内容和结果：是对评估过程、评估内容和方法、分析结果的介绍，是报告中篇幅最长的部分。

（6）结论和建议：在评估结果的基础上，简要概况评估中的主要发现，并提出相应的对策建议。

（7）附录：详细的图表和统计分析、问卷调查及其他对于一个全面的评估报告必不可少的信息，是报告正文的参考。

三、指标的评估方法

（一）定性指标的测量与评估

1. 资料分析法

这里以资料分析法为主，以专家咨询法为辅评估定性指标，并以《国家海洋事业规划纲要》为例对个别指标加以说明。资料分析法以全面、准确掌握资料信息为前提，以咨询相关专家为支撑，按照目标指向，将实际完成情况与规划预期相比较，实际表现比规划预期好的，已按时完成预期目标的，评估为良好；基本完成预期目标的，评估为一般；未完成预期目标，或缺少资料和数据支撑的，评估为滞后。

例如，我们衡量《国家海洋事业发展规划纲要》中"参与国际海洋事务管理和海洋维权能力显著提高"这一目标的实现程度。根据有关资料显示，2010年我国成功举办了第33届世界海洋和平大会；与欧盟签署了高层海洋对话机制，与加拿大海洋部门续签了海洋科学技术合作谅解备忘录，与冰岛政府实现了海洋领域的高层互访，已经签订的海洋双边或多边协定达到15个；在国际海底管理局多金属硫化物和富钴结壳资源勘探规章制定中已由跟随者转变为参与者和局部的引领者；海洋石油装置研制打破国际垄断，国际海洋调查项目继续推进，海洋科研方面与国际社会加强互动。因此，认为该目标实现了预期要求，在表4.3与该目标内容对应的"完成"一栏中填"√"，评估为良好。

再以衡量《国家海洋事业发展规划纲要》中"制定海洋生态受损评估标准，开展海洋生态补偿机制的研究"这一任务的完成情况为例。根据当前海洋生态损害赔偿实际情况可知，尽管我国现行的海洋环境保护法规定了"海洋生态损害赔偿"法律责任，但通过历时7年的"塔斯曼海"漏油案可知，海洋环境保护法对海洋生态损害赔偿只是原则性的，在细节上和实践中仍存在海洋生态范围难以确定、海洋生态价值不易评估、诉讼周期长等诸多问题。尽管国家层面的专门性海洋生态赔偿或补偿规范尚未出台，但2010年山东省颁布了《海洋生态损害赔偿费和损失补偿费管理暂行办法》《海洋生态损害赔偿和损失补偿评估方法》，是对海洋生态损害赔偿标准和赔偿方法的有效尝试。因此，可将该指标定为基本完成，在表4.4与该任务内容对应的"基本完成"一栏中填"√"，评估为一般。

再如，对"实施管辖海域定期巡航制度"这一任务的完成情况进行衡量时，根据有关资料显示，为切实维护国家海洋权益，强化我国主张管辖海域的有效管理，2006年，国务院批准国家海洋局所属中国海监在我国管辖海域开展的维权巡航执法由不定期调整为定期，由中国海监对我国管辖海域实施不间断、全方位的海空协同巡航执法。据统计，2006年7月至2010年6月，海监船舶累计执行定期维权巡航任务1 668航次，航程160万海里，出动海监飞机1 994架次，8 985小时，航程198万千米。因此，可将该指标定为完成，在表4.4与该任务内容对应的"完成"一栏中填"√"，评估为良好。

2. 模糊评估法

在海洋规划指标设置较为模糊，难以精确描述目标完成情况，或者资料信息不够完备，难以完全采用资料分析法的情况，这里借鉴并选取了另一种指标评估方法，即前文概述的模糊评估法，辅以专家咨询法，与其他方法相互补充，综合运用。

以评估《国家海洋事业发展规划纲要》中"海洋综合管理体系继续完善"这一目标为例。该目标下设4个分目标：① 海洋管理体制改革进一步推进，以生态系统为基础的海洋区域管理模式和海洋管理协调机制初步形成（u_1）；② 内水和领海海域各类开发活动得到有效规范（u_2）；③ 毗连区、专属经济区和大陆架海域资源开发得到有效保障（u_3）；④ 参与国际海洋事务管理和海洋维权能力显著提高（u_4）。由此可以确定评价对象的因素集。

$$u = \{u_1, u_2, u_3, u_4\}$$

用V_1，V_2，V_3分别代表完成、基本完成和未完成。则：

评估集$V = \{V_1, V_2, V_3\}$

在评估规划实施效果时，假设对专家评价进行了调查，结果是：对"海洋管理体制改革进一步推进，以生态系统为基础的海洋区域管理模式和海洋管理协调机制初步形成"有70%的专家同意完成，有20%的专家同意基本完成，有10%的专家表示未完成，即

$$u_1 = \{0.7, 0.2, 0.1\}$$

同样，假设对内水和领海海域各类开发活动得到有效规范（u_2）；毗连区、专属经济区和大陆架海域资源开发得到有效保障（u_3）；参与国际海洋事务管理和海洋维权能力显著提高（u_4）分别进行调查，得到评判子集：

$$u_2 = \{0.6, 0.3, 0.1\}$$
$$u_3 = \{0.7, 0.1, 0.2\}$$
$$u_4 = \{0.7, 0.3, 0\}$$

所以，评判矩阵为：

$$\bar{R} = \begin{Bmatrix} 0.7 & 0.2 & 0.1 \\ 0.6 & 0.3 & 0.1 \\ 0.7 & 0.1 & 0.2 \\ 0.7 & 0.3 & 0 \end{Bmatrix}$$

假设经调查，专家认为 u_1，u_2，u_3，u_4 对"海洋综合管理体系继续完善"这一目标的重要性依次为0.35、0.3、0.25、0.1，即权数分配模糊子集为：

$$\bar{X} = \{0.35, 0.3, 0.25, 0.1\}$$

对 $\bar{R}$ 和 $\bar{X}$ 做合成运算，便得到模糊综合评判结果：

$$\bar{y} = \bar{X} \otimes \bar{R} = \{0.35, 0.3, 0.25, 0.1\} \otimes \begin{Bmatrix} 0.7 & 0.2 & 0.1 \\ 0.6 & 0.3 & 0.1 \\ 0.7 & 0.1 & 0.2 \\ 0.7 & 0.3 & 0 \end{Bmatrix} = \{0.35, 0.3, 0.2\}$$

对 $\bar{y}$ 作归一化处理得到：$\{0.41, 0.35, 0.24\}$。

上述结果表明，专家倾向于对该指标评估为"完成"的程度最大，占41%。根据最大隶属原则，结论是该指标完成。

（二）定量指标的测算与评估

定量指标是指能够量化的指标，可以通过一定的技术测量手段确定其量值。定量指标分为正向指标和负向指标，其中，正向指标又称为效益型指标，属性值越大越好；负向指标又称为成本型指标，属性值越小越好。根据前文关于公共政策评估方法的概述及各种方法的优缺点，结合海洋规划实际情况，这里采用"实际值-目标值"对比评估法来确定定量指标的完成情况。

"实际值–目标值"对比评估法是将规划末期指标的实际值与目标值加以比较的评估方法。这里以《国家海洋事业发展规划纲要》为例,对正向指标(图4.8)的评估加以说明。

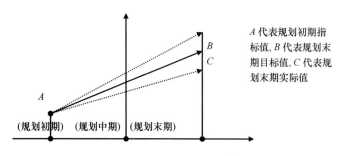

*A*代表规划初期指标值,*B*代表规划末期目标值,*C*代表规划末期实际值

图4.8 正向指标"实际值–目标值"对比评估图示

对于正向指标而言,将正向指标的实际值与目标值进行对比,如果实际值大于目标值,该指标完成;如果实际值小于目标值,根据"标准0~1变化"的计算原理,计算出该指标的完成率 X,计算方法如公式(4.1)所示。若指标值完成率 $60\% \leqslant X < 100\%$,该指标基本完成,$X < 60\%$ 指标未完成。

$$X = \frac{C - A}{B - A} \times 100\% \tag{4.1}$$

以衡量《国家海洋事业发展规划纲要》中"2010年海洋生产总值占国内生产总值的11%以上;海洋产业结构趋向合理,第三产业比重超过50%以上;年均新增涉海就业岗位100万个以上"这一目标为例。根据《2010年中国海洋经济统计公报》的数据资料显示,2010年,全国海洋生产总值38 439亿元,占国内生产总值的9.7%,比预期的目标值11%小1.3%。再根据公式(4.1),可以测算出该指标的完成率 $X = -34.0\%$,说明该指标未完成,评估为滞后。同理,可以测算出"第三产业比重超过50%以上"(指标值完成率为–42.9%)未完成,评估为滞后;"年均新增涉海就业岗位100万个以上"(指标值完成率97.4%)基本完成,评估为一般。

再以衡量《国家海洋事业发展规划纲要》中"入海主要污染物排放总量减少10%,陆源排污口、海上石油平台、海上人工设施等达标排放"这一目标的实现程度为例。根据有关部门提供的数据资料显示,入海主要污染物排放总量从2005年的1463万吨,降低到2009年的1376万吨,减少为5.9%,指标值完成率为59%,说明该指标未完成,评估为滞后。

(三)三个维度完成情况评估

在指标测量与评估的基础上,分别以目标完成情况、任务完成情况、措施运行情况三个维度为基本单元进行统计，完成表4.3至表4.5，并根据公式（4.2）至公式（4.4）计算 P_1、P_2、P_3 的值，从而得出海洋规划三个维度的完成率。

表4.3　目标完成情况统计

序号	目标内容	目标完成情况			
		完成	基本完成	未完成	缺少材料或数据支撑
1					
2					
3					
...					
A					
合计		A_1	A_2	A_3	A_4

* 注：A_1、A_2、A_3、A_4 依次代表目标完成、目标基本完成、目标未完成、缺少材料或数据支撑导致无法评估的指标数量，$A = A_1 + A_2 + A_3 + A_4$。

海洋规划目标完成情况评估结果按照以下公式计算：

$$P_1 = \frac{A_1}{A} \times 100\% \tag{4.2}$$

其中：P_1 为海洋规划目标完成率；A_1 为目标完成的数量；A 为定量和定性子目标的总数量。

表4.4　任务完成情况统计

序号	任务内容	任务完成情况			
		完成	基本完成	未完成	缺少材料或数据支撑
1					
2					
3					
...					
B					
合计		B_1	B_2	B_3	B_4

* 注：B_1、B_2、B_3、B_4 依次代表任务完成、目标基本完成、目标未完成、缺少材料或数据支撑导致无法评估的指标数量，$B = B_1 + B_2 + B_3 + B_4$。

海洋规划任务完成情况评估结果按照以下公式计算：

$$P_2 = \frac{B_1}{B} \times 100\% \tag{4.3}$$

其中：P_2为海洋规划任务完成率；B_1为任务完成的数量；B为定性和定量子任务、重大工程的总数量。

表 4.5 措施运行情况统计

序号	保障措施内容	措施运行情况			
		全面实施，并得到较大程度推进	已全面实施，并得到一定程度推进	尚未开始、刚开始实施，或只有少部分实施	缺少材料或数据支撑
1					
2					
3					
......					
C					
合计		C_1	C_2	C_3	C_4

＊注：C_1、C_2、C_3、C_4依次代表措施全面实施，并得到较大程度推进；已全面实施，并得到一定程度推进；尚未开始、刚开始实施，或只有少部分实施；缺少材料或数据支撑导致无法评估的指标数量。$C = C_1 + C_2 + C_3 + C_4$。

海洋规划措施运行情况评估结果按照以下公式计算：

$$P_3 = \frac{C_1}{C} \times 100\% \tag{4.4}$$

其中：P_3为海洋规划措施运行完成率；C_1为措施全面实施、并得到较大程度推进的数量；C为规划保障措施的总数量。

（四）海洋规划实施情况综合评估

将海洋规划中所有子目标、子任务、重大工程、保障措施的内容及其完成情况进行归纳、统计，完成表4.6，并根据公式（4.5）计算P的值，从而得出海洋规划的综合完成率。

表 4.6 海洋规划实施情况综合评估

序号	评估指标内容	完成情况			
		完成	基本完成	未完成	缺少材料或数据支撑
1					

序号	评估指标内容	完成情况			
		完成	基本完成	未完成	缺少材料或数据支撑
2					
3					
...					
N					
合计		N_1	N_2	N_3	N_4

*注：N_1、N_2、N_3、N_4 依次代表完成、基本完成、未完成、缺少材料或数据支撑导致无法评估的子目标、子任务、重大工程、保障措施的指标数量，$N = N_1 + N_2 + N_3 + N_4$。

海洋规划实施情况综合评估结果按照以下公式计算：

$$P = \frac{N_1}{N} \times 100\% \qquad (4.5)$$

其中：P 为海洋规划完成率；N_1 为指标完成的总数量，$N_1 = A_1 + B_1 + C_1$；N 为海洋规划中所有子目标、子任务、重大工程、保障措施的数量，$N = A + B + C$。

第五节 海洋规划实施评估体系的建立与完善

随着海洋经济和海洋事业在国民经济和社会发展中的重要地位日益凸显，海洋规划评估在推进海洋事业发展中的作用正逐渐受到重视。然而与其重要性相比，当前我国海洋规划评估体系建设还相当薄弱，需要加以建设、规范和改进的地方还很多，有必要从各个层面推动海洋规划评估体系的建立与完善，努力实现海洋规划评估的科学化、制度化和规范化，全面推进海洋规划科学合理、高效运行。

一、积极构建科学、规范的海洋规划评估理论与方法体系

就目前情况而言，我国的海洋规划评估工作停留在凭借经验判断规划实施效果优劣的阶段，缺乏成熟的评估理论、方法和技术的指导。因此，构建科学、规范的海洋规划评估理论与方法体系，应成为今后海洋管理部门的一项重要工作内容。一方面，我们需要借鉴国外先进的评估理论和实践经验，将其本土化，并有针对性地应用于我国海洋规划评估实践；另一方面，强化系统性的研究和跨学科研究，建立一套成熟、完善的海洋规划评估理论体系，应成为我国海洋规划评估发展的重要方向。

二、完善海洋规划评估法律体系，推进海洋规划评估的制度化建设

法律与制度建设是海洋规划评估体系建设的一项基础性工作，关系到规划评估的权威性、规范性和有效性。首先，应努力实现海洋规划评估的法律化和制度化。海洋管理部门应通过行政法规的形式规范规划评估主客体的权力与责任，使海洋规划评估能在一套明确的法律制度框架下运行。其次，应努力实现海洋规划评估工作的程序化。各级各类海洋规划在可能的情况下都应进行程度不同的评估，评估结束后应及时撰写评估报告，并将评估结论公布于众。最后，要认真对待评估结论，注意对评估结果的消化吸收。只有评估意见被政府决策层采纳，才能真正体现海洋规划评估的作用。

三、构建专业化和综合性相结合的、独立的海洋规划评估组织体系

2003 年国务院印发了《全国海洋经济发展规划纲要》（国发〔2003〕13 号），同年 12 月，国家发改委、国家海洋局成立了全国海洋规划办公室（非常设机构），设立了专家咨询评估委员会。规划办主要负责指导和协调各省、自治区、直辖市间海洋经济发展规划的总体编制工作，研究制定规划编制技术规程。专家咨询评估委员会主要负责对全国海洋经济发展规划执行情况进行评估，接受地方编制海洋经济发展规划有关工作的咨询。这是海洋规划评估走向正式化、专业化发展的开始，但尚未形成一定的体系，难以保证规划评估的制度化。今后应进一步加强海洋规划评估的组织体系建设，形成国家海洋管理部门、地方海洋管理部门、涉海部门和专家分工协作的多层次的海洋规划评估组织体系，同时改进海洋规划制定与评估或规划执行与评估两者合一的体制结构，确保规划评估结果的客观、公正。

四、建立健全海洋规划评估信息支持系统

信息既是决策的基础，也是评估的依托。海洋规划评估的客观性、科学性必须建立在真实、详尽的政策信息的基础之上。因此，应建立健全覆盖全社会的海洋规划信息反馈网络，最大限度地避免信息截留、失真。对于海洋管理部门而言，除法律规定应予以保密的信息之外，其他一切有关海洋规划制定背景、执行状况、评估结论等方面的情况，应通过网络及时向社会传播，增强规划过程的透明度。对于海洋规划评估组织来说，这种制度安排将有助于其在节约成本的前提下尽可能多地获取信息；对于公众而言，可以通过网络平台发表对海洋规划的意见和建议。

实　践　篇

第五章　天津市海洋经济和海洋事业发展 "十二五" 规划评估

"十二五"以来，在天津市委、市政府的领导下，海洋管理部门坚持以科学发展观为指导，紧紧抓住建设海洋强国和京津冀协同发展两大历史机遇，认真贯彻滨海新区开发开放和全国海洋经济发展试点两大战略任务，全面落实《天津市海洋经济和海洋事业发展"十二五"规划》（以下简称《规划》）确定的发展目标和任务措施，积极主动服务、严格规范管理，海洋经济和海洋事业取得了积极成效，保障了地区经济社会持续健康发展。本篇结合"理论篇"海洋规划实施评估的基础理论、系统构成和技术方法，对《规划》进行了全面、系统的评估。

第一节　主要规划指标实现情况

一、关于海洋生产总值

《规划》确定 "2015 年海洋生产总值达到 5 000 亿元，海洋生产总值规模占全市生产总值的 30% 左右。" 根据《中国海洋统计年鉴》统计数据，天津市海洋生产总值由 2010 年的 3 021.5 亿元增加到 2014 年的 5 027 亿元，占全市经济总量的比例达到 32.6%，年均增长 13.5%，提前实现《规划》预期海洋生产总值达到 5 000 亿元的发展目标。据初步核算，2015 年天津市海洋生产总值达 5 506 亿元，单位岸线产出规模超过 35 亿元，在全国沿海省区市居于前列。分产业看，港口运输、海水淡化、海洋油气、海洋盐业、海洋化工等主要产业同样位居全国前列。未来，随着京津冀协同发展、海洋强市战略深入实施和自由贸易区的申请落实，天津市海洋产业将逐步由新的增长点向支柱产业转变，海洋经济将继续保持平稳较快发展态势。从海洋经济对地区经济发展贡献来看，"十二五"以来海洋生产总值占地区生产总值的比重一直稳定在 30% 以上，2014 年达到 32.6%，预计 2015 年达到 33.3%，同样提前实现《规划》预期目标。

二、关于海水资源开发利用水平

《规划》确定 "2015 年全市海水淡化 48 万吨/日，海水直接利用 40 亿吨/年，成为淡水资源的重要补充来源。"根据《全国海水利用报告》统计数据，2015年天津市建成海水淡化工程规模31.7万吨/日，占全国工程总规模的31.4%，虽然继续位居全国首位，但与规划预定目标存在差距。淡化水利用方面，天津市在全国率先开展淡化海水进入市政管网，北疆电厂海水淡化能力20万吨/日，目前在满足自身需要的同时，已连续多年每天向天津汉沽区自来水厂供应淡水8 000吨，成为淡水资源的重要补充。考虑到我国淡水资源缺乏日益严重，国家不断加大对海水淡化这一战略性新兴产业的扶持力度。天津市作为我国海水淡化的示范城市，拥有雄厚的科研实力和领先的支持政策，随着《天津市"十二五"水资源开发利用规划》的逐步落实，海水淡化关键技术和工程装备将陆续投产运营，海水淡化能力将稳步提高。从海水直接利用规模来看，2012年全市海水冷却用水量13.4亿吨，2015年下降至12.08亿吨，但仅占全国海水冷却用水量的1.1%，海水直接利用的规模和领域还有待进一步扩大。

三、关于海洋交通运输能力

《规划》确定"2015年港口货物吞吐量达到5.6亿吨，集装箱达到1 800万标准箱，集装箱外贸航线达到95条，内贸航线达到40条。""十二五"正处于后金融危机时代，欧美等西方发达经济体复苏乏力、需求不振，导致全球航运市场持续低迷。天津港货物吞吐能力增长较为缓慢，货物吞吐量仅由2010年的4.1亿吨提高到2015年的5.4亿吨，集装箱吞吐量仅由2010年的1 008.6万标准箱提高到2015年的1 411.1万标准箱。目前，随着以美国为首的发达经济体强势复苏和需求回暖，国际航运市场有望快速走出低谷。同时，随着自由贸易区政策的逐步落实，天津港对内辐射和对外联系将日益广泛，作为我国北方规模最大、功能最齐全的港口之一，吞吐规模有望进入快速增长期。另外，随着基础设施建设的不断完善，天津港承载能力和吞吐能力将稳步提高。天津港对外联系广泛，同世界上180多个国家和地区的500多个港口有贸易往来，集装箱班轮航线达到120条，每月航班550余班，直达世界各地港口。

四、关于高端滨海旅游业

《规划》确定"做大做强邮轮游艇经济，2015年年均停靠邮轮100艘次以上，沿海地区建设游艇泊位2000个以上。"2010年6月天津国际邮轮母港正式投入运营以来至2015年底，累计停靠豪华邮轮317艘次，进出港游客逾116万人次。其中，2013年到港国际豪华邮轮70航次，同比增长100%，旅客超过25万人次，同比增长108%，均创历史最高水平。2014年，国际邮轮母港扩建的二期工程已经全部完工，母港岸线增至1 112米，是原有岸线的近两倍，能同时停靠4艘豪华邮轮，天津已经稳居我国北方最大的国际邮轮入出境口岸，全年实现55艘次国际豪华邮轮靠泊。2015年到港国际豪华邮轮97航次。在基础设施建设不断完善的同时，天津邮轮产业又迎来新的发展机遇，交通部在天津开展邮轮运输试点示范，国家旅游局批准天津为中国邮轮旅游发展试验区。同时，天津市公开发布的《中国邮轮旅游发展实验区建设三年行动方案（2015—2017年）》，计划2015年实现进出港邮轮80艘次，进出港游客40万人次，该目标已经实现；2016年实现进出港邮轮100艘次，进出港游客45万人次；2017年实现进出港邮轮120艘，进出港游客将55万人次。由此可知，2015年年均停靠邮轮100艘次以上的发展目标无法实现，但是年均停靠数60艘以上，基本完成规划目标。游艇产业也已取得显著成果，目前天津游艇产业企业已有近百家，建立了拥有2 000平方米的游艇保税仓。本市首个沿海游艇俱乐部"一洋国际游艇会"也于2013年8月在东疆港区正式开业，首期82个泊位已经建成。中心渔港的中澳皇家游艇城将建成800多个泊位。坐落在滨海旅游区的海斯比天津游艇城项目，最终规划建设游艇泊位近6 000个。

五、关于港口基础设施建设

《规划》确定"2015年天津港改造和新建泊位100个以上，年设计通过能力增加2.8亿吨。"建成北港区30万吨级复式深水主航道，主航道浚深到-21米，建成南港区5万～10万吨级航道。"十二五"以来，天津港集团不断加强码头、航道等基础设施建设，已经成为世界上等级最高的人工深水港。尤其是国务院还批准天津港口岸新一轮扩大对外开放计划，扩大对外开放水域面积1 120平方千米，新增码头岸线总长69.1千米，新建对外开放码头泊位71个。目前，南疆港区26号铁矿石码头工程、神华天津港煤炭码头一期和二期工程、南疆中国航油石化码头工程、LNG码头工程相继建成，港口码头和泊位数量不断增加，拥有各类泊位总数173个，其中万吨级以上泊位119个。30万吨级复式深水主航道已于2014年1月1日正式开通使用，主航道水深由2010年的15.5米达到目前的21米，提前完成《规划》目标。

六、关于海域保留区面积

《规划》确定"按照《天津市海洋功能区划》切实保护好我市海域南北两个保留区，保留区面积110余平方公里。"2008年，天津市人民政府发布的《天津市海洋功能区划》中明确提出了临港产业园保留区、三河道保留区和双桥东保留区3个保留区。2012年，国务院又正式批复《天津市海洋功能区划（2011—2020年）》，明确要求到2020年全市建设用围填海规模控制在0.92万公顷以内，海水养殖功能区面积不少于0.6万公顷，海洋保护区面积不低于1万公顷，保留区面积比例不低于 5%。《天津市海洋功能区划》是合理开发利用海洋资源、有效保护海洋生态环境的法定依据，一经批准任何单位和个人不得随意修改。目前天津市海域面积 2 146 平方千米，按照保留区面积不低于 5% 的比例要求，保留区面积将达到 107.3 平方千米以上，指标完成率将达到 100% 以上，能够完成《规划》目标。

七、关于维权执法能力建设

《规划》确定"到 2015 年建造 3 艘百吨级以上钢质海监执法船，初步达到全面实施管辖海域执法并参与国家海洋维权的能力。"2013 年中国海监天津市维权执法船队正式挂牌成立，同时 1 艘 1 500 吨级和 2 艘 600 吨级海监执法船开始建造，执法船队的成立不但将进一步加强天津市海域的海洋执法监察能力，还将按照国家统一部署，承担起管辖海域的定期维权巡航执法任务。目前，1 500 吨级"中国海监3015"和 600 吨级"中国海监 3011"、"中国海监 3012"已相继交付使用，开展航海训练工作，提前实现规划预期目标。其中，"中国海监 3015"是我国首艘交付使用的省级最大吨位维权执法专用海监船。

八、关于海洋观测能力

《规划》确定"提高海洋灾害观测预报能力，加强先进海洋观测仪器设备的研发，发展新的观测手段，提高离岸观测和实时监控能力，新建海洋观测台站 2 个。"目前，天津市海洋灾害预警预报的信息发布渠道日趋多元化，海洋预报节目在天津、塘沽、大港、汉沽电视台正式播出，并实现了新浪微博、腾讯微博平台播报，形成了传真、电话、短信、电台、电视台和网络等各种媒介综合联动的信息发布平台，海洋灾害预报能力不断提高。组织编制了《天津市海洋观测网发展规划》（2012—2020 年），初步规划形成了全市海洋观测网布局。海洋监测站建设不断推进，塘沽、大港、汉沽 3 个海洋环境观测监测台站建设项目的立项建议书和可行性研究均获天津市发改委批复，台站建设项目立项后续相关程序正在加紧进行，台站规划设计工作也在同步开展，基本能够实现《规划》预期目标。

九、关于海洋文化设施建设

《规划》确定"到 2015 年海洋博物馆等各类海洋文化设施达到 10 座，形成海洋文化设施群。""十二五"以来，多个特色鲜明、主题突出的海洋类博物馆、展览馆、主题公园等海洋文化设施相继开工建设或投入运营，滨海新区已经成为我国海洋文化意识和科普教育的重要载体。作为国内首个爱国教育基地、海洋科技交流平台和海洋标志性文化设施，国家海洋博物馆目前进入施工阶段，预计 2017 年正式建成开馆。渤海监视监测基地一期工程建设完成并投入使用，未来将逐步体现出海洋综合管理、科技研发与转化、国际交流与合作的科技文化功能。以海洋公园为主题的大型开放式旅游项目极地海洋世界也已对外运营，该馆是目前国内最大的单体极地海洋馆。此外，滨海旅游区还规划了 8 个大型主题公园，包括已经运营多年的航母主题公园、欢乐海魔方主题公园，及在建的欧洲城项目、国家气象科技园项目和妈祖文化园项目，未来还将建成渤海生态游乐港。目前，滨海新区正以现有项目为基础，扩大文化层面发展，打造"航母主题公园—大沽口炮台—北洋水师遗址"军事文化群、"国家海洋博物馆—中心渔港—北塘古镇"海洋历史义化群、"渤海监视监测基地—国家气象科技园"海洋科技文化群和"妈祖文化园"妈祖文化群。天津市海洋文化设施群初具规模，实现《规划》预期目标。

十、关于海洋科技创新能力

《规划》确定"海洋自主创新能力有明显提高，海洋技术创新中心和成果转化基地基本建立，省部级及以上的海洋重点实验室达到 5 个，海洋研发中心和海洋仪器装备质量检测中心达到 10 个，科技对海洋经济的贡献率进一步提高。"塘沽海洋高新技术产业开发区作为全国唯一的国家级海洋高新技术开发区，近年来借助国家加大发展海洋产业的宏观外部环境和滨海新区开发开放的重大政策优势，产业规模持续扩大，龙头企业不断聚集，目前 20 多个国家和地区的外资企业陆续落户，被评为国家海洋高技术产业化示范基地。2014 年天津又被列为 8 个国家海洋高技术产业基地试点城市之一，将重点发展海洋高端装备制造、海水利用、深海战略资源勘探开发和海洋高技术服务、海洋医药和生物制品等产业，海洋自主创新能力将不断提高。海洋科技创新平台建设方面，目前拥有大型冰力学与冰工程实验室、船舶实验水池和船体振动实验室、深海结构实验室、水利工程仿真与安全国家重点实验室、港口水工建筑技术国家工程实验室、海洋资源与化学重点实验室等省部级及以上的海洋重点实验室 6 个，拥有国家级工程（技术）中心 5 家，其他工程中心 8 家，提前完成《规划》目标。

第二节　主要任务完成情况

一、海洋事业布局初步形成

"十二五"期间，按照天津市"双城双港、相向拓展、一轴两带、南北生态"和滨海新区"一核双港三片区"的布局要求，天津加速"一带五区两场三点"海洋空间发展布局的建设和优化，海洋事业布局初步形成。需要指出的是，2014 年滨海新区对功能区又进行了调整，由原来的 12 个调整为 7 个，滨海旅游区、中心渔港等不再作为单独的功能区，这里为了与"十二五"规划保持一致，依然对规划实施之初的范围进行评估。

（一）沿海蓝色海洋经济带初步呈现

天津地处渤海湾，海岸线 153 千米，海域面积约 3 000 平方千米，滩涂面积 350 多平方千米，拥有港口、油气、渔业、滩涂等多种海洋资源。依托良好的区位优势、多样的海洋资源和扎实的工业技术，经过多年的发展，天津已形成海洋渔业、海洋油气业、海洋盐业、海洋化工业、海洋生物医药业、海水利用业、海洋交通运输业、滨海旅游业、海洋工程装备制造业等门类相对齐全的海洋产业体系。"十二五"以来，天津市加快调整海洋产业结构，转变海洋经济发展方式，海洋经济保持平稳增长。初步核算，2015 年天津市海洋生产总值达到 5 506 亿元，占全市经济总量的比例达到 33.3%，年均增长 13.5%。单位岸线产出规模达 35 亿元，继续位居全国首位。海水利用业、海洋油气业、海洋盐业、海洋化工业发展水平在全国乃至世界位居前列。一条海洋特色鲜明的海洋经济地带已初步形成。

（二）五大海洋产业集聚区不断完善

一是南港工业区围绕打造世界级重化工业基地及我国北方石化产品枢纽基地的发展定位，全力打造以炼油乙烯为龙头的石化产业链。目前，工业区累计整理土地 80 平方千米，中俄东方石化（天津）有限公司、壳牌等跨国公司以及中石化、中石油、中海油、蓝星、大唐国际、渤化集团、澄星等国内骨干企业项目相继投资落地、开工建设或竣工投产，项目总投资接近 4 000 亿元。2014 年，工业区工业产值达到 2 170.6 亿元。同时，港口的综合功能不断拓展，国务院批准天津港口岸新一轮扩大对外开放，其中就包括南港港区全线开放。口岸实现开放，意味着南港取得了走向世界和参与全球经济合作的"国际通行证"。2013 年，南港港区完成了 5 万吨级航道疏浚、化工码头主体工程和通用泊位配套工程建设。目前 10 万吨级航道疏浚工作也基本完成，具备通航条件。未来，通航能力将达 10 万~15 万吨。

二是临港经济区规划面积 200 平方千米，目前临港围海造地面积达 135 平方千米，现有泊位 23 个，形成岸线 46 千米。[①] 临港经济区是滨海新区重要功能区之一，也是国家循环经济示范区和国家新型工业化产业示范基地，定位为打造我国北方装备制造为主导的生态型工业区，目前形成了海洋经济、装备制造、粮油食品加工、港口物流 4 大支柱产业。2013 年完成地区生产总值 175 亿元，同比增长 28%；完成工业总产值 800 亿元，连续 3 年翻番；完成港口吞吐量 2 210 万吨，同比增长 22%。

---

① 渤海早报，2014-10-30.

2014年地区生产总值达到239.0亿元。2015年港区吞吐量达到3 000万吨。海洋经济方面，按照海洋经济发展示范区的建设要求，临港利用海洋、港口、岸线、土地这4大资源，建设了一批创新能力强、发展潜力大、经济效益高的海洋经济产业集群。2014年海洋生产总值初步核算为136亿元，占全部地区生产总值的比重约为57%，比2013年提高3个百分点，海洋服务业占海洋生产总值的比重达到4.9%，海洋经济在经济发展中已经占据了重要的地位，发挥着重要作用。装备制造方面形成了以大机车为代表的轨道交通、以中船重工为代表的造修船、以博迈科为代表的海上工程、以华能为代表的新型能源、以太重为代表的工程机械和大型成套设备研制5大产业板块，对临港经济区产业转型和海洋经济发展起到了巨大推动作用。

三是天津港围绕向第四代港口升级，在港口基础设施、产业转型升级、港口功能延伸等方面积极行动。目前，港口陆域面积131平方千米，拥有各类泊位总数173个，是我国北方最大的港口。主航道水深达到21米，30万吨级船舶可自由进出港。2014年复试航道试通航，使航道通航能力在双向通航基础上实现了再次升级。产业布局也由过去单一的码头装卸拓展至港口装卸、国际物流、港口地产和综合服务4大支柱，形成了多元产业互相支撑、互相促进的发展格局。围绕提升对区域经济的辐射力和带动力，天津港背陆向海建立了覆盖全球的集装箱航线网络和深入腹地的物流网络，逐步推动港口保税功能向腹地延伸，推动"无水港"向物流园区、产业园区转型升级。东疆保税港区作为国际航运中心和物流中心核心功能区的特征开始显现，航运、物流、租赁、贸易结算等主导产业对区域经济贡献率已达到90%以上。

四是滨海旅游区围绕打造国际国内旅游目的地和高品位滨海休闲旅游区的发展定位，加快推进项目建设与高端旅游产品设计。国内首个旅游产业园于2011年开工建设，目前已吸引60个重点项目落户。欢乐水魔方、贝壳堤湿地公园、航母主题公园改造相继完工并投入使用，世界最高的天津滨海妈祖圣像落成，国家海洋博物馆和国家气象科技产业园建设全面提速。同时，规划设计了主题公园游、生态湿地游、黄金海岸休闲游、游艇度假游、海上观光游和体育休闲游等多条精品旅游线路。一座集海洋特色、旅游产业集聚、凸显文化休闲的"现代滨海旅游城"已初见端倪。

五是中心渔港围绕打造北方规模最大的水产品集散中心和游艇产业中心的发展定位，不断加强基础设施建设和招商引资工作。中心渔港将辖区内以捕捞业为主的第一产业、以冷链物流业为代表的第二产业和以餐饮游艇业为代表的第三产业相结合，形成了协调发展的态势，不断探索综合型经济区的建设道路。目前中心渔港已建成5 000吨级泊位6个，占地面积3公顷的万吨级示范冷库1座，冷链物流与水产品加工集散产业入区企业达到33家，远洋捕捞、冷藏、加工、交易产业链初步形成。同时，中心渔港还建立了2 000平方米的游艇保税仓，游艇产业企业已有近百家，出现了一洋国际游艇会、交航信通等具有独立航道、独立海域、独立沙滩的游艇俱乐部。随着中澳皇家游艇城项目的开工建设，游艇制造、游艇会展、游艇俱乐部3大产业并举发展的游艇产业集群逐步形成。

（三）两块渔场正在修复

全市采取多种措施保护和修复汉沽北部海域和大港南部海域两大渔场的海洋生态环境。建立了大神堂牡蛎礁国家级海洋特别保护区，禁止开展任何海洋捕捞和与保护区无关的工程建设活动。编制完成了天津市海洋生态红线区报告，将汉沽重要渔业海域、大港滨海湿地等5个区域划为全市海洋生态红线区。启动了一系列海洋生态修复保护项目。按照相关规划，天津市将在近海水域建设总面积达13.7平方千米，覆盖大港、塘沽、汉沽的生态公益性人工鱼礁群。目前，已经投放礁体1万余个，形成了面积约8.1平方千米的人工礁区。[①] 每年为修复渔业资源，增殖放流数亿尾鱼虾、贝类、海蜇等苗种。

（四）三个海洋事业基地项目进展顺利

一是塘沽海洋高新区坚持以发展海洋高新技术产业为主要目标，实行开放型经济战略，采取海洋产业与非海洋产业、高新技术产业与传统产业并举的方针，走出了一条滚动开发与成片开发相结合，产学研、科工贸一体化的发展道路，成为天津科技兴海领航区和滨海新区科技创新示范区。目前，区内已累计注册企业2 200余家，金融创新创业园、科技兴海示范园、中小企业创新园等建成使用，形成了海上油气开采服务业、海洋工程建筑业、海洋工程装备制造业、海洋船舶设计及制造业、海洋化工业、海洋交通运输业、海洋盐业7大产业板块。2013年海洋高新区完成增加值200亿元，同比增长24%。2014年高新区充分挖掘龙头企业、总部经济、特色产业的发展潜力，保持了经济高位高质运行的强劲势头，工业总产值预计突破3 500亿元。

二是以国家海洋博物馆为核心的海洋文化基地建设稳步推进。目前国家海洋博物馆已开工建设，钢结构框架建设已经完成，预计2017年建成并对外运营。机构建设工作有序推进，组建了国家海洋博物馆管理委员会和专家委员会，批准成立了国家海洋博物馆管理办公室，建立了国家海洋博物馆筹建工作机制。编制完成了15项藏品征集细化方案和1项管理制度，制定了7项专题宣传方案，展陈大纲编写完成。完成了沿海省、市、区涉海馆藏资源调查工作，藏品征集工作全面展开，目前藏品总数已达到4.3万件。陈列布展工作已启动，计划首期展览面积达18 700平方米，

---

① 渤海早报，2014-5-13.

占总面积的 69.5%。

三是渤海监测监视管理基地投入使用。目前，基地海域动态监视系统、海洋环境监测与灾害预报预警系统、海洋执法监察系统、海洋经济动态监测评估系统相继建成并投入使用，为海洋综合管理和服务社会公众提供了有效支撑。开展了海洋技术研发与转化平台、海洋标准计量仪器检测评价中心、海洋数字信息研究中心、海上试验场和大型海洋物理模型等科技平台的规划设计，努力打造成国内重要的研发中心、海洋技术研发与转化平台。另外，国际海洋交流中心、国际海洋学院、国际海洋仪器展示中心等国际交流平台也在筹建中。渤海基地将逐步成为海洋管理的区域总部、海洋科技创新的国家平台和海洋交流合作的国际窗口。

二、海洋制造业生产能力不断提升

"十二五"期间，天津市海洋制造业克服金融危机带来的消极影响，继续加快产业结构调整和发展方式转变步伐，以海洋石油化工、海洋精细化工、海洋船舶制造、海洋工程装备制造、海水综合利用和海洋新能源等为代表的海洋高端制造业发展迅速，海洋经济总体规模和综合竞争力得到较大提升，基本完成《规划》的既定目标。

（一）海洋石油化工产业集群逐步形成

一是加快推进滨海南港石油仓储公司 80 万立方米油库、中石油原油天然气储备库、中石化储备库等项目建设，国家战略石油储备基地初具规模。

二是加快中俄东方石化炼化一体化、中石化天津 LNG 项目、正大能源化工烯烃、LG/渤化/卡塔尔石油 120 万吨乙烯、120 万吨/年 LPG 综合利用制丙烯等项目的建设，石油加工能力有效提高。

三是发展了油漆、染料、涂料、化学助剂、顺酐、苯酐、环氧树脂等下游产品，形成了以石油化工为主、从石油勘探开发到炼油、乙烯、化工完整的产业链，国家级的石油化工基地和重要的海洋化工基地基本成型。

（二）海洋精细化工取得技术突破

一是逐步缩小传统盐田的生产规模，根据《中国海洋统计年鉴》的统计数据，天津市盐田总面积由 2010 年的 30 512 公顷缩小到 2015 年的 26 907 公顷，海盐产量由 204.4 万吨减少到 160.0 万吨。

二是推进了工厂化制盐技术创新，天津宝成集团承担的"海水脱钙、脱镁工厂化制盐"自主创新产业化重大项目取得重要成果，可使滨海新区节约 300 平方千米土地。

三是积极推动了海水综合利用项目的引进。马来西亚恩那社集团落户天津南港工业区，牵头实施了海水淡化与工业制盐一体化项目，该项目每年可生产240万吨精制盐、60万吨氯化镁、15万吨硫酸镁、6万吨钾肥以及6 000吨溴素。滨翰海水综合利用项目落户临港经济区，建成后将年产纳米级碳酸钙1 500吨、纳米级氢氧化镁4 500吨。

四是加快推进了渤海化工园建设。园区规划建设的41个项目基本建成投产，将在我国率先建成具有海洋化工、石油化工、煤化工紧密结合和功能设施完善、资源配置生态化的现代化学工业园区。

五是推动了制碱工艺的创新升级。2010年天津碱厂搬迁渤海化工园后，逐步用煤气化技术与制碱技术相结合的联碱工艺替代氨碱工艺，资源利用率和产品附加值得到极大提高，海盐利用率提高到97%。

（三）海洋船舶制造转型升级成效显著

一是临港船舶制造基地建设全面推进。占地面积3.5平方千米、海岸线长度3.9千米的临港造修船基地已在滨海新区落成，按照造船、修船、非船、海洋工程和军工产品5大产业进行规划建设，目前基本竣工。在造船区域，中船重工50万吨级和30万吨级船坞已经于2011年建成并投入使用，具备了建造30万吨级、50万吨级世界最大载重船舶能力。

二是完工船舶进一步大型化。天津新港船舶重工为香港建造的5.7万吨散货船于2011年8月出坞，突破了本市造船载重吨级4万吨的历史，实现了天津人"造大船"的目标；为法国建造的18万载重吨散货船于2013年9月顺利出坞，造船向大型化迈出重大步伐。

三是专业船舶和高技术高附加值船舶建造取得重要进展。天津新港船舶重工投资开发设计的新型节能型散货船燃油消耗下降约30%，已成为市场热销船型，2013年批量承接了法国和美国定制的16艘该型船；为瑞典建造的4艘8 000车汽车滚装船是目前世界上泊车最多的节能环保型汽车滚装船；出口孟加拉的PC-3、PC-4、PC-5巡逻舰和两艘SV001等特种船舶相继交付船东。

（四）海洋工程装备制造业发展迅速

天津市瞄准国内先进海洋工程装备制造业基地的目标，重点发展了海洋油气装备、海上油气储卸装备、临港机械、海洋关键配套设备和系统等10大海洋工程装备。

一是海上钻井平台逐步形成比较优势，具备了300米水深以内的模块和平台建造能力。抗高压、耐腐蚀石油套管和海底柔性复合深水域软管技术等海洋装备技术取得突破，产品已经应用于海上钻井和海底输油。

二是顺利完成了国内首个浮式 LNG 项目"中海油天津浮式 LNG 接收终端"。该项目采用了浮式储存再气化装置技术的最新成果，能有效缩短供气周期，为国内清洁能源事业发展探索出了一条新道路。

三是由中国船舶重工集团规划设计的 5 000 吨级海洋工程强力平台及配套设施目前正在临港船舶制造基地建设当中。

四是中东 KJO 项目 CLP 模块由天津博迈科海洋工程有限公司和中国海洋石油工程公司于 2012 年合作建成。国内最大的出口海洋工程模块"卡塔尔国家石油公司 QP 大型海洋石油生活楼模块及公共平台项目"也于 2014 年开工建设。

（五）海水淡化及综合利用产业继续处于全国领先地位

一是海水淡化技术和能力不断提高。多级闪蒸、低温多效和反渗透等主流海水淡化技术接近国际先进水平，并相继在大港电厂、开发区新水源、大港新泉、北疆电厂、天津港中煤华能煤码头实现商业化应用。其中北疆电厂海水淡化能力达到 20 万吨/日，是目前国内规模最大的海水淡化项目。马来西亚恩那社集团投资的南港海水淡化与工业制盐一体化项目于 2014 年 5 月启动，建成后海水淡化能力可达 30 万吨/日。

二是海水淡化与相关产业协同发展取得突破。北疆电厂采用"发电—海水淡化—浓海水制盐—土地节约整理—废弃物资源化再利用"五位一体的循环经济模式，实现了循环、低碳、绿色发展。2012 年启动了"电水联产海水淡化产业化技术及装备系列化"公益性专项，该项目将突破水电联产海水淡化核心技术。南港海水淡化与工业制盐一体化项目将在国内首次真正实现"零排放"，生产出的淡化海水用于工业消耗，同时利用浓盐水提炼钾、溴、镁等化工原料，并生产精制盐及各种盐化工产品。

三是海水直接利用规模有所提高。天津北疆电厂 2×10 万吨/小时海水循环冷却工程运行良好，华能天津 IGCC 示范电站 19 200 吨/小时海水循环冷却工程于 2013 年建成。

（六）海洋新能源项目发展迅速

一是沿海风电区域布局基本成型。《天津市滨海新区风电发展"十二五"规划》确定了新区风电重点开发区域，即南北两端陆域，大规模集中风电开发区域；由南到北沿防坡堤小规模分散开发区域；与河北省交界南北两处海洋风力发电场。确定在沿海汉沽、大港等风能资源丰富地区建设南、北两个规模化风电基地。

二是沿海风电项目建设稳步推进。汉沽大神堂风电场一期工程和完善工程全部竣工,总容量达到3.8万千瓦,每年可为新区提供绿色电能共计7 626.5万千瓦时。沙井子三期工程竣工并投产发电,截至2013年底已发电22 000万千瓦时,四期项目已经获得批准,规划建设33台1.5兆瓦风机,预计工程竣工后,沙井子风电场每年将向本市电网提供约4亿千瓦时绿色电能,相当于每年节约标准煤13.6万吨,同时将减少粉尘排放9.3万吨、二氧化碳33.9万吨、二氧化硫1.0万吨、氮氧化物约0.5万吨。北大港一期49.5兆瓦风电工程项目也获得核准并开始动工建设。一期规划总容量49.5兆瓦,将建设33台1.5兆瓦风机和1座新建变电站,建成投产后每年将向新区电网提供9 355.5万千瓦时绿色电能,节约3.3万吨标准煤。

三是风电企业集聚为全市海上风电发展奠定了坚实基础。"十二五"期间天津市将大型风电、海上风电相关科研项目列入重大科技专项,在资金、政策等方面给予大力支持。目前天津已有风电相关企业120余家,成为全国最大的风电产业集聚区之一。

四是潮汐能、波浪能发展迈出坚实步伐。市发展改革委和商务委联合印发了《关于天津市鼓励外商投资产业指导目录的实施细则》,其中将潮汐能、波浪能等新能源电站的建设和经营列入鼓励外商投资产业目录。

三、海洋现代服务业规模不断壮大

"十二五"期间,天津市海洋服务业快速发展,海洋交通运输、港口物流、邮轮游艇等高端服务业和生产性服务业发展迅速,对海洋经济的贡献不断提高。

(一)港口运输能力稳步提高

一是港口基础设施加快建设。制定出台了《天津港总体规划(2010—2030年)》,港口布局进一步优化,承载和运输能力不断提高。自2011年以来,天津港30万吨级航道二期工程完工,复式航道正式投入使用,实现"双进双出"四通道航行,比原有通航能力提高47%。2012年新增集装箱航线15条,促成9条航线的船型升级和航班加密,推动环渤海内支线运输和海铁联运运量分别增长30%和44%。相继建成南疆LNG码头、专业化矿石码头、中化石化码头、中航油码头等高等级码头泊位,启动了东疆自动化集装箱码头、第二个30万吨级原油码头、神华二期码头,提升了装卸效率和承载能力。

二是运输服务辐射范围不断扩大。天津港对内辐射能力强劲,目前腹地面积近500万平方千米,占全国陆地总面积的52%,全港70%左右的货物吞吐量和50%以上的口岸进出口货值来自天津以外的各省、市、区,是我国北方对外开放的门户。天津港对外联系广泛,同世界上180多个国家和地区的500多个港口有贸易往来,是我国唯一拥有3条亚欧大陆桥过境通道的港口。

三是大型船务公司和海运公司不断集聚。截至 2013 年 5 月底，在天津市注册的国际海运公司 16 家，注册的国际航行船舶 92 艘，合计 560 万载重吨。国际海运辅助企业近 400 家，其中国际船舶代理企业 84 家，国际船舶管理企业 26 家，无船承运企业近 300 家，船舶交易（市场）企业 2 家。

四是航运服务能力逐步提升。天津北方国际航运中心核心功能区加快建设，国际船舶登记制度、国际航运税收政策、航运金融、租赁业务等创新试点取得积极进展。

（二）海洋现代物流体系和功能逐步完善

一是港口物流和服务功能不断完善。围绕北方国际航运中心和国际物流中心建设，东疆保税港区重点发展了国际中转、国际配送、国际采购、国际贸易、航运融资、航运交易、航运租赁、离岸金融服务 8 大服务功能，有力提高了港区的服务能力和辐射带动作用。

二是内陆无水港布局逐步拓展。目前天津港在内陆腹地设立了 5 个区域营销中心、25 个"无水港"和物流园区，环渤海地区 12 小时快速通港、华北地区一天通港、西部地区两天通港的高效现代物流网络逐步形成。

三是重点区域口岸设施建设取得积极进展。东疆保税港区 7.5 万平方米、南港工业港区 2.8 万平方米通关服务中心已开工建设，临港经济区 6.5 万平方米通关服务中心已完成规划设计。

四是口岸开放规模进一步扩大。国务院正式批准天津港口岸扩大对外开放水域面积 1 120 平方千米，新增码头岸线总长 69.1 千米，新建对外开放码头泊位 71 个，一个北至中心渔港、南至南港港区全线开放的口岸大格局正在形成。

五是口岸信息化建设稳步推进。制定出台了《天津口岸发展"十二五"规划》，电子口岸数据传输网络建设不断拓展，逐步实现了电子口岸功能从电子政务向电子商务、电子物流延伸。国际航行船舶进出口岸电子查验系统正式开通运行，实现了国际航行船舶进出口岸海事查验手续的全部网上受理和审批。

六是东疆保税港向自由贸易港转型稳步推进。目前自由贸易区申请方案已报国务院，东疆港区正在探索向"自由贸易港区"转型的改革，加快打造北方商品进出口基地、高端航运物流基地、国家租赁业创新示范基地和国际航运融资中心，建立与国际自由贸易港区通行惯例接轨的贸易环境。

（三）滨海旅游业快速发展

一是滨海旅游业成为新的增长点。2015 年，天津市旅游业实现增加值 1 048 亿元，同比增长 15.6%。2014 年，滨海新区接待中外游客 1 750 万人次，同比增长

16.7%，实现旅游收入115亿元，同比增长15%。

二是旅游设施建设加快推进。航母主题公园扩建、极地海洋世界、欢乐水魔方、天津古贝壳堤博物馆、东疆湾沙滩等一批重点滨海旅游项目相继建成并投入运营，增加了城市对游客的吸引力。

三是邮轮经济规模不断壮大。2010年国际邮轮母港建成后，到港国际豪华邮轮快速增多，2010年25航次、2013年70航次、2014年55航次，2015年全年有97艘次国际豪华邮轮靠泊。随着国际邮轮母港扩建工程全部竣工，天津已经稳居我国北方最大的国际邮轮入出境口岸，逐步成为北方邮轮旅游中心。

四是游艇产业发展环境更加完善。制定出台了《天津市邮轮游艇产业发展"十二五"规划纲要》和《天津市游艇管理暂行办法》，在免除强制引航、放宽游艇登记限制、放松短期入境游艇检验和登记限制等方面实现突破，破解了制约天津游艇产业发展中的瓶颈问题。

五是滨海旅游和科技文化产业发展进一步融合。正在积极筹建的国家海洋博物馆将成为集收藏保护、旅游观光、展示教育、科学研究等功能与一体的国家级海洋意识教育基地和海洋科技交流平台。国家气象科技园、渤海监视监测基地和妈祖文化园等海洋科技文化群的集群建设，形成了滨海旅游与海洋科技、海洋管理和海洋文化的联动发展的有利局面。

四、海洋渔业转型升级取得进展

"十二五"期间，天津市加快推进传统海洋渔业向现代海洋渔业转变，大力发展工厂化海水养殖，通过增殖放流稳定近海渔业捕获量，并依托中心渔港加快海洋渔业转型升级和产业链延伸，海洋渔业发展水平逐步提升。

（一）海洋渔业养殖水平不断提高

一是滨海都市型海洋渔业取得阶段性成果。截至2012年，全市55个优势水产品养殖示范园区建设圆满完成。同时，观赏渔业、休闲渔业等现代渔业设施提升工程开始启动，规划到2015年建设70个现代渔业养殖园区，其中精品园区20个、提升园区50个，全面提高水产品的品质和产量。

二是海水养殖模式不断创新。海上网箱养殖试验项目在汉沽海域正式启动，目前500口养殖网箱已组装完成并投放入海，填补了天津市没有海上网箱养殖的空白，探索出一条海珍品网箱生态养殖的新模式。杨家泊镇养殖户推出鱼虾套养模式，在有效促进鱼虾生长的同时保持了良好的海域生态环境。

三是工厂化海水养殖基地建设稳步推进。杨家泊水产科技园区建设于2011年启动，项目建成后主要进行海珍品工厂化养殖、工厂化苗种繁育等，预计年产海珍品

9 700 吨。

四是全封闭内循环海水养殖技术日益成熟。杨家泊镇自 2012 年以来新建和改建 16 万平方米工厂化循环水养殖车间，均为全封闭循环模式，形成了全国连片应用循环水养殖技术面积最大的地区。天津海发珍品公司养殖基地已经成为国内具有领先水平的超大型全封闭工厂化内循环海水养殖生产基地。

（二）海洋捕捞持续稳定发展

一是继续实施海洋捕捞渔船数量、功率"双控"制度。2014 年，天津市拥有机动渔船 4 235 艘，功率 97 904 千瓦。近海捕捞渔船和功率从 2005 年以来已减少了 30%以上。

二是严格执行海洋伏季休渔管理制度。2011 年根据农业部对海洋伏季休渔制度的调整，制定出台了《关于加强我市海洋伏季休渔管理工作的意见》，建立了以渔业主管部门为主体、各有关部门密切配合的休渔管理机制。一系列措施使得近海渔业资源得到有效恢复，捕捞产量稳步增长，由 2010 年的 15 754 吨提高到 2015 年的 47 094 吨。

三是远洋渔业发展势头良好。天津水产集团远洋渔业产业园在中心渔港经济区开工建设，建成后原来分散的多家渔业公司将集中注册到中心渔港经济区。2013 年天津市远洋渔船 23 艘，功率 14 127 千瓦，年捕捞产量 1.3 万吨。2015 年远洋渔业年产量达到 1.8 万吨，远洋渔业发展大大减轻了近海捕捞的压力。

（三）资源养护和生态修复稳步推进

一是海洋渔业增殖放流力度不断加大。承办了农业部主办的以"养护海洋生物资源、促进生态文明建设"为主题的渤海生物资源修复放流活动。"十二五"以来累计放流中国对虾、三疣梭子蟹、梭鱼、海蜇等海水苗种 50 亿尾，为增加渤海湾渔业资源量，实现海洋渔业的可持续发展做出了重要贡献。

二是海洋牧场建设取得重大突破。继续实施人工鱼礁建设，截至 2014 年底，全市累计在渤海湾海区投放人工鱼礁 16 000 余个，形成礁区面积约 2.0 平方千米。成功进行了羊栖菜、鼠尾藻和龙须菜的筏式养殖，面积逾 2 公顷，在渤海湾地区尚属首次。

三是生态修复工作取得进展。天津市水产局和天津市海洋局共同开展了天津海域牡蛎礁区生态修复与生物资源恢复示范。

（四）海洋渔业转轨取得新突破

中心渔港依托临海优势和丰富的海洋资源，目前已发展成为以捕捞业为主的第一产业、以冷链物流和加工业为代表的第二产业和以餐饮游艇业为代表的第三产业相结合的新型现代渔业发展基地。

一是北方水产品加工集散中心逐步成型。截至2014年3月，在中心渔港经济区签约与注册的冷链物流与水产品加工企业已达33家，涵盖远洋捕捞、水产养殖、冷藏、精深加工、贸易、物流的完整产业链逐步形成。

二是中心渔港的特色项目滨海鲤鱼门以海鲜、游艇、中式四合院为特色，已经成为京津冀地区居民休闲旅游餐饮的首选之地。此外，杨家泊水产聚集区在强化海水养殖的同时，也不断提升海产品深加工水平，并配合中心渔港"北方冷链物流和水产品加工集散中心"，推动渔业产业链条延伸。

五、科技兴海取得新突破

"十二五"期间，天津市不断提高海洋科技自主创新能力，建设高水平海洋研发转化基地，发挥海洋科技的支撑引领作用，促进经济发展方式转变和海洋管理水平的提高，走在全国前列。

（一）海洋科技攻关成果显著

一是海洋产业科技含量和核心竞争力不断提高。坚持以培育海洋战略性新兴产业、促进传统产业升级、加速转变海洋经济发展方式为核心任务，发挥科技支撑和引领作用，使天津市在海水综合利用、海洋高端装备制造等海洋战略性新兴产业领域的科技创新水平保持全国领先地位，海洋油气、海洋盐业等传统海洋产业的高新技术含量不断增加。

二是着力解决制约海洋产业发展的现实科技问题，初步取得了水下滑翔机、海底声学拖缆、海水化学资源提取技术、石油污染物处置技术等一批具有自主知识产权的高水平科技成果。

三是扎实推进海洋公益性行业科研专项等国家科技计划。积极组织申报国家海洋公益性项目，2014年度有4项通过了国家海洋局组织的专家评审，总经费近8 000万元，创国家海洋公益性项目经费支持历史新高。

（二）科技服务体系日益成熟

一是天津"数字海洋"框架建设取得初步成果，已完成市级节点与塘沽、汉沽、大港二级节点的网络联通测试，完善了海洋信息传输网络。

二是积极打造提升海洋科技自主创新平台，启动建设亚太海洋仪器检测评价中心，标志着天津市在承担制定全球海洋观测标准、实现全球海洋观测数据共享、提升海洋观测质量等方面迈出了坚实一步，着手依托渤海监测监视管理基地建成综合性公共科技创新平台。

三是建设海洋科技成果产业化基地，推进塘沽海洋高新技术产业基地功能升级，在基础设施建设、资金投入、人才流动等方面给予政策扶持，形成了海洋新能源、海洋生物医药、港口服务等一批孵化器。编制完成《国家海洋高技术产业基地建设实施方案》并经国家发展改革委批准，为全面提升天津海洋高技术产业自主创新能力、壮大海洋高技术产业规模奠定了基础。

四是立足为企业服务，围绕着中小企业在技术创新、技术转移、创新创业、融资等各方面的需求，研究制定构建企业创新服务平台的相关政策措施，培育了一批领军型涉海中小企业，已经成为培育发展战略性新兴产业的重要载体。

（三）海洋科技兴海管理体系日趋完善

一是制定出台相关科技兴海行动指南。2011年天津市海洋局与市科委、市财政局联合出台《天津市科技兴海行动计划（2010—2015年）》，并获市政府批复，该计划确立了天津市科技兴海的支持方向和支持重点。

二是完善科技兴海相关管理制度。建立了《天津市科技兴海项目经费管理暂行办法》《天津市科技兴海项目管理暂行办法》等相关制度，强化了政府部门在促进海洋自主创新中的组织和导向作用，进一步完善了项目管理体制。

三是科技兴海成效显著。通过完善科技兴海支持项目筛选机制，支持了一批技术水平高、产业前景好的项目，截至2014年底，科技兴海财政专项经费累计投入超过9 000万元，支持项目130项，预计产生经济效益10亿元。《科技兴海项目库》信息系统建设完成，共入库海洋科技项目150余个，累计经费4.5亿元。

六、海洋生态环境保护初现成效

"十二五"期间，天津市不断加强海洋环境监测和污染治理，积极开展海洋生态保护与修复，加强海洋自然保护区和特别保护区建设，海洋生态环境逐步改善。

（一）海洋环境保护工作扎实推进

一是修订了《天津市海洋环境保护条例》，于2012年5月1日正式实施，明确了海洋、环保、海事、渔业等部门的职责，为推动天津市海洋环境保护提供了重要法律依据。

二是海洋环境监测工作有条不紊地推进，完成了海水、沉积物、增养殖区等业务化监测任务，监测时段不断扩展，监测频率逐步增加，海洋环境监测网络基本形成，并按照国家要求定期完成信息产品的发布工作。开展了渤海湾生态监控区监视监测工作，长期跟踪监测评估渤海湾生态系统健康状况。

三是启动了陆源污染物总量控制研究。组织开展了沿海排污口基本情况调研和现场勘测工作，全面摸清了沿海主要排海口位置和现状。开展了陆源污染物排海总量控制相关技术研究，形成了全市入海污染物总量控制制度框架，确定了总量控制制度建设工作方案。

四是积极开展海洋环境执法行动。海洋环境监测部门与渔政、海事等部门建立了海洋环境联合执法机制，通过海上、陆上定期或不定期的联合执法，有效提高了海洋环境执法的工作效率。

（二）海洋生态修复建设能力显著提高

一是海上人工鱼礁布设、生物资源增殖等海洋生态修复工作有序开展。天津市海洋局与市水产局合作，在汉沽区大神堂外海开展了试验性人工鱼礁投放活动，共投放两种类型的人工鱼礁3 000余组。编制了《天津市生物多样性保护战略与行动计划（2011—2030年）》，将汉沽、塘沽和大港盐田湿地和汉沽浅海区纳入生物多样性国家级优先区域。

二是划定了海洋生态红线区。依据渤海海洋生态红线制度建设指导意见和红线划定技术指南，划定了面积为219.79平方千米海域和18.63千米岸线的生态红线区，并于2014年7月28日正式发布。后续的具体细化管控措施和相关配套制度正在研究制定过程中。

三是开展了海洋生态保护与修复项目建设。利用中央分成海域使用金完成了天津滨海旅游区海岸修复生态保护项目和大神堂浅海活体牡蛎礁独特生态系统保护与修复项目。

四是海洋生态保护和生态损害索赔取得重大进展。在"蓬莱19-3"油田溢油事故生态损害索赔工作中，康菲石油中国有限公司和中国海洋石油总公司总计支付16.83亿元人民币，用于渤海生态建设与环境保护、渤海入海石油类污染物减排、受损海洋生境修复、溢油对生态影响的监测和研究等。

（三）海洋保护区建设与管理工作取得进展

一是开展了天津古海岸与湿地国家级保护区范围调整，并获得国务院批复，保护区面积由975.88平方千米调整为359.13平方千米，调出实验区616.75平方千米，缓解了与滨海新区开发用地的冲突。

二是组织编制了《天津古海岸与湿地国家级自然保护区七里海湿地保护与恢复规划》，经市政府常务会审议通过，计划"十二五"期间每年将投入5 000万元资金用于七里海湿地资源的整体修复、治理和保护。配合国家环保部等7部门完成国家级自然保护区评估检查工作。

三是组织选划并申报了天津大神堂牡蛎礁国家级海洋特别保护区，获国家海洋局批复。目前，保护区一期建设进入实施阶段，勘界、立标、公示、综合科学考察等工作全面展开。

四是制定了《天津古海岸与湿地国家级自然保护区七里海湿地资源保护资金管理办法》，并修改了保护区监察执法的工作制度和程序。

七、海域资源得到合理开发利用

"十二五"期间，天津市加强海域使用管理，规范海洋开发秩序，提高海域资源利用率，为滨海新区大项目、好项目的落地提供了有效支撑，为进一步加强海域资源的节约集约利用和优化配置、强化海洋环境保护提供了有效保障。

（一）海域岸线资源保护不断加强

一是国务院正式批复了《天津市海洋功能区划（2011—2020 年）》，明确要求到 2020 年全市海域保留区面积比例不低于 5%，面积将达到 107.3 平方千米以上。

二是岸线保护力度不断加强。以滨海新区大港海域岸线为试点，沿海岸线埋设岸线标志碑，进一步强化、明确法定海岸线。2013 年界碑设置位置的精确测量定位和标志碑外形设计已经完成。同时开展另外海岸线资源开发利用前瞻性研究，为提高海岸线资源的节约集约利用水平奠定基础。

（二）海域使用管理规范有序

一是围填海计划管理取得新突破。2011 年天津市海洋局与市国土局、市发改委联合发布《关于进一步加强围填海项目海域使用管理有关工作的通知》，明确加强围填海项目管理政策，引导天津海域管理工作迈入精细化管理阶段。该做法在全国尚属首次，得到了国家海洋局的充分肯定并向沿海省市转发。2012 年出台了《天津市围填海计划管理办法》的实施细则，力求进一步强化围填海计划管理，促进海域资源的合理开发利用。

二是积极探索海域管理新模式，在全国率先推行《天津市建设项目填海规模指导标准》，广泛应用于海域使用论证及审批环节，通过用海项目精细化管理，促进海域资源集约节约利用，保障更多高水平、高质量的大项目和好项目落户滨海新区。

三是组织编制的《天津市海洋功能区划（2011—2020 年）》正式获得国务院批准，《区划》的获批为满足滨海新区实施未来 10 年发展规划和重大项目用海需求奠定了基础。

四是海域管理工作在优化审批程序的基础上，进一步规范用海项目审批和论证管理，严格执行海域使用项目审核委员会规定，实行用海项目"全流程"管理，继续实行用海主体申报制度。

五是推进海域使用动态监视监测系统日常管理和业务化运行，对辖区海域开展了遥感影像监测。启动了海域使用项目台账管理和海域使用权证书配号管理，完成了历史围填海台账数据的补录。

(三) 海域资源市场化配置迈出新步伐

一是根据天津市海洋局和银监会联合下发的《天津市海域使用权抵押贷款实施意见》和《天津市海域使用权抵押登记办法》的有关要求，帮助临港工业区新河船厂修船基地填海工程、三期导堤工程等多家用海项目办理了海域使用权抵押登记，2011 年至 2014 年共办理海域使用权抵押贷款业务 23 宗，帮助企业完成海域使用权抵押融资约 34.7 亿元。

二是开展海域使用权直通车制度研究。探索开展以海域选址、海域使用证替代土地选址、土地使用证办理规划建设、资产登记等相关手续，用海单位长期持有海域证，推动项目加快建设进度，不占用土地指标，为滨海新区开发开放探索一条简便高效的建设路径，支持滨海新区加快重大项目建设进度。

(四) 滨海新区重点用海项目建设保障有力

海域管理突出服务特色，及时了解和解决用海企业的困难，通过现场服务、调研、协调会等形式，及时帮助企业解决有关问题，努力为用海单位做好服务。

一是帮助推动中俄东方石化（天津）有限公司 1 300 万吨/年炼油项目通过国家预审，已报送国家发改委核准。

二是推动天津浮式 LNG 接收终端项目成功获得国家能源局批准。

三是推动中国石化南港液化天然气项目获得国家海洋局预审批复。

四是帮助中船重工天津临港造修船基地项目获得国家批准。

五是临港三期、东疆二岛区域用海规划编制完成，并按照国家海洋局要求进行修改完善。

六是积极协调国家相关部门，完成渤海水产增殖站迁建、渤海基地综合公务码头等 4 宗项目减免申报和审查，共减免海域使用金 9 054 万元，有效推进了重点公益项目的建设进程。

八、海洋依法行政能力不断加强

"十二五"期间，天津市加快推动海洋治理体系和治理能力现代化，不断完善海洋法规体系，为依法行政奠定了基础，同时加强执法队伍和执法装备建设，严肃查处各类违法违规行为，有效规范了海洋开发和管理秩序。

（一）海洋法规体系更加完善

一是完成了地方性法规的制定和政府规章的修订工作。修订完成的《天津古海岸与湿地国家级自然保护区管理办法》，于 2011 年 5 月 1 日正式实施。出台了《天津市海洋环境保护条例》，于 2012 年 5 月 1 日施行。

二是立法研究工作不断加强。深入一线开展立法调研工作，完成环渤海环境保护法制建设调研，形成了"环渤海环境保护法制研究"调研报告。《天津市海洋观测预报管理办法》列入 2013 年市政府法制办立法调研计划，会同法制办开展了《天津市海洋观测预报管理办法》立法调研工作，目前该办法（草案）已编制完成。

（二）海洋行政执法扎实开展

一是强化海域执法检查工作。2011—2014 年，执法部门共查处各类海域违法案件 19 宗，收缴罚款 1.3 亿元，案件执结率 100%。针对无证用海、未批先建、边批边建、超面积围填海、超期使用、擅自改变用途等海域使用违法行为以及区域建设用海、养殖用海等领域，开展了"海盾"专项执法行动、打击非法围填海专项整治行动、区域建设用海联合执法行动和渔业用海专项整治行动等专项执法行动。

二是严格海洋环境保护执法。2011—2014 年执法部门共查处各类海洋环境违法案件 20 宗，收缴罚款 236 万元。针对海洋工程的海洋环境影响评价报告书未经核准即开工建设、违法向海洋倾倒废弃物等海洋环境违法行为，开展了"碧海"专项执法行动和保护海洋环境专项整治行动等专项执法行动。

三是认真开展海岛保护执法。执法部门严格按照《天津市海岛定期巡查工作制度》和海岛巡查计划，采取登岛、绕岛等方式对三河岛开展定期巡查，并根据国家海洋局的部署，开展了"护岛"专项执法行动、海岛开发利用专项整治行动等专项执法行动。

（三）海洋执法能力和队伍建设成效显著

一是中国海监天津市维权执法船队于 2013 年 4 月 11 日正式挂牌成立，使天津市海监队伍建设得到新提升，有效增强了天津市海监执法保障能力。组建了"中国海监 3011"、"中国海监 3012"、"中国海监 3015"船 3 支船员队伍，首批招录的 45 名船员已全部上岗。

二是海监执法装备建造任务圆满完成。3 艘海岛保护和管理执法快艇和 3 艘海监执法快艇于 2012 年 4 月和 10 月先后列入海监装备序列。1 500 吨级"中国海监 3015"船和 600 吨级"中国海监 3011"船和"中国海监 3012"船先后交付使用，并开展航海监检和训练工作。其中，"中国海监 3015"船是我国首艘交付使用的省级最大吨位维权执法专用海监船。

三是维权执法基地建设有序推进，临港基地码头工程基本竣工，北塘基地正在开展前期设计工作。

四是开展了海监人员业务培训，2012 年抽调 10 名执法人员参加了中国海监北海总队组织的中国海监北海区维权执法培训班，有效提高了海监队伍的能力和人员素质。

九、海洋防灾减灾体系不断完善

"十二五"期间，天津市不断提高海洋预报预警能力和水平，逐步完善海洋防灾减灾体系，不断提升应急处置能力，为保障居民生民财产安全做出了重要贡献。

（一）海洋灾害预报预警能力进一步提高

一是海洋观测网络体系建设加快推进。依据国家《海洋观测预报管理条例》，组织编制了《天津市海洋观测网发展规划（2012—2020 年）》，初步规划形成了全市海洋观测网布局，目前正在按照国家观测网规划进一步修改完善。

二是海洋监测站建设稳步推进。积极推动了塘沽、汉沽、大港 3 个海洋环境观测监测台站建设，3 个项目的立项建议书和可行性研究均获天津市发改委批复，台站规划设计工作也在同步开展。

三是海洋灾害预报信息发布渠道得到有效拓展。海洋预报在天津电视台滨海频道"滨海第一时间"节目中正式播出，并实现了新浪微博平台播报，形成了传真、电话、手机短信、电台、电视台和网络等各种媒介综合联动的信息发布平台。2013年通过天津市海洋局官方网站和新浪微博发布近海海浪、水温、潮汐常规海洋环境预报信息 760 期，在电视台发布 936 期，在广播电台交通频道发布周边旅游景点及港口海洋环境预报信息 273 期，发布传真 1200 余份，电子邮件 570 余封，手机短信近 36 000 条。2014 年在精细化预报试点工作基础上，面向重点保障目标天津临港经济区提供精细化预报服务，预报要素包含潮汐、海浪、水温，预报时效长达 72 小时，共发布预报 608 期。

（二）海洋应急能力逐步加强

一是强化应急预案与机制建设。重新修订的《天津市赤潮灾害应急预案》于2010 年 3 月经市政府批准实施。组织修订完成《天津市风暴潮、海浪、海冰和海啸灾害应急预案》，并于 2011 年 10 月经天津市政府批准正式实施，进一步优化了海洋灾害应急响应程序。2014 年 4 月《天津市海洋灾害应急预案》作为天津市专项预案，由市政府办公厅发布实施。天津市对海洋灾害的重视程度可见一斑。编制并完善《天津市防汛抗旱指挥部防潮分部工作流程》、《天津市防汛抗旱指挥部防潮分部应急响应机制》、《防潮分部联络员工作制度》等。

二是海洋灾害应急管理不断加强。2013 年共发布风暴潮消息 4 期、风暴潮蓝色警报 7 期、风暴潮黄色警报 3 期、大浪蓝色警报 5 期。发布传真 1 200 余份、电子邮件 570 余封，手机短信近 36 000 条。2012—2013 年冬季海冰灾害应急管理工作自 2013 年 1 月 4 日至 2 月 26 日，共进行沿海海冰巡视观测 32 天，记录观测数据并编发水义气象报。

三是制定了《天津市海上危险化学品事故应急救援预案》，有效应对了蓬莱 19-3 油田溢油事故、临港经济区"对二甲苯"泄漏和天津港航道附近海域船舶碰撞燃料油泄漏事故等海上危险化学品事故环境污染事件。

四是警戒潮位核定工作走在全国前列。2013 年 4 月，天津市警戒潮位核定技术报告经全国警戒潮位核定工作技术指导组专家审查通过，核定后的沿海警戒潮位值由天津市政府批准公布实施。

十、海洋社会事业蓬勃发展

"十二五"期间，全市大力发展海洋文化、海洋教育和海洋宣传，为培养海洋人才，提高市民海洋意识，营造海洋文化氛围开展了许多卓有成效的工作。

（一）海洋文化设施建设扎实推进

一是以国家海洋博物馆为核心的海洋文化公园建设稳步推进。2012 年 11 月国家发改委批准国家海洋博物馆项目立项，规划占地面积 15 公顷，建在 1 平方千米的海洋文化公园内，总建筑面积 8 万平方米。2014 年 10 月，国家发改委已正式批复国家海洋博物馆可行性研究报告，同时安排 5 亿元专项资金用于支持国家海洋博物馆项目建设。2014 年 10 月 28 日，国家海洋博物馆正式开工建设。海洋文化公园建设方案的研究和制定工作也在稳步推进。

二是国家海洋博物馆藏品征集取得明显成效。目前已征集各类藏品约 4.3 万件，其中，三级以上文物 400 余件，一级文物 80 件，一级古生物标本 40 余件，符合参展要求的藏品约 2 500 件，展陈品总体满足率达到 50%。

三是天津港博览馆、大沽口炮台博物馆建成开放，天津古贝壳堤博物馆、天津港博览馆等列入本市爱国主义教育基地。世界最高的妈祖圣像落户天津滨海新区。以妈祖文化为主，集旅游、商业、娱乐、餐饮于一体的妈祖经贸园建设速度加快，园内人工沙滩已于 2014 年 6 月对外开放。

（二）海洋教育和人才工作稳步推进

一是海洋高等教育体系更加完善。与市教委签署了《合作框架协议》，逐步将全市各高校涉海专业列为学校发展重点。目前天津大学、天津工业大学、天津城建大学等高校已建立起了涉海工程技术（研究）中心，其他高校也围绕自身特点和专业领域，积极探索海洋科技人才培养和涉海技术研发的新模式。"十二五"期间共培养海洋专业人才 7 000 余人。

二是海洋职业教育不断加强。新建了海水淡化实训基地，真空精盐实训基地等，并积极与国家海洋局驻津单位、地方海洋管理部门、涉海企业共建实习基地，培养了大批海洋技能人才。

三是海洋继续教育全面推进。2013 年、2014 年，天津市连续开展了专业技术人才知识更新工程高级研修项目计划，培训项目中设有海洋专业，有效推进了海洋类专业技术人才的继续教育工作。同时，天津大学继续教育学院设有船舶与海洋工程专业，专门培养现代船舶与海洋工程设计、研究、建造、管理的技术人才。

（三）海洋宣传科普活动不断丰富

一是连续举办"全国海洋日"宣传活动。2013 年开展了"中国梦海洋情"知识竞赛、大港贝壳堤博物馆和海监执法艇"开放日"等活动，并组织人员深入社区、企业、工地、学校开展面对面的海洋宣传，有效提高了海洋工作的社会影响力和公众认知度。2014 年 6 月 8 日，联合国家海洋局 6 家驻津机构共同举办 2014 世界海洋日暨全国海洋宣传日天津分会场活动，有效提高了海洋工作的社会影响力和公众认知度。

二是组织开展了海洋防灾减灾宣传。每年全国防灾减灾日组织开展海洋防灾减灾宣传日活动，发放《海洋观测预报条例》《天津市海洋防灾减灾知识手册》等宣传手册，展出赤潮、风暴潮、海水入侵、海冰灾害等科普知识宣传展牌，一系列活动进一步提高了公众海洋防灾减灾意识。

三是举办了妈祖文化节、滨海旅游节、港湾文化节等活动，加快了全社会关注海洋、热爱海洋文化意识氛围的形成。

四是海洋文化丛书编撰取得重大进展。按照国家海洋局编撰《中国海洋文化丛书》的统一要求，组织本市海洋文化和天津历史研究专家组成《海洋文化丛书》天津分册编委会和编写组，完成了《海洋文化丛书》天津分册书目的编写、涉海单位海洋档案和资料的搜集及初稿撰写。

第三节　"十二五"规划评估中反映出的问题和"十三五"规划建议

从规划评估情况来看，"十二五"规划在重点任务执行过程中、编制的科学性和可操作性等方面都存在一些问题。

一、"十二五"规划重点任务执行方面

(一) 海洋经济结构性矛盾依然存在

一是海洋产业间发展不平衡。天津市传统发展模式的惯性导致了工业长期占主导地位，形成了油气开采、石油化工和海洋化工3大优势产业，而海洋战略性新兴产业和海洋高端服务业规模不大，航运服务业、邮轮游艇业才刚刚起步，海洋经济整体发展水平还有待进一步提升。

二是产业布局雷同、产业同质现象依然明显。从环渤海区域经济布局来看，在新一轮沿海发展规划中，临海工业基本上是石化、钢铁、造船等项目。天津市临港工业区、南港工业区重工业的不断集聚，也将面临着激烈竞争和产能过剩的压力。

三是环渤海地区港口资源过度集中。全球港口货物吞吐量前10大港口中天津港、青岛港、大连港、唐山港占据4席，特别是在640千米长的津冀海岸线上就分布着天津、秦皇岛、唐山（含京唐港和曹妃甸港）、黄骅4大港，其中曹妃甸港距离天津港仅38海里。这不仅浪费着宝贵的岸线资源，而且势必造成抢资源、抢市场、抢腹地的区域间恶性竞争现象愈演愈烈。

(二) 海洋环境有待进一步改善

一是海域水环境尚未大幅改善。总体来看，天津市海洋生态环境有所改善，据2014年天津市海洋环境公报显示，天津管辖海域海水环境状况较2013年有所好转，劣于第四类海水水质标准的海域面积有所减少，但总体还有待进一步改善。

二是海洋生态系统压力过大。天津海域利用多集中于近岸海域，岸线利用率较高，用海方式多为填海造地，导致滨海湿地生境逐年减少，呈破碎化趋势。围填海工程同时也改变了近岸水动力条件，使海洋生物自然栖息地环境发生了变化，环境污染造成了严重的富营养化和氮磷比失衡，部分生态过程受到影响。

三是海洋环境事故风险犹存。目前天津海上交通运输、临港工业，特别是石化工业的快速发展，各类海洋船舶活动显著增加，海上溢油、危险化学品泄漏等污染事故时有发生，使海洋生态环境存在较大的安全隐患。

(三) 海洋科技创新和引领作用有待提升

一是海洋科学技术储备不足，传统海洋产业高附加值的核心技术与发达地区水平相比仍存在较大差距，新兴海洋产业规模小，关键技术自主化率较低，配套技术不成熟。海洋科技中介服务机构、海洋科技网络服务机构和金融服务机构数量偏少。

二是涉海产业发展与海洋科技研发互动不够强，产学研结合不够紧密，缺少有效集成，脱节现象较为严重，导致部分领域技术优势没有转化为产业优势，产业发展的规模远未达到与技术相应的水平。

三是涉海企业自主创新能力有待加强，科技力量、科技投入不足，海洋油气、海水淡化、海洋工程装备等重要领域缺乏攻关领军人才，企业尚未成为科技兴海创新主体，缺少具有重大突破的技术成果和国际影响力的产品与企业。

（四）海洋管理业务支撑体系建设有待加强

一是海洋管理体制机制有待完善。天津市涉海部门包括海洋、环保、渔业、海事、水务、国土等，各部门的管理范围和管理职权划分不清，制约了海洋资源开发利用和海洋生态环境保护的统筹协调和综合管理。

二是海洋管理能力建设和业务支撑体系建设还有待加强，海洋经济监测和运行系统能力建设基础还不够扎实，海洋观测预报、海域监视监测、防灾减灾等保障能力亟待提升。

三是海洋依法行政效能和服务水平有待进一步提高。目前，海域岸线使用、陆源污染防治、海洋环境保护等地方性海洋法规和规章制度还不健全，社会各方参与海洋法规制定的途径不畅通。海洋法制服务平台缺乏，海洋听证制度有待进一步完善。海洋治理体系和治理能力尚需加强。

二、"十二五"规划编制科学性和可操作性方面

（一）目标和任务的设定难以进行定量评估

《规划》评估的首要任务是衡量其实施是否达到预定目标，这要求规划本身具有明确的可定量评价目标。但由于《规划》本身的综合性、复杂性，以及编制过程中的主观因素，表现为定性描述过多，概括性过强，定量表述的规划目标偏少。《规划》发展目标部分包括的海洋经济、海洋管理和海洋社会事业 3 个方面只设置了海洋生产总值、占地区生产总值的比重、海洋重点实验室、海洋研发中心和仪器装备质量检测中心数量 4 个定量指标；任务措施部分提出的重要指标也仅有 10 余个，指标设置不尽细致和完善。任务措施存在"优化"、"提升"、"推进"、"完善"、"健全"和"探索"等软约束任务。同时，缺少重大工程等便于规划实施的具体抓手。这些问题导致目标和任务落实情况无法准确衡量，无法对规划总体实施情况进行有效评估。

（二）实施缺乏必要的监督机制、手段和配套措施

目前全市海洋规划实施没有形成必要的监督管理机制，不管是形式上还是内容

上都未建立起规划实施的保障体系，因此造成规划目标很难落到实处，规划任务的实现更是无法保障，难免使规划架空，成为"墙上挂挂、纸上划划"的图纸，降低了规划的可实施性。具体表现如下。

一是《规划》没有进行任务分解，一项任务往往涉及许多部门，缺乏考核对象，实施起来弹性较大。

二是《规划》缺少项目支撑，规划与同级财政预算不挂钩，难以评估。

三是《规划》缺乏年度考核评估的制度设计，规划实施评估需要总体目标和年度目标相结合，因此规划的年度评估应是监督规划实施的必要准备条件。

（三）与相关规划的评估难以统筹进行

《规划》是天津市海洋领域总体规划，侧重海洋经济和海洋事业发展目标、发展布局和重点任务的宏观部署，具体内容及任务措施在《天津市海洋经济科学发展示范区规划》《天津市海洋环境保护规划》《天津市科技兴海行动计划》等专项规划继续进行详细安排。同时，滨海新区作为海洋经济和海洋事业发展的前沿阵地和空间载体，制定实施的《南港工业区总体发展规划》《天津港总体规划》《滨海旅游区规划》等区域规划与总体规划密切相关。因此专项规划和区域实施进展应作为《规划》评估的重要依据。但由于专项规划和综合规划之间协调性欠佳，指标交叉与矛盾现象时有发生，专项规划发布时间和规划周期与综合规划不同步，导致终期评估不能同时进行，综合规划评估缺乏有效支撑。

三、制定和实施天津市"十三五"海洋规划的建议

"十三五"时期，国家全面深化改革和依法治国战略的进一步实施对天津市海洋管理体系创新、治理能力现代化和依法行政提出新的要求，京津冀协同发展、海洋经济试点和海洋强市建设对转变海洋经济发展方式、促进海洋产业优化升级提出新的任务，同时，大力推进生态文明、建设美丽天津要求加强海洋生态环境保护与修复力度。针对上述形势，"十三五"期间，天津市要集约利用海洋空间资源，促进海洋经济转型升级，加强海洋生态环境保护，加快推动海洋科技创新，繁荣发展海洋文化意识和教育等社会事业，加快推进海洋领域"法治"建设，推进海洋治理体系和治理能力现代化，加快推动京津冀协同发展。同时，要提高规划科学编制和实施水平。

一是加强顶层设计，丰富规划内涵。根据全面深化改革、建设海洋强国、京津冀一体化和天津市经济社会发展对全市海洋经济和海洋事业提出的战略要求，加强"十三五"规划总体谋划和理论研究。拓展海洋事业的内涵和外延，加快与地区经济、社会和民生融合发展，为全面建成小康社会奠定坚实基础。

二是提前规划预研，加强统筹协调。及早启动"十三五"规划编制的重大专题研究工作，充分运用好终期预评估成果，加强对"十三五"海洋经济和海洋事业发展目标、发展布局、发展方向、发展重点和重大工程的研究，广泛听取涉海管理部门、涉海企业和社会公众意见，提高规划编制的社会公众参与度，为科学编制和有效实施"十三五"规划打好基础。

三是严格规划实施，强化监督管理，进一步理顺与相关专项规划和区域规划的关系。建立规划管理的统一协调机制，发展规划的统筹管控作用，不断提高规划管理服务能力。加强规划任务措施的落实和对重大工程的监管力度。对已落实的任务和工程，做好业务统筹和实施评估，对未落实的继续做好相关论证和优化调整工作，同步加强沟通协调，为全面实现规划目标奠定基础。

第六章 "十二五"期间全国海洋经济和海洋事业发展形势分析

第一节 促进海洋经济、海洋事业跨越式发展成为全国上下的共识

一、深入贯彻落实党中央决策部署，大力推进海洋强国建设

海洋约占地球总面积的70%，是人类生存与发展的重要空间、资源宝库和生态屏障。纵观世界历史，葡萄牙、西班牙、荷兰、英国、日本、美国等许多国家都曾走过因海而兴、依海而强的发展道路。进入21世纪，海洋在国际政治、经济、军事、外交格局中的地位更加凸显，许多国家均以崭新的姿态走向世界，拥抱海洋，我国也将发展海洋经济和海洋事业提升到前所未有的战略高度。党的十八大报告明确提出"提高海洋资源开发能力，发展海洋经济，保护海洋生态环境，坚决维护国家海洋权益，建设海洋强国。"习近平总书记在中央政治局第八次集体学习时强调，海洋事业是中国特色社会主义事业的重要组成部分，要进一步关心海洋、认识海洋、经略海洋。党的十八届五中全会通过的《中共中央关于制定国民经济和社会发展第十三个五年规划的建议》明确提出"拓展蓝色经济空间。坚持陆海统筹，壮大海洋经济，科学开发海洋资源，保护海洋生态环境，维护我国海洋权益，建设海洋强国。"这些都是我们党和国家领导人准确把握时代特征和世界潮流，深刻总结世界主要海洋国家和我国海洋事业发展历程，统筹谋划党和国家工作全局而做出的战略抉择，充分体现了党的理论创新和实践创新，具有重大的现实意义和深远的历史意义。习近平海洋强国的战略已成为全国人民的共识，是促进海洋经济、海洋事业跨越式发展的强大思想武器。

二、适应经济发展新常态，海洋经济进一步转型升级

改革开放以来，我国已形成高度依赖海洋的"大进大出、两头在外"的开放型经济格局，这一格局支撑了我国经济社会长期稳定发展。近年来，由于受到美国次贷危机和欧洲债务危机的影响，世界主要经济体发展状况趋于分化，美国经济率先

复苏并呈现稳定增长态势，欧盟经济复苏进程缓慢脆弱，随着英国脱欧、意大利修宪公投失败等"黑天鹅"事件的不断出现，整个欧盟面临解体的风险，日本"安倍经济学"刺激作用不甚明显，俄罗斯由于受到西方制裁和油价暴跌的影响市场动荡不安，新兴市场国家增长小幅回升，总体来看世界经济形势将长期维持低增长态势，国外需求增长存在诸多不确定性，对我国的开放型经济格局带来了巨大的冲击和挑战。同时由于国内经济体制机制不畅、经济结构失衡、资源环境制约等深层次矛盾日益凸显，扩大内需消化富裕产能的作用不能立竿见影，我国进入了经济增速换挡期、结构调整阵痛期、前期政策消化期"三期叠加"的阶段，经济运行不确定性、不平衡性和脆弱性凸显，国内经济增速放缓，"十三五"期间，中高速增长成为新常态，经济社会发展对海洋发展提出了新的要求。海洋作为国土空间和资源宝库的地位迅速凸显，主要海洋产业和战略性新兴产业稳步发展，逐步由新的增长点向支柱产业转变，海洋经济和海洋事业的发展将为我国经济社会转型升级提供有力支撑。

三、沿海地区进一步开发开放，区域竞争力不断提升

沿海地区是我国经济社会发展的优势所在、潜力所在和希望所在，而海洋经济已经成为沿海地区未来持续健康发展的重要依托和战略方向。国务院先后批复了山东、浙江、广东、福建、天津5个海洋经济发展试点地区，并在战略规划、重大政策、项目安排等方面给予了重点支持。同时，试点省份正在高起点规划、大力度推进国家级新区建设，如广东的深圳前海、广州南沙和珠海横琴，福建的平潭，浙江的舟山群岛，青岛西海岸新区等相继涌现。这些沿海新区、试验区改革创新步子大，国家政策多，必将对区域经济发展产生重大影响。沿海省市要互相学习和借鉴先进经验，加快推进海洋强省强市建设，推动海洋经济和海洋事业跨越式发展。只有这样才能更好地促进沿海地区开发开放，在新一轮区域竞争中争先进位，赢得优势，有效提升沿海地区的区域竞争力，促进我国东部地区率先实现现代化，同时，带动中西部地区特别是"三北"地区发展，形成东中西互动、优势互补、相互促进、共同发展的区域协调发展格局。

第二节　"十二五"期间全国海洋经济总体发展状况

一、海洋经济增长速度逐步放缓

"十二五"期间，世界经济进入金融危机后的大调整阶段，区域经济分化加剧，美国经济稳定增长，欧盟经济复苏乏力，日本经济低位运行，新兴市场国家增速下降。世界经济低增长态势和国际需求不足，对我国开放型经济发展态势带来了较大

的负面影响。同时，国内经济社会发展由于受到转变经济发展方式、调整产业结构的影响，经济发展逐步进入新常态，逐步由高速增长转向中高速增长。在国际国内不容乐观的发展环境下，外向型的海洋经济发展也受到了较大的打击，海洋生产总值由 2010 年的 39 572.7 亿元增加到 2015 年的 64 669 亿元（按当年价格计算），年均增长率仅为 10.3%，比同期国内生产总值的年均增长率低 0.9%，比"十一五"期间海洋生产总值年均增长率低 7.2 个百分点。海洋生产总值占国内生产总值的比重由 2010 年的 9.9% 下降到 2015 年的 9.6%，我国海洋经济步入阶段性调整期。分区域来看，环渤海、长江三角洲和珠江三角洲三大经济区海洋经济发展势头良好，海洋生产总值由 2010 年的 33 621 亿元增加到 2015 年的 55 672 亿元，基本形成了以环渤海、"长三角"、"珠三角"经济区为中心的三大沿海经济区发展布局。其中，环渤海经济区发展速度较快，海洋生产总值由 2010 年的 13 271 亿元增加到 2015 年的 22 152 亿元，年均增长率为 10.8%，高出全国平均水平 0.5 个百分点，占全国海洋生产总值的比重由 2010 年的 34.5% 提高到 2015 年的 36.2%，成为我国海洋生产总值最大的区域。

表 6.1　2010—2015 年三大海洋经济区发展状况

年份	环渤海经济区		长江三角洲经济区		珠江三角洲经济区	
	产值（亿元）	所占比例（%）	产值（亿元）	所占比例（%）	产值（亿元）	所占比例（%）
2010	13271	34.5	12059	31.4	8291	21.6
2011	16442	36.1	13721	30.1	9807	21.5
2012	18078	36.1	15440	30.8	10028	20.0
2013	19734	36.3	16485	30.4	11284	20.8
2014	22152	37.0	17739	29.6	12484	21.8
2015	23437	36.2	18439	28.5	13796	21.3

数据来源：《中国海洋经济统计公报》（2010—2015 年）。

二、海洋产业结构比例呈现合理变化

海洋产业结构是海洋经济的基本结构，反映了海洋资源开发中各产业构成的比例关系，是决定海洋经济其他结构（就业结构、产值结构、区域结构和技术结构）的重要因素。海洋产业结构具有一定的动态规律性，海洋产业结构的调整、优化、升级有利于合理开发利用海洋资源，保护海洋生态环境，实现海洋经济的可持续发展。2010—2015 年，我国海洋产业结构不断调整，第二产业所占的比重不断下降，第三产业所占的比重不断上升，"三二一"的特征和趋势非常明显。

表6.2 海洋经济三次产业结构比例

年份	第一产业（%）	第二产业（%）	第三产业（%）
2010	5.0	47.0	48.0
2011	5.1	47.9	47.0
2012	5.3	45.9	48.8
2013	5.4	45.8	48.8
2014	5.4	45.1	49.5
2015	5.1	42.5	52.4

数据来源：《中国海洋统计年鉴2014》和《中国海洋经济统计公报》（2010—2015年）。

　　当然，在看到产业结构表面"优化调整"的同时，我们还要分析其变化的内在原因，主要是"十二五"期间受世界经济复苏乏力和增长缓慢的影响，我国外向型经济格局受到的冲击比较明显，海洋经济也没能独善其身，海洋第二产业发展速度明显放缓，与之相对应，海洋第一、第三产业发展显得相对较快。根据国家促进战略性新兴产业发展以及中国制造等方面的任务措施，未来海洋油气业、海洋船舶制造、海洋盐业、海洋化工业等传统产业将不断改造提升，逐步向高端化、现代化发展模式演变，产业链也不断延伸拓展，海水利用、海洋生物医药、海洋装备制造业等战略性海洋新兴产业规模不断壮大；第二产业所占比重将不断提高，并可能在未来几年再次超越第三产业成为所占比重最大产业的"工业化"中期阶段。

　　第三产业对海洋经济的拉动效应显著。根据2010—2015年海洋生产总值和海洋三次产业产值的数据，可以计算出海洋三次产业的贡献率，进而计算出三次产业对海洋经济的拉动效应，结果见表6.3。由表6.3可以看出，以海洋渔业为主的第一产业对海洋经济的拉动效应最小，在1%以下，2015年只有0.1%，拉动效果不明显。这也说明仅仅依赖海洋渔业资源来发展海洋经济是不可持续的，发展过程中所面临的资源瓶颈与压力不容忽视。与第一产业相比，第二、第三产业对海洋经济的拉动非常明显，而且不同阶段第二、第三产业拉动效果有所不同。2012年以后第三产业的拉动效应明显大于第二产业，说明以服务业为主的第三产业发展速度更快，发展质量更高，发展效益更好，带动了整个海洋经济的快速发展。

表 6.3　三次产业对海洋经济的拉动

年份	第一产业对海洋经济的拉动（%）	第二产业对海洋经济的拉动（%）	第三产业对海洋经济的拉动（%）
2010	0.4	6.5	5.9
2011	0.7	9.7	8.2
2012	0.8	2.5	6.6
2013	0.5	3.8	4.1
2014	0.6	4.6	5.9
2015	0.1	0.7	6.2

数据来源：由《中国海洋统计年鉴 2014》和《中国海洋经济统计公报》（2010—2015 年）整理所得。

三、涉海就业人员数量不断增加

近年来，海洋经济在拉动国内生产总值增长的同时，也吸纳了大批沿海地区社会人员就业，涉海就业人员数量不断增加。2010 年沿海地区涉海就业人员数量为 3 350 万人，2015 年增加到 3 589 万人，约占地区就业人员的 1/10，即 11 个沿海省市中每 10 个就业人员就有 1 个"下海"就业人员。分地区来看，广东和山东两个省份涉海就业人员数量最多，2013 年分别达到 842.6 万人和 533.4 万人，从涉海就业占地区就业人员的比重来看，海南、天津两个省份最高，2013 年两个地区涉海就业人员占地区就业人员的比重高达 26.6%、20.1%。分产业来看，海洋渔业及其相关产业、滨海旅游业和海洋交通运输业吸纳的就业人员最多，2013 年，三个产业吸纳的就业人数分别达到 580.8 万人、130.6 万人和 84.7 万人，占 11 个主要海洋产业就业人员的比例为 59.8%、13.4%和 8.7%。海洋经济的快速发展带动了海洋产业吸纳就业能力的提高，缓解了沿海地区的就业压力，为沿海地区的快速发展做出了巨大贡献。

第三节　"十二五"期间全国主要海洋产业发展状况

一、第一产业发展现状和存在问题

（一）发展现状

1. 海水养殖业蓬勃发展

改革开放以来，我国确立了"以养为主"的渔业发展方针，水产养殖业快速发展。"十二五"期间，水产养殖产量由2010年的3 828.8万吨增加到2014年的4 748.4万吨，占世界水产品养殖产量的比例高达40%以上，连续多年位居世界首位。其中，海水养殖在国家和沿海地方政府的大力支持下取得了辉煌的成就，有效推动了我国水产养殖业蓬勃发展。2010年，海水养殖产量1 482.3万吨，2014年增长到1 812.6万吨，年均增长5.2%。我国海水养捕比例也由2010年的52.9∶47.1提高到2014年的55.0∶45.0。

2. 近海捕捞得到有效管控

改革开放初期，由于海水养殖技术落后，近海捕捞是我国水产品供应的主要方式，占水产品总产量的比例高达70%。但是，由于过度捕捞和生态环境恶化，近海渔业资源出现了严重衰退。进入21世纪我国对海洋捕捞业进行战略调整，调整和优化近海捕捞业，实施了近海捕捞产量负增长的发展政策及渔船"双控"制度，强化捕捞许可管理。严格执行伏季休渔禁渔制度，积极推动沿海渔民转产转业，加快淘汰报废老旧渔船。同时积极推进渔船装备的升级换代，合理引导调整海洋捕捞生产结构。一系列政策措施使我国近海捕捞产量保持稳定，"十二五"期间捕捞规模基本稳定在1 300万吨左右，近海渔业捕捞进入平稳发展阶段。

3. 远洋渔业实现跨越式发展

远洋渔业是国家战略性、资源性产业，是实施农业"走出去"战略的重要组成部分，发展远洋渔业对于保障国家食物安全、缓解近海渔业资源捕捞强度具有重要意义。发展远洋渔业还直接关系到我国未来对全球海洋生物资源的占有，是我国参与构建国际海洋新秩序的重要起点，具有巨大的国家战略价值。世界海洋捕捞渔业产量曾从1950年的1 680万吨大幅度增加到1996年顶峰时期的8 640万吨，随后开始回落，稳定在8 000万吨左右，2013年全球登记产量为8 217.1万吨。我国远洋渔业起步较晚，自1985年走出国门之后，在党中央、国务院的高度重视和国家有关部门的大力扶持下，远洋渔业规模不断扩大，成功跻身世界主要远洋国家行列。"十二五"期间，我国远洋渔业依然发展较快。截至2014年底，我国远洋渔业企业共120多家，作业渔船2 000多艘，作业海域遍布38个国家的专属经济区以及太平洋、印度洋、大西洋公海及南极海域。远洋渔业产量由2010年的111.6万吨增加到2014年的202.7万吨，年均增长16.1%。

表6.4　近年来我国远洋渔业产量　　　　　　　　　　　　单位：万吨

年份	2010	2011	2012	2013	2014
远洋渔业产量	111.6	114.8	122.3	135.2	202.7

数据来源：《中国渔业统计年鉴》（2011—2015年）。

4. 休闲渔业方兴未艾

休闲渔业是以渔业生产为载体，通过资源优化配置，将休闲娱乐、观赏旅游、生态建设、文化传承、科普宣传以及餐饮美食等活动与渔业有机结合，实现产业有机融合的一种新型渔业产业形态，具有较高的经济、社会和生态环境效益。据了解，美国的休闲渔业带动了 600 多个相关产业的发展，其中，40% 的消费支出与旅游产业相关，50% 的消费支出与购置钓鱼必需品有关。我国水域辽阔，渔业生产形式多样，渔文化底蕴深厚，发展休闲渔业条件优越。2003 年，我国开始单独统计休闲渔业的总产值，按当年价格计算为 54.1 亿元，2014 年增加到 431.8 万元，是 2003 年的 7.9 倍，年均增长 20.8%。未来，随着全面建成小康社会和新型城镇化建设的深入推进，城乡居民收入不断增加，休闲需求日益扩大，发展休闲渔业潜力巨大。

表 6.5 近年来我国休闲渔业总产值 单位：亿元

年份	2010	2011	2012	2013	2014
休闲渔业产值	211.2	256.0	297.9	365.9	431.8

数据来源：《中国渔业统计年鉴》（2011—2015 年）。

（二）存在问题

1. 海水养殖技术落后，良种培育能力有待提高

我国虽然是世界上最大的海水养殖国家，但是并不是海水养殖强国，较高的海水养殖产量是通过较高的海水养殖面积来维持的，并不是依靠科技进步和优化品种等手段实现的。海水养殖存在的主要问题有以下两个方面。

一是养殖技术水平仍需提高。发达国家和地区通过建设养殖工厂、深水网箱等工程设施以及自动化、智能化管理系统在较小的面积环境中进行海水养殖。我国仍以筏式、底播和池塘养殖方式为主，在海水网箱养殖方面发展迅速，但是并没有形成规模效应，尤其是深水网箱养殖所占比例极低，2014 年只占养殖总量的 0.4%。同时，养殖标准化、养殖环境调控、养殖废水处理等技术和能力仍需提高。

二是养殖育种发展缓慢。种苗是水产养殖业发展的重要物质基础，谁控制了种业，谁就掌握了产业竞争的主动权。当前占全球 45% 供应量的挪威三文鱼产业，就得益于其 30 多年持续不断的品种改良和产业化运作。我国目前养殖育种研究成果转化成生产力的比率较低，不能满足海水养殖迅速发展的需要。

2. 远洋渔业装备落后，企业组织化程度较低

一是远洋渔船与国际先进水平相比存在差距。我国虽为世界船舶大国，但高附

加值渔船建造少，船舶工业先进的设计、建造技术未能惠及远洋渔船。过洋性渔船大多为油耗高、设备简陋、续航能力低的低端产品，大洋性渔船大多为从国外引进的船龄已超过20年的旧船舶。

二是装备整体水平低，设备安全性差。国外远洋渔船装备基本是自动控制，既提高了工作效率，又确保了产品的品质。而我国大多以手工操作为主，由于作业机械数量多，手工操作不断增加了船员的数量，也增加了作业危险性。

三是产业发展定位依然处于低端。发达国家远洋渔业考虑到快速增长的油价和持续攀升的人工成本和入渔成本，已经逐步退出捕捞环节，更加专注于产品的深加工和市场开拓。我国远洋渔业基本局限在产业链的捕捞和粗加工，没能有效把握产品深加工这个产业链上附加值最高的环节，利润率和附加值低。

四是合作方式和组织化程度低。远洋渔业发展初期，以国有企业为主体在远洋渔业企业发挥了组织化程度高，资金、人才相对集中的优势，远洋渔业发展开局良好。随着非国有企业的陆续进入，组织化和合作程度越来越低，制约了远洋渔业的持续稳定发展。

3. 休闲渔业缺乏顶层设计，经营管理不规范

一是由于近海海域污染，海洋生态环境遭到严重破坏、海洋资源和渔业资源日益衰退和枯竭，沿海经济社会发展过程中也存在占地、占海等问题，休闲渔业面临发展空间不断压缩的严峻考验。

二是发展规划滞后。目前，休闲渔业基本上以企业、渔民自主开发为主，尽管国家出台了促进休闲渔业发展的指导意见，但产业发展仍缺少整体规划，市场定位不明确，项目设计雷同，布局结构不合理，功能配套不完善。

三是经济管理不规范。休闲渔业企业存在规模小，功能单一，服务质量欠佳等问题，缺少大规模综合性休闲项目，难以满足多层次需求。而且大部分经营者是从传统渔业生产转变而来，缺乏相应的管理经验。

四是规章制度不完善。目前，从业者经营范围与活动内容、休闲渔业基础设施的安全等方面缺乏相应的规范标准和法律保障等。

4. 水产品缺乏精深加工，产品质量存在隐患

我国水产品加工业和进出口贸易取得了突破性进展，但是仍然存在一些问题。

一是水产品精深加工程度低。我国用于加工的水产品量仅为水产品总量的1/3左右，加工比例较低，而且超过一半的加工产品是冷冻品，相当于给发达国家提供了廉价的原材料。发达国家运用先进的技术，通过精深加工提高产品的附加值赚取高额利润，我国仅处于价值链低端。

二是水产品的安全质量存在隐患。目前我国水产品标准化和质量监测体系不完

善，没有完全与国际标准接轨，水产品质量已成为发达国家限制我国水产品进口的理由，并因此对我国水产品设置技术壁垒，水产品出口经常受阻，水产品国际竞争力受到挑战。

三是加工企业的整体水平有待提高。目前，国内的水产品加工企业大部分为中小型民营企业，龙头企业和名优产品少，整体国际竞争力偏低。企业布局分散，组织化程度不高，行业内管理协调机制不健全，过度竞争等现象时有发生。

二、第二产业发展现状和存在问题

（一）海洋油气业

我国海洋油气资源丰富，但由于受条件所限开发程度并不高。海洋油气资源是陆上油气资源的战略接替，合理开发利用海洋油气资源能够有效缓解国内油气供需缺口，同时也能够主动适应世界能源局势变革，对建设海洋强国具有重要的战略意义。根据中国第三次石油资源评价结果，我国海洋石油资源量（不包括南海）为246亿吨，占全国石油资源总量的23%，海洋天然气资源量为16万亿立方米，占总量的30%。[①] 目前，我国海洋油气资源探明率为12.3%，远远低于世界平均73%和美国75%的探明率。我国海洋天然气探明率为10.9%，而世界平均探明率在60.5%左右，海洋油气整体仍处于勘探的早中期阶段。由于地缘政治环境、勘探开发技术等方面的原因，我国海洋油气资源开发主要集中在渤海等北部海域，而占我国领海面积1/2以上的南海地区，开发区域仅集中在近海和海南岛周边，其他广阔的南海海域尚未规模开发。南海油气资源非常丰富，预计石油地质储量为230亿~300亿吨，天然气资源量为50万亿立方米，是世界四大海洋油气聚集中心之一。南海油气资源主要分布在北纬12度以南的南沙海域。南沙海域有13个大中型沉积盆地，面积62万平方千米。此外，南海海域"可燃冰"资源也很丰富，相当于我国陆上石油储量的一半左右。

近海油气勘探开发有所放缓，深远海取得突破进展。"十二五"期间，由于受到蓬莱19-3油田停产及台风、海冰等突发事件的影响，我国沿海地区海洋油气产量增长缓慢，海洋原油产量由2011年的4 452.0万吨增加到2015年的5 416万吨，海洋天然气产量由2011年的121.5亿立方米增加到2015年的136亿立方米。受国际原油价格持续走低影响，海洋油气业增加值由2011年的1 719.7亿元大幅下降到2015年的939亿元。分地区看，海洋油气开发主要集中在天津和广东两个省市，2013年天津、广东两省市占全国海洋原油产量的比例分别为58.0%、29.6%。海洋

---

① 孙贤胜，刘佳. 关于中国石油跨进海洋的战略思考 [J]. 国际石油经济, 2013 (9).

天然气产量呈现稳步增加的态势，2010 年为 110.9 亿立方米，2013 年提高到 117.6 亿立方米，同样集中在天津和广东两省市，其中广东省产量较大，占全国海洋天然气产量的比例为 64.0%。深远海油气资源勘探开发方面，近年来在国家"加快海上油气资源勘探开发，坚持储近用远原则，重点提高深水资源勘探开发能力"战略指导下，深远海油气资源开发迈出了坚实的一步。2012 年我国自主设计的深水半潜式钻井平台"海洋石油 981"建成并投入使用，先后两次奔赴南海作业，我国海洋油气勘探开发能力实现了从水深 300 米到 3 000 米的跨越。

（二）海洋船舶工业

海洋船舶工业发展形势严峻。"十二五"期间，国际金融危机严重影响依然存在，全球船舶运力和建造能力过剩、造船市场有效需求不足的局面依然没有改观。同时，国际航运和造船新规范、新公约、新标准密集出台，船舶产品节能、安全、环保要求不断升级，需求结构加快调整，节能环保船舶、高技术船舶、海洋工程装备等高端产品逐渐成为新的市场增长点。世界船舶工业已经进入了新一轮深刻调整期，围绕技术、产品、市场的全方位竞争日趋激烈。我国船舶工业创新能力不强、高端产品薄弱、配套产业滞后等结构性问题依然存在，交船难、盈利难、融资难等问题依然突出，全行业主要经济指标都有不同程度的下降。2011—2015 年，海洋船舶工业增加值由 1 352 亿元增加到 1 441 亿元，全国造船完工量由 6 560 万载重吨下降到 3 905 万载重吨，新承接船舶订单量由 7 523 万载重吨下降到 5 995 万载重吨，手持订单量由 19 590 万载重吨下降到 14 890 万载重吨。其中，尽管新承接船舶订单量有所下降，但 2014 年世界市场份额依然占据 50.5%，继续保持世界第一。

加强转型升级成为行业的共识和行动。为增强我国船舶工业的国际竞争力，抓住世界船舶工业的新一轮调整机遇，逐步解决我国船舶工业创新能力不强、高端产品薄弱、配套产业滞后等结构性问题，我国加快了政策引导的步伐。2011 年，国家颁布了《工业转型升级规划（2011—2015 年）》和《船舶工业"十二五"发展规划》，2012 年出台了《海洋工程装备制造业中长期发展规划（2011—2020 年）》，2013 年国务院印发了《船舶工业加快结构调整促进转型升级实施方案（2013—2015 年）》《关于化解产能严重过剩矛盾的指导意见》，交通部印发了《关于促进航运业转型升级健康发展的若干意见》和《老旧运输船舶和单壳油轮提前报废更新实施方案》，全方位推进船舶工业的转型升级，化解产能过剩矛盾。2014 年国务院和有关部门发布了《关于促进海运业健康发展若干意见》。骨干企业和研究单位在一系列政策引领和市场倒逼下，加快调整转型步伐，奋力攻坚克难，经受住了新船需求前高后低、产能过剩矛盾突出、海洋工程产业风险凸显等各种困难和风险的考验，综合竞争力逆势提升，产业结构调整迈出了坚实步伐，产品创新成效明显。三大主流船型全面升级换代，液化天然气船（LNG）、超大型全冷式液化石油气船（VLCC）、集装箱船、汽车滚装船、深水半潜式钻井平台、圆筒形海上生活平台等高端产品交付使用。2 万标准箱级集装箱船、超大型矿砂船（VLOC）、超大型原油船（VLCC）等新船型获得批量订单。

（三）海洋盐业

海洋盐业整体呈现萎缩态势。我国的海盐蕴藏量较为丰富，在长达 18 000 多千米的海岸线和台湾省、海南省均有海盐生产。海盐生产按照不同的地理位置和自然气候条件分为北方海盐区和南方海盐区。近年来随着城市化、工业化进程加快，海盐生产面积大幅度减少，海盐产量逐年下降。2010 年盐田总面积 47.3 万公顷，生产面积 33.2 万公顷，年末海盐生产能力 3 960.0 亿吨。2013 年盐田总面积减少到 41.8 万公顷，生产面积减少到 30.3 万公顷，年末海盐生产能力减少到 3 363.8 亿吨。分地区看，我国海盐生产分散在沿海 10 个省市区，产量的分布差异很大，2013 年海盐产量依次为：山东省 2 431.6 万吨、河北省 436.4 万吨、辽宁省 178.7 万吨、天津市 160.0 万吨、江苏省 72.0 万吨、福建省 33.0 万吨、海南省 18.0 万吨、广东省 16.5 万吨、浙江省 11.7 万吨、广西壮族自治区 6.0 万吨。其中，山东省的海盐产量占全国海盐产量的 72.3%，山东省海盐的生产进度、天气变化情况、工业盐的价格走势对全国的工业盐市场都在产生重要的影响作用。

我国海盐生产面临的外部环境压力越来越大。一方面是盐田面积呈现逐步退让减少趋势，沿海地区的工业化进程和填海造地致使盐场原有的海盐生产工艺布局需要大规模地调整改进。如天津塘沽盐场原有盐田面积 250 平方千米，目前剩下的盐田面积仅 110 平方千米，上百年来海盐生产延续形成的纳潮、扬水、制卤、结晶等有序的海盐生产工艺路线被分割，打乱了正常的生产秩序。另一方面，浅层地下卤水过度开采导致海盐产量下降。据使用地下卤水的海盐生产企业普遍反映，地下卤水的浓度在下降，打井的深度也在增加，这是过度无序开采造成的后果。

（四）海水利用业

海水淡化规模不断扩大，淡化能力不断提高。随着我国经济社会的快速发展和城市化进程的不断推进，特别是在经济总量大、人口密度高的沿海地区，水资源短缺已成为制约社会经济可持续发展的重要因素。海水淡化是从源头增加水资源量的有效手段，已成为新世纪解决我国淡水资源危机的战略选择。自 20 世纪 60 年代我国开始了海水淡化技术的研究，经过 50 多年的发展，反渗透、低温多效和多级闪蒸海水淡化的研究开发和应用等都取得相当大的进展。"十二五"期间，国家及沿海各地积极推进海水利用工作，相继出台了关于加快发展海水淡化产业的指导意见和政策措施，海水淡化工程规模不断壮大。截至 2015 年底，国内建成的海水淡化工程达到 121 个，工程总规模达到 100.88 万吨/日，分别比 2012 年提高了 27.4%、30.3%，最大海水淡化工程规模为 20 万吨/日。从区域布局来看，我国海水淡化工程主要分布在水资源严重短缺的沿海城市和海岛。北方以大规模的工业用海水淡化工程为主，主要集中在天津、河北、山东等地的电力、钢铁等高耗水行业；南方以民用海岛海水淡化工程居多，主要分布在浙江、福建、海南等地，以百吨级和千吨级工程为主。从技术进展和应用来看，我国已掌握反渗透和低温多效海水淡化技术，相关技术达到或接近国际先进水平。[①] 2015 年底，全国反渗透技术的工程 106 个，产水规模达到 65.4 万吨/日，占全国总产水规模的 64.9%，比 2012 年提高了 4 个百分点；应用低温多效技术的工程 13 个，产水规模 34.8 万吨/日，占全国总产水规模的 34.5%，比 2010 年下降了 3.7 个百分点；多级闪蒸和电渗析产水规模达到 6 200 万吨/日，占全国总产水规模的 0.6%。

海水直接利用得到广泛应用。海水直接利用主要包括海水直流冷却、海水循环冷却和大生活用海水等，并以海水直流冷却为主。我国沿海火电、石化、核电等行业普遍采用海水作为工业冷却水，海水直流冷却技术得到了广泛应用，年利用海水量稳步增长。2015 年，我国年利用海水作为冷却水量增长到 1 125.66 亿吨，其中，2015 年新增用量 116.66 亿吨。从区域分布看，截至 2015 年底，全国 11 个沿海省区市均有海水冷却工程分布，年海水利用量超过百亿吨的省份为浙江省、广东省、福建省和辽宁省，分别为 336.00 亿吨/年、332.18 亿吨/年、142.34 亿吨/年和 113.81 亿吨/年。从技术进展与应用看，国内海水直流冷却技术已基本成熟。大连、青岛、宁波、厦门、深圳等沿海城市的近百家单位利用海水作为工业冷却水，火电、核电及石化、钢铁等企业利用海水作冷却水量约占 90% 以上。大生活用海水技术的应用示范取得突破，建成青岛"海之韵"46 万平方米小区大生活用水示范工程。同时，完成涉及居民生活的多用途海水利用关键技术及装备研究，在多功能复合絮凝剂、新型海水高速过滤技术、景观/娱乐海水处理等技术研究方面取得进展。

海水利用快速发展的同时，存在的系列问题不容忽视。

一是尚未出台有效的海水淡化产业发展的激励政策和指导意见，目前出台的优惠政策对从事海水淡化相关的企业或者利用淡化海水的企业扶持力度还不够大，海水淡化行业的发展还需要更多的支持政策。

二是法律法规和相关配套标准体系尚需建立健全。目前我国仍未建立非常规水源利用标准体系，并未将海水淡化技术标准项目纳入体系之中。随着海水淡化产业的发展，现有的标准难以解决海水淡化过程中出现的各类问题。

---

① 国家发改委《海水淡化产业发展"十二五"规划》，2012 年。

三是管理体制机制有待进一步完善。目前分管水资源、海水淡化及新兴产业等政府主管部门之间在海水淡化各个环节职责分工不够清晰，部门之间没有很好地衔接，致使各级水行政主管部门未能充分履行和发挥其在海水淡化与管理过程中应有的职责和作用。此外，由于体制和条块分割等问题，水行政主管部门也未参与海水淡化工程的建设全过程，致使海水淡化工程未能充分实现其利用效率和收益。

四是目前我国海水淡化亟待解决的核心问题是水价结构体系不合理，致使海水淡化在价格上处于劣势。海水淡化水价格偏高是相对比较而言的，我国在市场经济条件上还未建立起良性的水价机制，使得价格与价值脱节。

五是海水淡化对海洋生态环境有潜在影响。海水淡化过程中加入的化学药剂、吸收的热量、产生的腐蚀产物，以及燃烧化石燃料产生的二氧化碳等的排放可能对海域环境和近海生态产生影响。

（五）海洋生物医药业

我国海洋生物医药产业规模迅速增长。随着国家不断增大对战略性新兴产业的扶持力度，海洋生物医药业已步入快速发展的轨道。"十二五"期间，我国海洋生物医药产业增加值由 2010 年的 83.8 亿元增加到 2015 年的 302 亿元，年均增速达到29.2%。沿海省市积极发展海洋生物医药产业。河北省出台了《河北省海洋科技及产业"十二五"发展规划》，在海洋药物研究与开发方面，以提高海洋药物研发与创新能力为目标，为海洋创新药物的研制奠定科学基础和技术基础。广东省海洋生物药业起步较早，以昂泰集团、国风药业等为代表的一批知名企业集团早在 20 世纪90 年代初就涉足海洋药物及生物制品领域。目前，广东中大南海海洋生物技术工程中心正在进行海洋基因工程新药的开发，如海蛇神经毒素、海葵强心肽等。山东省有近 20 个生物技术药物已投入生产，并拥有一批全国知名的生物制药高科技企业，已成为我国海洋生物医药强省。依托强大的海藻加工能力，胶南市启动的海洋生物产业基地项目，使其海藻加工产业实现错位发展，带动青岛海藻加工企业的整体发展。青岛市将建设国内最大的海洋微藻脱氧核糖核酸（DHA）生产基地。福建省在《福建省生物与新医药产业振兴实施方案》中明确提出，将建设厦门、泉州、福州 3个海洋药业研究开发生产基地，建设全国最大的海洋生物毒素以及在国内具有一定影响力的海洋生物药源产业化生产与应用示范基地。

尽管海洋生物医药发展势头强劲，但与其他产业相比规模较小，2015 年占全国海洋生产总值的比重仅为 0.47%。究其原因，主要有以下三个方面。

一是海洋生物制药具有高投入、高风险、长周期等特征，导致其前期开发需投入大量的技术、资金、人才等资源，很多企业难以为继，从而中途而废。同时药品审批以及临床试验需要一个过程，长可达数十年，从而导致海洋生物制药成功率较低。

二是创新力度不够，人才匮乏。拥有自主创新品牌的企业屈指可数，大都在别人研究生产的基础之上对产品进行改装，导致药品重复、质量较低、创新力度不足。同时，我国海洋研究所的主要研究精力投入在水产品研发领域，并没有与医药研究机构或院校联合进行深层次的海洋医药产品的研发，从而导致医药研究与海洋科研脱节。

三是规模不够大，产业化速度缓慢。由于缺乏海洋生物制药技术产业化的有效机制，造成先进的技术成果产业化步伐缓慢，科研成果转化率低。

（六）海洋电力业

我国海上风能等可再生能源丰富。与陆地风电相比，海上风电的资源量多，品质好，且清洁环保，备受各国关注，目前已成为国际风电发展的新方向。我国海洋电力业发展基础良好，东南沿海及其附近岛屿风能资源丰富，山东、江苏、上海、浙江、福建、广东、广西和海南等省市沿海近 10 千米宽的地带，年风功率密度在 200 瓦/米^2 以上，沿海岛屿有效风能密度在 300 瓦/米^2 以上。近海 10 米水深的风能资源约 1 亿千瓦，近海 20 米水深的风能资源约 3 亿千瓦，近海 30 米水深的风能资源约 4.9 亿千瓦。潮间带、近海和中等水深风电可开发区域范围非常广。

海上风电仍处于起步阶段。从东海大桥海上风电项目核准建设至今，我国海上风电建设已有 8 年时间，在推进海上风电发展和管理方面，开展了积极有效的工作，海上风电发展规划、管理规定等政策措施不断完善，有力地加快了海上风电开发的步伐。2010 年 1 月，国家能源局、国家海洋局联合下发了《海上风电开发建设管理暂行办法》，规范海上风电建设。2011 年 7 月，国家能源局和国家海洋局又联合发布了《海上风电开发建设管理暂行办法实施细则》。该《细则》对我国海上风电开发建设的一个重要影响是关于"双十"原则的规定，即海上风电场原则上应在离岸距离不少于 10 千米、滩涂宽度超过 10 千米时海域水深不得少于 10 米的海域布局。虽然短期来看，在远岸建设海上风电会增加相关成本，但考虑到近海海域进行其他开发建设的机会成本，有助于实现长期的社会、经济、环境等综合效益，也有利于维护国家海洋权益。2014 年，国家能源局印发了《全国海上风电开发建设方案（2014—2016）》，总容量 1 053 万千瓦的 44 个海上风电项目被列入开发建设方案。通过这些项目的实施，我国海上风电开发管理体系将得以逐步建立，制度、政策、标准体系将不断完善，同时，设备制造和施工安装能力将不断增强。截至 2015 年底，我国海上风电建成装机容量 75 万千瓦。

与陆上风电发展相比，当前我国海上风电发展更多的是产业自身技术层面的问题，包括机组技术、施工技术、输电技术、运维技术等。海上风电发展仍处在需要业界加大努力的时期，政策和管理制度也需要不断完善，以创造更好的市场环境。现在海上风电核准的项目并不少，但建成的不多，说明其难度和复杂性之高。海上风电建设的难度主要表现在，机组设备可供选择的范围不大，施工方案选择不易，此外还涉及很多其他方面的技术，包括输变电设备和电缆铺设等。任何环节的单打独斗都难以奏效，产业发展需要上下通力合作。

三、第三产业发展现状和存在问题

（一）海洋交通运输业

海洋交通运输业已成为关系国家安全和国民经济命脉的重要行业。海洋是发展经济、融入经济全球化的战略通道，也是沟通世界的重要纽带。新中国成立后特别是改革开放以来，在党中央国务院的高度重视下，我国海洋运输业快速发展，已成为世界海运大国。当前，我国90%以上的外贸货物通过海上运输，99%的进口矿石、95%以上的原油运输是通过海运来完成，海运服务贸易额超过500亿美元[①]，为我国经济社会发展做出了重大贡献。经过多年发展，我国海运业在管理体制、政策法规、服务能力、船队规模等方面取得了显著成就。

"十二五"期间，受国际金融危机和国际贸易萎缩的双重影响，我国海洋交通运输业增速逐年递减，2011—2015年增速分别为10.8%、5.2%、8.0%、6.9%和5.6%，总体呈现出逐步放缓的态势。为此，国家出台了若干项推动海运业良好发展的政策措施。2012年和2013年，交通运输部先后发布了《关于促进我国国际海运业平稳有序发展的通知》、《关于促进航运业转型升级健康发展的若干意见》。2014年，国务院印发了《关于促进海运业健康发展的若干意见》，这是新中国成立以来第一次比较全面系统地明确海运发展的战略目标和主要任务，海运业发展正式上升为国家战略。就船队规模和服务能力而言，目前我国沿海已建有上海、天津、大连、厦门等国际航运中心，海运企业240多家，海运船队运力规模达到1.42亿载重吨，约占世界海运船队总运力的8%，居世界第3位，形成了大型现代化的油轮、干散货船、集装箱船、液化气船、客滚船和特种运输船队。中远、中海等大型海运企业已基本形成了初具规模的全球营销网络，主要的集装箱国际航线覆盖世界主要港口。截至2014年底，全国沿海港口货物吞吐量达80.3亿吨，集装箱吞吐量达1.8亿标准箱，较2010年分别增长了40.2%和36.7%。我国亿吨大港达到30个，百万标准箱港口达到22个，在世界港口货物吞吐量、集装箱吞吐量排名前10位中分别拥有

---

① 宋德星. 服务海洋强国战略，推进海运业健康发展［N］. 交通部水运局，2013-3-12.

8 席和 7 席。

就总体而言，我国海运业虽然规模较大，但是综合实力不强。与发达国家相比，主要存在三个方面的差距：

第一，我国海运服务业服务贸易长期处于逆差状态，尤其是高端服务业水平相对于发达国家而言竞争力较弱；

第二，国有船队规模偏小，我国 1.42 亿载重吨海运船队运力中，本国船队的规模总体偏小，运力结构、专业化船队、技术水平有待优化和提高；

第三，我国海运企业承运我国进出口货运量的总体份额偏低，目前仅占进出口货物总量的 1/4，保障我国经济安全运行的总体能力不高。

（二）滨海旅游业

滨海旅游业是现代服务业的重要组成部分。加快发展滨海旅游业是适应人民群众消费升级和产业结构调整的必然要求，对于扩大就业、提高收入，促进经济平稳增长和生态环境改善意义重大。近年来，国家出台的相关产业政策对滨海旅游业的发展起到了强大的助推作用。2009 年，国务院关于加快发展旅游业的意见明确提出把旅游业培育成国民经济的战略性支柱产业和人民群众更加满意的现代服务业，大力推进旅游与海洋等相关产业和行业的融合发展。国家旅游业"十二五"规划提出，大力发展邮轮游艇、海洋海岛等高端旅游产品，大力培育海南国际旅游岛、北部湾旅游区、江苏沿海地区、辽宁沿海经济带等沿海旅游经济带。2014 年，国务院出台了《关于旅游业改革与发展的若干意见》，提出围绕 21 世纪海上丝绸之路建设，推动同东南亚、南亚等国家的区域旅游合作。沿海地区也相继出台了滨海旅游业发展战略和政策，海南加快推进国际旅游岛建设，山东提出半岛蓝色经济区滨海旅游规划，泛北部湾旅游国际合作格局已初步形成，河北出台《河北省环京津休闲旅游产业带发展规划》。一系列政策措施促进了我国滨海旅游业呈现出平稳较快的增长态势。

"十二五"期间，我国滨海旅游业增加值由 2010 年的 5 303.1 亿元增长到 2015 年的 10 874 亿元，年均增长 15.4%，占 12 个主要海洋产业增加值的 40.6%，在总量上继续保持"领头羊"的位置。与此同时，滨海旅游业也给沿海城市带来了巨大的外汇收入和国内旅游收入，为当地的经济社会发展做出了巨大的贡献。未来一段时期，随着国务院常务会议确定的促进旅游投资和消费的政策措施落地，旅游市场发展环境将进一步优化，滨海旅游业态创新将更加活跃，"一带一路"背景下的区域旅游合作将持续深化，滨海旅游市场总体将继续保持稳定的增长，我国滨海旅游业将大有可为。

滨海旅游业在不断发展的同时也存在着一些问题。

一是滨海旅游业"吃、住、行、游、购、娱"等产业要素的关联衔接不够，布局分散，没有形成明显的滨海旅游产业聚集区，也不能给游客提供专业化和一体化的集中服务。

二是目前的旅游产品集中在一般性的滨海观光和滨海休闲等传统领域，参与性强、时尚动感的邮轮游艇、帆船帆板等高端、专项海洋旅游项目开发不足，或刚刚起步，限制了对游客资源的拓展。

三是滨海旅游资源挖掘不足，海岛旅游的基础设施落后，传统项目多且单一，与海洋文化结合的深度不够等，尤其是邮轮等新兴旅游业态又可能面临发展过热的问题。近年，我国上海、天津、青岛、大连、宁波、厦门、广州、海口、深圳、三亚等大约17个城市提出要打造国际邮轮码头（母港）。然而世界上可以挂靠邮轮的900个港口中，称为国际邮轮母港的不足10个，亟待引导邮轮港口合理定位和有序建设。

第四节　"十二五"期间国家海洋事业发展状况

一、海域海岛开发利用

一是严格规范海域海岛开发利用与保护。国家海洋局印发海域使用权登记技术规程，规范海域使用权登记行为，形成海域使用金征收标准修订方案。制定产业用海面积控制指标，促进海域资源的高效集约利用。积极推进海域使用权市场化配置，在全国推行以市场化方式出让海砂开采海域使用权。开展海域海岸带整治修复，2010—2012年整治和修复岸线135千米。国务院批准全国和沿海11个省（区、市）海洋功能区划，相关部门探索建立海岸线保护利用规划制度、岸线分级保护制度等。沿海港口布局进一步优化，环渤海地区、长江三角洲地区、东南沿海地区、珠江三角洲地区、西南沿海地区5大区域港口群体形成，上海、天津、大连、厦门等国际航运中心建设成效显著，新增深水泊位260个，年均新增通过能力3.8亿吨。加强围填海及重大建设项目用海管理，两部委于2011年联合印发《围填海计划管理办法》，严格实施国家围填海计划管理，合理安排围填海计划指标。

二是海岛开发与保护不断加强。有居民海岛方面，舟山海洋综合开发实验区、横琴新区、平潭综合实验区建设不断深化，推进以宁波-舟山港为核心的大宗商品储运加工贸易基地和集装箱干线港建设，着力构建大宗商品交易中心。支持平潭综合实验区对台开放合作，确定平潭对台小额商品交易的免税额度，将平潭东澳港列入对台小额贸易点，放开船舶吨位和交易金额限制。支持横琴岛打造成为粤港澳合作新模式的示范区，在5个领域采取针对性开放措施。海岛人居条件、陆岛交通基础设施、海岛供水得到进一步改善，整治修复有居民海岛53个。无居民海岛保护方面，建设海岛监视监测体系，逐步完善海岛管理数据库，推进国家海岛管理信息系统建设。筹建海岛统计制度，部署实施海岛资源综合调查，完成海岛地名普查；积极实施海岛生态修复工程，开展无居民海岛整治修复项目23个。发布我国第一批176个开发利用无居民海岛名录，共颁发无居民海岛使用权证书13本。特殊用途海岛管理方面，开展领海基点海岛巡视，启动72个领海基点保护范围选划。加强海岛公益性设施建设，新建防灾减灾设施60多处。推进海岛保护区建设，新增以海岛命名的国家级海洋特别保护区15处。

二、海洋生态环境保护

一是海洋污染防控方面，实施陆源入海排污口及其邻近海域监测业务，开展陆海一体化监测试点和"九龙江–厦门湾海域环境容量评估与总量控制示范研究"。实施最严格的渤海环境保护政策，建立海洋生态红线制度，将渤海35%以上的自然岸线和30%以上的管辖海域纳入海洋生态红线区域。推进北戴河环境综合整治，实施污染企业停产减排、入海河流综合整治、海洋环境监督检查、海洋环境监测预警报等管控措施。我国中度和重度污染海域面积总体呈现减少的趋势，2013年为59 970平方千米，比2010年减少15%。加强海洋重大污染事件管理与处置，完善海上溢油应急预案体系，建立健全溢油影响评价机制，建立陆地应急救援与海上溢油应急联动机制，加强海上石油勘探开发溢油风险实时监测及预警报。开展西太平洋海洋环境监测预警体系建设。截至2013年底，建立了8个溢油应急基地，形成覆盖渤海、南海东部、南海西部的溢油应急网络。

二是海洋生态保护和修复方面，制定实施海洋生态保护与建设规划，提出"一带、四海、十二区"的海洋生态保护布局。完成全国外来入侵物种调查，建立中国外来入侵物种数据库，查明外来入侵海洋物种50多种。研究海洋生态补偿制度，将天津、山东、浙江、广东、福建的海洋生态补偿列入国家生态补偿试点，发布《海洋生态损害国家损失索赔办法》，印发《海洋生态损害评估技术指南（试行）》等相关标准。已建立海洋保护区260多处，总面积10万余平方千米，占我国管辖海域面积的3.3%。重点开展海岸带和近岸海域海洋生态建设，实施生态修复示范工程53个，有效恢复海域面积1 000平方千米，占我国受损海洋生态区域面积的2.5%。利用"蓬莱19–3"溢油事故16.83亿元赔偿补偿款，推进生态修复。创建珠海横琴新区等12个国家级海洋生态文明示范市、县（区）。

三、海洋科技创新

我国海洋科技工作经过多年曲折艰难的探索发展，现在已进入跨越式发展的历史新阶段。海洋科技创新总体从"量的积累"阶段进入局部领域"质的突破"阶段。

一是海洋基础研究方面，提出了海洋固碳新机制"海洋微型生物碳泵"理论框架，揭示南海新生代共轭大陆边缘张裂演化模式及其动力学机制，在上层海洋环流的温盐结构、海洋对强天气过程的响应、厄尔尼诺机理和预测等前沿研究领域取得了一批原创性成果，揭示了天气和气候尺度上海洋对台风的响应和调制机理，阐明了南大洋-印度洋-东亚气候遥相关的物理机制。海洋战略性前瞻技术方面，"蛟龙"号成功实施 7 000 米级海试，并开展试验性应用。开展"6 000 米无人无缆潜器（AUV）'潜龙一号'实用化升级改造"、"海龙 ROV 系统实用性改造工程"等大型装备的研发、试验和应用。具有我国自主知识产权的合成孔径声呐系统在阿曼海域成功完成"郑和沉船遗骸探查"任务，成功发射海洋二号卫星，天然气水合物、大洋矿产资源等勘探关键设备初步实现自主化。

二是海洋技术产业化方面，成立海洋监测、深海装备、海水淡化等产业技术创新联盟，初步形成科技兴海基地和平台网络，初步构建国家和地方相结合、政产学研金相结合的科技兴海组织体系。开展广州等 8 个国家海洋高技术产业基地试点，建立上海临港等 4 个国家科技兴海产业示范基地和 3 个工程技术中心。形成海水淡化工程成套技术和设计制造能力，开展 100 千瓦风机与万吨级海水淡化耦合研发及示范应用，研制出 2.5 万吨/日低温多效蒸馏装置和具有单机规模 2 万吨/日膜法海水淡化装置的制备能力，2014 年海水淡化原材料、装备制造自主创新率提高到 65%。潮汐发电和海上风电装备投入生产，全面启动百千瓦级潮流能和波浪能开发利用的技术研究和示范应用，海洋温差能、盐差能、生物能源研发有序推进。

虽然我国海洋科技发展取得了很大成绩，总体科技实力与发达国家正在接近，但在科技创新意识和能力以及技术开发上的差距依然巨大，海洋自主创新特别是原始创新很少，在深水、绿色、安全等关键领域的核心技术自给率很低，在部分关键核心技术领域与发达国家相差甚至达数十年。究其原因：一是统筹全国海洋科技发展的规划计划权威性不够；二是制约海洋科技创新的体制机制因素尚未解决；三是海洋科技资源配置和投入的不合理也严重影响了对海洋科技人才队伍创新潜能的激发。

四、海洋防灾减灾

一是海洋灾害风险防范方面，试行主要海洋灾害的评估和沿海大型工程海洋灾害风险排查技术规程，完成风险区划试点和风险排查试点。加强海域地震观测，开展沿海重大工程地震安全性评价。开展海洋灾害重点防御区管理制度和划定技术标准建设。修订完善海洋灾害应急预案，建立全国海洋预警报会商等制度，组织沿海各地完成重大海洋灾害的应急工作。加强海洋灾情调查评估与报送，开展海洋防灾减灾宣传教育。启动全国海堤建设总体方案编制。

二是海洋预报服务方面，台风、温带风暴潮警报提前发布时间分别达24小时和12小时以上，海啸灾害警报在海底地震发生后15分钟内发出，风暴潮、海浪、海流、海温等数值预报时效达到5天。风暴潮、海浪、海流近岸精细化预报模式空间分辨率可达100米、20~50米、30米。四级海洋预报体系日趋完善，建立全球业务化海洋学预报系统、全国海洋渔业安全保障系统，成立国家海洋局海啸预警中心和南中国海区域海啸预警中心，开展面向沿海重点保障目标的精细化预报服务，为重大海上活动、专项工程提供海洋环境预报和海洋气象保障。

三是海洋领域应对气候变化支撑服务方面，编制《中国近海气候变化评估报告》，成立气候变化与碳循环重点实验室，建立西沙海洋大气温室气体本底监测系统和海洋实时观测资料监控管理平台，开发全球气候系统模式（FIO-ESM）、海平面上升影响评价信息系统。海洋生物固碳和海底碳封存技术研究与试验和红树林北移引种抗寒性试验稳步开展，并建成引种试验基地。开展全国湿地资源调查，近海与海岸湿地面积579.59公顷。在沿海地区实施湿地保护与修复工程项目20个，湿地保护补助项目107个，完成沿海防护造林55万公顷。

四是海洋灾害观测方面，新建海洋观测站101个，大型海上综合观测平台6个，新增海啸浮标、移动应急观测车、X波段雷达及地波雷达等离岸观测设施，在印度洋关键海域初步建立海洋气象要素观测网络，加强极地、大洋热点海域观测。

五、海洋社会事业

一是海洋意识教育方面，策划举办《水下文物考古船展》、《直挂云帆济沧海——海上丝绸之路特展》等多个以海洋文化为主题的展览。国家海洋博物馆建设进展顺利，已征集到有关海洋文明史的文物4万余件。支持办好中国海洋文化节、青岛国际海洋节、厦门国际海洋周等节庆活动和主题宣传活动，举办"2013中国海洋歌会——大海歌谣"活动。国民海洋意识明显提升，综合指数由2010年的47.9上升为2013年的56.2。

二是海洋文化遗产保护与文化产业发展方面，编制《国家水下文化遗产保护"十二五"规划》，完成辽宁、天津、河北、浙江、福建等省和南沙海域水下考古专项调查。实施"南海I号"、"南澳I号"、"小白礁I号"重要沉船遗址的水下考古发掘和保护。划定北礁、华光礁、永乐环礁、石屿4个水下文物保护区。我国首艘专业考古船"中国考古01号"成功首航。对象山渔民号子、海盐晒制技艺、徐福东渡传说等涉海非物质文化遗产代表性项目给予专项资助。加强海洋产品体系、海洋旅游景区和目的地建设，形成海滨旅游景点1 500多处，滨海沙滩100多处。

三是海洋教育和人才培养方面，深化涉海部门与北京大学、清华大学等 20 所高校合作共建，加强中国海洋大学等特色海洋大学建设，在浙江大学、山东大学等综合类大学开设海洋学院和相关专业，支持中国南海协同创新研究中心发挥创新平台作用。实施高校与行业企业联合培养人才的"卓越工程师教育培养计划"。开设海洋相关专业的本科高校达到 69 所，11 个海洋相关专业本科在校生 37 732 人。海洋职业教育加快发展，开设 19 个海洋相关专业，建设实训基地 24 个，在校生 6.9 万人。2013 年海洋事业从业人员中本科以上学历比例增长到 45%。

六、海洋公共服务

一是海洋调查与测绘方面，编制《关于加强海洋调查工作的指导意见》，建立陆海统一的测绘基准框架，形成海岛礁地理信息成果与共享服务。完成近海海洋综合调查与评价专项，摸清我国近海海洋环境资源的家底。深远海调查与测绘稳步推进，组织实施"全球变化与海气相互作用"专项，收集整编海洋环境历史资料，实施外业调查航次和海洋环境参数遥感调查。发布《国家海洋调查船队管理办法（试行）》《国家海洋调查船队管理办法细则》等，组建国家海洋调查船队。

二是海洋信息管理与服务方面，出台《海洋资料汇交管理暂行办法》和《海洋资料申请审批管理暂行办法》、《国家海洋专项档案管理办法》和《国家海洋局接收海洋档案进馆办法》。完成海域海岛、海洋环境、海洋经济、海洋灾害等专题系统和网站建设，"数字海洋"信息基础框架系统和海洋科学数据共享平台业务化运行。构建海洋环境地理信息服务平台框架，连通数字海洋专网和观测数据传输网络。定期发布专题公报，强化信息公共服务，海洋数字档案与图书馆建设有效推进。

三是海洋标准计量服务方面，发布实施 300 项海洋国家标准和行业标准，正在制定和修订 246 项海洋国家标准和行业标准。加强海洋重大专项质量监督管理。推广应用 908 专项全面质量管理方法和技术，培训一线调查人员，加强人员、设备、数据、环境等各个环节的监督检查。建设亚太区域海洋仪器检测评价中心，海洋标准、检测技术国际合作稳步拓展，提供对外标准计量服务。

四是海洋渔业、海上交通服务和海上治安方面，规范水产品交易市场，积极培育大型水产品网络交易平台，指导沿海水产品出口企业提升质量管理水平，提高水产品附加值和国际竞争力，促进沿海水产品加工业发展，加大服务力度，便利我国远洋渔船自捕捞水产品进口。重点加强救助航空器、高海况快速人员救助船、救捞工程船、深潜水母船、大型溢油回收船的建设，优化救助、打捞、飞行基地布局，合理配置救捞装备，积极推进资源共享和巡航救助一体化，拓展海上搜救专题服务。建立海上情报交流和执法协作机制、海上公安边防区域警务协作机制和常态化海上巡逻机制，新建海上警务室、海防监控中心，完善"海上110"建设。

七、海洋法律法规

海洋法律法规体系不断完善。《海岛保护法》《深海海底区域资源勘探开发法》《海洋观测预报管理条例》等公布实施，海洋基本法列入十二届全国人大立法规划。《海洋石油天然气管道保护条例》列入国务院立法规划，《海洋环境保护法》《海洋石油勘探开发环境保护管理条例》修订送审稿已提请国务院审查，南极立法稳步推进。国家海洋局印发了《关于全面推进依法行政加快建设法治海洋的决定》，确立了法治海洋建设的总目标和路线图，天津、山东、江苏等沿海地区也制定了加快推进法治海洋建设的意见。海洋督察制度等工作取得阶段性成果。国家海洋局、发改委联合印发《围填海计划管理办法》《海上风电开发建设管理暂行办法实施细则》，在海域使用管理、海洋环境保护、海岛保护、预报减灾、依法行政方面国家海洋局出台和完善了30多个部门规章。

第五节　"十二五"期间天津市国民经济和社会发展态势

"十二五"时期，在党中央、国务院的正确领导下，天津市委、市政府坚持稳中求进工作总基调，统筹稳增长、促改革、调结构、惠民生、防风险，勇于创新，攻坚克难，圆满完成了"十二五"规划确定的主要目标任务。

一、综合实力跃上新台阶

天津市生产总值由2010年的9108.8亿元增加到2015年的16538.2亿元，年均增长12.7%。分三次产业看，第一产业增加值由149.48亿元增加到210.51亿元，年均增长7.1%；第二产业增加值由4 837.57亿元增加到7 723.6亿元，年均增长9.8%；第三产业增加值由4121.78亿元增加到8 604.1亿元，年均增长15.9%。

二、产业结构调整迈出新步伐

三次产业结构由2010年的1.6∶53.1∶45.3调整为2015年的1.3∶46.7∶52.0，服务业所占比重大幅提高，并且首次超过50%，"三二一"产业格局基本形成。其中，工业实现平稳增长，全年工业增加值由2010年的4 410.70亿元增加到2015年的6 981.27亿元，增长58.3%；工业结构逐步优化，2015年全年高技术产业（制造业）增加值占规模以上工业的13.8%，比2014年提高1.5个百分点。装备制造业增加值占规模以上工业的36.2%，比2014年提高3.2个百分点。企业效益总体平稳，全年规模以上工业企业利税总额3 251.95亿元，比2014年增长2.5%。滨海旅游市场持续升温，全年接待入境旅游人数由2010年的166.1万人次增加到

2015 年的 326.01 万人次，增长 96.3%。

三、自主创新能力不断提高

国家自主创新示范区和"双创特区"加快建设，2015 年，全社会研发经费支出占全市生产总值比重的 3%。大项目、小巨人、楼宇经济快速发展，科技型中小企业达到 7.2 万家。

四、城市经济社会承载能力得到新提升

以"两港四路"为核心的综合交通体系加快建设，铁路枢纽网络架构基本成型，公路网络体系逐步完善，城市轨道交通通车里程 139 千米。大规模市容环境综合整治持续开展，城市管理更加规范有序。城乡面貌呈现新气象，"美丽天津·一号工程"深入推进，实施清新空气行动，2014 年 PM2.5 平均浓度比 2013 年下降 27.1%。实施清水河道行动，主要河道水体质量明显改善。实施清洁村庄、清洁社区行动，居住环境更加整洁。实施绿化美化行动，城市绿化覆盖率达 36% 以上。

五、社会公共事业建设取得新进步

教育改革持续深化，义务教育巩固率 99%，新增劳动力平均受教育年限超过 15.4 年。医疗卫生事业加快发展，基本医疗服务 15 分钟步行圈初步形成。公共文化服务体系不断完善，文化产业健康发展。社会治理与服务不断创新，居住证制度顺利实施，法治天津建设稳步推进，社会更加和谐稳定。群众生活获得新改善，民心工程连续实施，财政支出的 75% 以上用于民生领域，多渠道扩大就业，累计新增就业人员 240 万人，千方百计促进群众增收，城乡居民人均可支配收入年均增长 10.2%。大力推进全民参保，社会保障体系更加健全。

六、改革开放实现新突破

制度创新在多领域展开，"十个一"行政管理体制改革成效显著。重点领域和关键环节改革不断深化，金融改革创新取得新进展。开放型经济水平持续提升，利用外资和内资分别年均增长 14.3% 和 19.9%，自由贸易试验区建设高标准开局，扎实推进京津冀协同发展，积极参与"一带一路"建设，城市国际影响力进一步提升。

"十二五"期间，天津市发展历程很不平凡，取得的成绩来之不易，积累的经验十分宝贵，为"十三五"期间天津市国民和经济社会发展，以及海洋经济和海洋事业的发展奠定了坚实的基础。

第七章 天津市海洋经济发展状况分析和态势预测

第一节 天津市海洋经济总体发展现状

一、海洋经济呈现平稳较快发展态势

"十二五"期间，天津市继续推进滨海新区开发开放，同时借助京津冀协同发展、海洋经济科学发展示范区建设和自由贸易区建设，海洋经济继续保持平稳较快发展态势。海洋经济生产总值由 2010 年的 3 021.5 亿元增加到 2015 年的 5 506 亿元，占全国海洋生产总值的比重由 2010 年的 7.64% 提高到 2015 年的 8.5%，呈现出逐年稳步增长的发展趋势，海洋生产总值年均增速达 12.8%，高于同期全国海洋生产总值增速 2.5 个百分点。2015 年全市海洋产业增加值达到 2 859 亿元，海洋相关产业增加值 2 647 亿元。其中，海洋第一产业增加值 15 亿元，第二产业增加值 3 448 亿元，第三产业增加值 2 043 亿元，三次产业结构比例为 0.3∶62.6∶37.1。从 2010—2015 年产业结构比重来看，第一产业所占比重一直保持在 0.2%~0.3%、第二产业、第三产业所占比例稍有波动，但第二产业占绝对主导地位。在全国 11 个沿海省区市中，天津由于自然条件的限制，在海洋经济总量上并不具有优势，但单位产值水平较高。经测算，2015 年天津市单位岸线产出规模 35 亿元，在全国沿海省区市居于首位。

二、海洋经济转方式调结构取得显著成效

一是海洋传统产业不断转型升级，结构调整初显成效。海水养殖模式不断创新，汉沽海域海上网箱养殖填补了天津市没有海上网箱养殖的空白，全封闭内循环海水养殖技术在杨家泊水产科技园区规模化应用。中心渔港的特色项目滨海鲤鱼门已经成为京津冀地区居民休闲旅游餐饮的首选之地。海洋渔业形成了以海水养殖和海洋捕捞为第一产业，水产品加工和冷链物流为第二产业，休闲渔业、餐饮旅游为第三产业相结合的态势，初步建成了远洋捕捞、冷藏、加工、交易产业链。

二是海洋先进制造业规模日益壮大，产业链不断延伸。海洋船舶和海洋装备制

造走向国际市场，海洋工程建筑业等产业产值稳居全国前列，中交一航局建成了亚非拉3个海外办事处，在6大洲20多个国家承揽项目。海洋石油化工业势头良好，国家石油化工基地和原油战略储备基地初具规模，渤海油田年产量达到3 000万吨油当量，在国家能源体系中占有重要地位。石油加工能力有效提高，形成了从勘探开发到炼油、乙烯、化工完整的产业链。海洋盐化工业加快发展，聚氯乙烯、烧碱、顺酐等海洋化工产品产量位居全国第一。海洋战略性新兴产业取得突破，发展势头强劲。海水淡化及综合利用继续保持国内领先，全市海水淡化能力达到31.7万立方米/日，占全国的35.7%，海洋生物医药、海洋新能源等其他战略性新兴产业快速发展。

三是海洋现代服务业繁荣发展，海洋金融服务新业态不断壮大。天津港港口物流体系和功能逐步完善，2015年天津港货物吞吐量突破5.4亿吨，集装箱吞吐量超过1 411.1万标准箱。邮轮游艇等高端滨海旅游业快速起步，成为我国北方最大的国际邮轮出入境口岸，2015年天津国际邮轮母港首次实现全年运营，接待到港邮轮97艘次。航母主题公园游客突破百万人次，成为全国著名景区。海洋信息服务、海洋科技服务和海洋金融服务等呈现较快发展态势，有效促进现代海洋服务业发展水平的提高。"十二五"期间，渤海租赁在与海洋经济相关的船舶租赁、集装箱租赁等领域进行了积极探索。在船舶租赁方面，积极支持国家船舶工业走出去战略，立足VLCC油轮、大型渔船、散货船和工程用船等领域，拓展各类型船舶与大型船厂设备的租赁业务、船舶贸易、船舶经纪及资产管理业务。在集装箱租赁领域，截至2014年底，国际集装箱租赁业务网络覆盖全球6大洲，有能力服务全球80多个国家近500多个客户。以CEU（等效单位成本）为单位计算，渤海租赁拥有集装箱数量超过313万标准箱，位列全球第1位，市场占有率达15.2%。

第二节　天津市主要海洋产业发展态势

一、海水养殖发展规模较小，海洋捕捞业快速发展

"十二五"期间，天津市海洋渔业总体平稳发展，海水产品产量稳步增加。2010年海水产品产量为3.9万吨，2014年增加到7.7万吨，占全市水产品产量的比例由11.3%提高到18.9%。但是天津市海水产品产量占全国的比例非常低，多年一直维持在0.1%~0.3%。从养殖方式看，天津主要是工厂化养殖和池塘养殖。2010年全市工厂化养殖面积为29.0万平方米，2014年增加至42.5万平方米。池塘养殖方面，通过利用生物调控、塑料膜护坡、循环水养殖、微孔增氧等专业技术，使标准化、专业化、节水型设施渔业逐步得到推广，养殖面积逐步缩小，由2010年的

3 982公顷减少到2014年的3 174公顷。从养殖品种和产量看，天津海水养殖以鱼类和甲壳类为主，2014年鱼类养殖面积是19公顷，产量3 657吨，占全国养殖产量的0.3%，甲壳类养殖面积3 161公顷，产量7 970万吨，占全国养殖产量的0.6%。资源和环境问题是制约天津海洋渔业可持续发展的瓶颈。此外，与辽宁、山东等海水养殖大省相比，天津在资源、技术、空间等方面均不占优势。未来海洋渔业的发展重点应继续放在大力发展远洋渔业方面。

海洋捕捞产量先降后升，远洋渔业规模不断扩大。近年来由于过度捕捞和海洋生态环境恶化，近海渔业资源出现了严重衰退。为了加强近海渔业资源保护与修复，我国对海洋捕捞业进行战略调整，实施近海捕捞产量负增长和渔船"双控"制度，加快推动渔民转产转业。一系列政策措施使得天津海洋捕捞产量逐年下降，由2010年的2.5万吨下降到2012年的1.7万吨，2013年海洋捕捞大幅增加，增加到5.3万吨，2014年达到4.6万吨。远洋渔业方面，天津发展迅速，2010年的产量为0.9万吨，2012—2014年的产量分别达到1.1万吨、1.3万吨、2.0万吨。

水产品加工能力薄弱，加工比例非常低。水产品加工业对于提高渔业附加值、延长产业链条，促进渔业持续快速发展具有重要意义。但是，天津市水产品加工能力较弱。截至目前区域签约与注册的冷链物流与水产品加工企业只有45家，其中有远洋捕捞企业9家，以颖明海湾食品有限公司、美菱冷冻厂、通海水产品加工厂为代表的较具规模和实力的水产品加工企业仅有6家。冷藏企业19家，销售、餐饮企业11家，冷链物流产业发展初具规模，已建成冷库近20万吨，签约冷库规模达到50万吨。远洋捕捞、冷藏、加工、贸易、物流的产业链初步形成，但是规模效应并未显现。海水产品加工比例远低于全国海水产品加工比例，与发达国家60%～90%的加工比例相比差距更大。

总体来看，天津市海洋渔业发展方式仍旧比较粗放，养殖结构优化的空间还比较大，生产经营分散，组织化程度低；渔船装备落后，渔港、池塘等基础设施条件差；渔业生产安全形势严峻，养殖业灾害风险保障制度尚未建立；随着沿海地区临港工业发展、城市化进程加快，养殖发展空间萎缩，区域环境质量下降；水产养殖设施建设与水产品牌建设滞后；科技对现代渔业发展的引领和带动作用还不强。

二、海洋油气业规模全国领先，安全环保和发展潜力不容乐观

天津市海岸带地区地处歧口、板桥、北塘三大生油凹陷中心部位，目前已有45个含油构造，油气资源的储量前景非常广阔，油气资源极为丰富，是我国进行海上石油勘探与开发最早的海域，目前已探明石油储量超过1.9亿吨，天然气储量638亿立方米。海洋油气业成为天津的优势产业，主要分布于大港地区，有渤海油田所在的埕北油田、渤基油田，大港油田所在的长芦油田、板桥油田和北大港油田。渤

海和大港两大油田是国家重点开发的油气田，已探明的石油地质储量40亿吨，油田面积100多平方千米。根据《中国海洋统计年鉴2014》的统计数据，截至2013年底，天津市共有生产井3 376口，其中采油井2 489口，采气井290口，注水井1 270口，其他井11口。

天津市拥有大港油田和渤海油田两大油田，海洋油气资源丰富，在国家能源体系中占有重要地位，是我国的石油战略储备基地。但是，"十二五"期间，由于受"蓬莱19-3"油田停产的影响，大津市海洋原油产量有所下降，由2010年的2 916.5万吨下降到2013年的2 634.7万吨，占全国海洋原油产量的比重由61.9%下降到58.0%，尽管产量和所占比重有所下降但是占全国海洋油气产量的比重仍然接近60%。天然气产量逐年提高，由2010年的186 089万立方米提高到2013年的261 682万立方米，增长40.6%。

海上油气产业安全环保形势和稳产增长问题日益凸显。一是渤海的绝大多数海上油田处于近海，为保证企业稳产，近海油气资源高强度开采，生产面临着溢油污染的巨大风险，近年来溢油事故时有发生。反过来，由于溢油事故导致的停工停产也给企业稳产带来了巨大压力。二是海洋油气业发展瓶颈问题突出。2010年天津市海洋石油勘探面积6 185平方千米，2013年增加到6 771平方千米，勘探面积提升9.5%；2010年全市油田生产井总数为2 772个，到2012年增加到3 376个。尽管勘探面积和生产井总数不断增多，但是受勘探开发地域限制，缺乏新的储量增长点，难以满足经济增长的总体要求。同时，在滨海新区高速发展的大环境下，勘探开发用海用地问题突出，已经成为制约油田稳定发展的瓶颈问题。三是外部环境越来越严格。国家对海洋环境及生态保护政策越来越严格，生态红线禁止油气勘探开发，油气生产要"零排放、零污染"。影响渤海油田勘探开发的外部环境如国防建设、海洋渔业、海上交通、自然保护、地方建设等更为复杂，勘探工作已不能按照既定的勘探部署开展实施。

三、海洋化工业基础雄厚，但统筹规划及环保水平有待提高

天津是近现代中国化学工业的发祥地，海洋化工产业拥有一批实力雄厚的石油化工和海盐化工项目。"十二五"期间，天津市石油化工产业以园区化、规模化、一体化为方向，继续保持良好的发展势头，产业链加快向下游拓展，形成了从勘探开发到炼油、乙烯、化工完整的产业链；产品结构进一步优化，聚烯烃、聚酯化纤、橡胶制品、化工新材料等30多条产品链加快构建。以南港工业区石化产业聚集区为核心的滨海新区石油化工产业区朝着国家能源储备基地、世界级生态石化产业基地、世界一流石化基地的方向推进。同时天津市继续发挥盐业资源优势，海洋盐化工得到快速发展。近年来，由于受到工业化和城镇化进程的影响，天津传统海洋盐场规

模呈现缩小趋势，2013年盐田总面积27 277公顷，比2010年减少3 235公顷，海盐年生产能力由2010年的180万吨减少到2013年的152.2万吨。但传统盐场加快产业升级改造，大力发展海洋盐化工业，聚氯乙烯、烧碱、顺酐等海洋化工产品产量位居全国第一。

石化产业与能源开发关系密切，受国内外经济社会形势影响较深，国际能源市场供求关系日益紧张，国内油气资源不足严重制约乙烯等化学工业的发展。近几年来，天津石化工业在取得长足进步和发展的同时，较多注重规模和能力的扩展，纷纷上马大规模石化项目，动辄百万吨、千万吨为目标，需要全盘统筹、统一规划，否则产能过剩迟早会显现出来。化学工业行业对环境造成的影响和冲击比较显著，对天津地区自然环境和城市环境的保护和开发提出了新的挑战，产业发展与城市发展协调关系有待探索。

四、海洋工程装备制造业规模不断壮大，但核心技术仍有待提高

近几年，借着国家大力发展高端装备制造业的东风，天津市海洋工程装备制造业进入了高度繁荣时期，海洋油气勘探开发装备、海水淡化装备、海上风电装备以及海洋仪器仪表等制造水平不断提高，规模不断壮大，初步形成以临港经济区为依托，集成临港造修船基地、博迈科海洋工程公司、太重临港重型装备生产基地等项目的海洋工程装备产业集群，以塘沽海洋高新区为依托集成海底观测与水下目标监视示范工程项目、天津中海油服基地、天津大学海洋装备研发中心等项目的海洋高端装备产业集群，以国家海洋技术中心成立的天津海华技术发展中心为依托的海洋观测监测仪器产业基地，以及以天津风电产业园为核心发展风电装备机电零部件核心技术、零部件关键材料和系列化产品为主导、新能源装备机电零部件及成套装备制造的特色产业链。

目前，天津市已具备了300米水深以内的模块和平台建造能力；开发了物探船、工程勘察船、15万吨FPSO等海工装备；抗高压、耐腐蚀石油套管和海底柔性复合深水域软管技术等海洋装备技术取得突破，产品已经应用于海上钻井和海底输油。正在规划建设南港日产26万吨海水淡化装置，全部建成后将形成年产2亿吨海水淡化能力。天津港航工程有限公司合力打造的天津市海上风电结构与施工装备技术工程中心成立，公司已成功中标4.6亿元的中水电集团江苏如东海上风电场（潮间带）示范项目Ⅱ期80兆瓦风电机组土建及安装工程。天津市海华技术开发中心和国家海洋技术中心分别承担的"混合驱动自主巡航波浪滑翔器观测系统"和"海洋专用高精度压力传感器"两个海洋仪器技术项目入选"国家863科技计划"。

天津市在海洋工程装备制造领域拥有一批以海油工程、中交一航局、天津博迈科等为代表的国内领先、达到国际水平的企业，特别是在海洋平台、海洋工程领域，

初步形成了以临港经济区为核心的装备制造产业基地。2013 年，全市海洋工程装备制造业产值达到 703 亿元，海洋工程装备制造、海洋工程总承包和服务领域位居全国前列。中海油自升式钻井平台、半潜式钻井平台和模块化钻机建造能力国内领先。300 米水深以内油气田开发装备实现自主研发。取得了海底声学拖缆、水下探测和水下控制等一批拥有自主知识产权的核心技术和成果。天津重机装备制造、中交海工设备制造及履带式起重机购置等项目先后启动。以天津博迈科海洋工程公司、太重天津滨海机械公司等为代表的装备制造企业，纷纷承接"一带一路"国家大型海上平台、海洋模块等关键装备订单，并与日韩等海洋装备制造先进国家企业联合共同承接北美、南美等远洋海洋平台建造订单。

然而，与发达国家相比，目前天津市海洋工程装备制造企业在产品设计能力、技术研发能力等方面还存在较大差距，不仅是天津，全国装备制造业都存在这个问题。核心技术研发能力十分薄弱，严重依赖国外技术，拥有自主知识产权的海洋工程装备很少，且基本局限于浅海海洋工程装备，主要开展后期生产工作，而深水海工装备的前端设计还是空白。海洋工程装备核心配套设备严重依赖进口，每年大约有 70% 以上的海洋工程配套设备需要进口，关键设备配套率不足 5%。究其根源是以企业为主体的产业创新体系尚未建立。目前国内基本上是参照或直接使用欧美技术承接海工订单，缺乏具有自主知识产权的拳头产品，仍处于产业链的低端。

五、海洋生物医药业发展基础较好，但创新及成果转化水平稍显薄弱

天津市海洋生物医药产业具有较好的发展基础。全市生物医药行业实力雄厚，截至 2013 年已拥有 5 个国家级重点实验室、8 个国家工程（技术）研究中心、4 个国家级企业技术中心和一批产业化基地，军事医学科学院、中科院工业生物技术研发中心、国家干细胞工程技术研究中心等一批高水平"国"字号研发机构相继落户天津市。天津医药集团、天士力集团、金耀集团等全国知名的医药企业集团有着众多畅销的药物品种。2013 年全市生物医药产业完成产值 984.5 亿元，增长 30.7%，高于全市平均水平 17.6 个百分点。目前，以国际生物医药联合研究院为代表的生物医药领域的优势企业正逐渐开展海洋生物医药产品的研究与开发，利用丰富的海洋生物资源，通过现代化的技术，力争在海洋生物医药领域实现关键技术上的突破。

盐藻及其转基因产品、海洋生物活性物质开发利用技术得到了较大发展，高附加值海洋生物药物、海洋饲料微藻形成系列产品。生物质能源技术方面，我国海洋微藻能源研究基本上与发达国家同步，天津市藻类能源的开发做了大量开创性研究，积累技术依据和阶段成果，为后续新能源研发及产业化奠定了良好的技术基础。科技创新和人才培育是海洋生物医药产业转型升级的重要推动力，同时也是增强国际竞争力的关键因素。目前制约海洋生物医药业最主要的瓶颈在于创新及成果转化能

力不足，海洋生物医药专业人才缺乏。同时，天津市海洋生物医药产品的品质尚显不足，所以难以取得较好的经济效益，从长期发展来看不利于我国海洋生物医药业的可持续发展。

六、滨海旅游业蓬勃发展，但产业规模和品牌效应有待加强

"十二五"期间，在天津市各级政府的高度重视下，滨海旅游业作为现代服务业的龙头，呈现出持续、快速、健康发展的良好态势。产业规模不断扩大，2014年，天津市旅游总收入2 307亿元，比2010年增长1 058.2亿元。产业空间不断扩展，旅游业增加值占全市国民生产总值的比重达到6.0%，其产值占全市第三产业产值的31.3%。产业空间不断扩展，海河旅游观光带推出"由河入海、由海入河"的旅游线路，丰富天津夜间旅游，并将与新区中心渔港码头等项目有效串联。市中心都市旅游区、东部滨海旅游区、北部山野旅游区已经形成了不同程度的旅游产业集群。新业态层出不穷，2010年国际邮轮母港建成后，到港国际豪华邮轮快速增多，由2010年的25航次提高到2015年的97航次，并于2012年成为中国首个邮轮旅游发展试验区。随着国际邮轮母港扩建工程全部竣工，天津已经稳居我国北方最大的国际邮轮入出境口岸，同时也成为连接我国与日韩、东南亚、南亚、北欧等"一带一路"沿线国家重要的旅游目的地。游艇产业发展环境更加完善，制定出台的《天津市邮轮游艇产业发展"十二五"规划纲要》和《天津市游艇管理暂行办法》，在免除强制引航、放宽游艇登记限制、放松短期入境游艇检验和登记限制等方面实现突破，破解了制约天津游艇产业发展中的瓶颈问题。旅游设施建设加快推进，航母主题公园扩建、极地海洋世界、欢乐海魔方、天津古贝壳堤博物馆、东疆湾沙滩等一批重点滨海旅游项目相继建成并投入运营，增加了城市对国际国内游客的吸引力。一座集海洋特色、旅游产业集聚、凸显文化休闲的"现代滨海旅游城"已初见端倪。

尽管天津旅游业近几年取得长足的发展，但整体规模与国内一些地区相比仍存在着较大差距。

一是产业规模偏小，缺乏竞争优势。大型骨干企业较少，旅游企业"小、散、弱、差"的特征突出。2013年，天津滨海旅游业占本地区主要海洋产业的比重为30.4%，占全国该产业的比重为8.7%，低于上海（22.4%）、广东（19.1%）山东（12.2%）、福建（11.5%）、浙江（9.6%），在11个沿海省市区中排名第6。天津滨海旅游业的发展不仅与同为沿海直辖市的上海之间有着巨大的差距，与其他沿海地区以及国内外旅游业发达的国际化大都市以及传统旅游胜地相比，也存在很大差距。主要原因在于，天津的城市旅游形象不够鲜明，旅游载体功能不强，国际知名的旅游品牌较少，旅游服务质量有待提高，旅游企业规模偏小，体制机制创新不够

等。因此，如何增强滨海旅游竞争力，打造品牌优势，是亟待解决的问题。

二是品牌不突出。天津市山、河、湖、海、泉五大旅游资源俱全，A级景区已达31个，其中AAAA级景区10个，但国际和国内的知名度还不够高，景区、景点特色不足，游客的复游率低，天津市旅游市场和产品的深度开发还不够，还受导游的素质、服务水平、卫生条件等多方面的影响。从目前旅游市场发展情况看，大众化旅游活动已经不能满足多层次群体的需要，问卷调查显示，游客意见最大、最集中的有几个方面：第一，导游人员的服务水平低；第二，住宿标准、餐饮质量质价不符；第三，宾馆、饭店和餐馆人员的服务质量差；第四，景区景点的卫生条件差；第五，主要接待场所秩序较混乱，环境卫生较差；第六，个别出租汽车司机收费不规范。改善软环境，提高服务质量和水平已是亟待解决的问题。众多旅游企业为了争夺市场份额，不得不进行恶性价格竞争，导致整个行业在总收入不断增加的同时，利润率却在不断下降，甚至出现亏损的情况。旅游产业的内部没有形成紧密的产业群；外部与旅游业密切相关的行业缺乏有机整合，尚未形成有序衔接的产业链，这些问题都制约着天津市旅游业的快速发展。

三是海洋资源环境瓶颈是制约旅游业发展的重要短板。天津近海属淤泥质海滩，海水的泥沙含量大，水质浑浊，海岛数量最少，而近海开发利用率居全国首位，向海一侧的岸线利用率已达100%，因此天津虽有海却不能亲海。天津近岸海域污染总体形势依然严峻，生态系统健康状况恶化的趋势未得到有效缓解。渤海地区持续不降的陆源污染以及临海工业快速发展，使海洋生态环境保护和生态修复面临着巨大的压力和挑战。与此同时，虽然天津市出台了空气污染防治的各项政策，但春冬季雾霾现象仍然十分严重。滨海旅游业的发展亟须改善环境污染，减少负面影响。

七、海洋交通运输业快速发展，但区域间恶性竞争、港城缺乏协调等问题开始显现

天津港是亚欧大陆桥最近的东部起点和海上丝绸之路的战略支点，3条过境铁路通道横跨亚欧大陆，连接丝绸之路经济带沿线主要国家和地区，119条集装箱航线通达180多个国家和地区的500多个港口，覆盖了世界主要海洋国家和地区的港口。天津港也是内陆腹地走向国际市场的绿色通道，25个内陆无水港和5个区域营销中心辐射内陆腹地500多万平方千米，15条海铁联运通道连接港口与腹地，把口岸功能延伸到内陆，无缝对接港口与腹地经济。继2010年货物吞吐量实现4亿吨后，2015年天津港全年货物吞吐量突破5.4亿吨，居世界第4位。近年来，天津港加快推进港口基础设施建设，运载能力和服务功能不断升级。目前30万吨级航道二期工程完工，复式航道正式投入使用，实现了"双进双出"四通道航行，比原有通航能力提高47%。同时，相继建成了南疆LNG码头、专业化矿石码头、中化石化码

头、中航油码头等高等级码头泊位，启动了东疆自动化集装箱码头、第二个 30 万吨级原油码头、神华二期码头，提升了装卸效率和承载能力。大型船务公司和海运公司不断集聚，截至 2013 年 5 月底，在天津市注册的国际海运公司 16 家，注册的国际航行船舶 92 艘，合计 560 万载重吨。国际海运辅助企业近 400 家，其中国际船舶代理企业 84 家，国际船舶管理企业 26 家，无船承运企业近 300 家，船舶交易（市场）企业 2 家。

围绕北方国际航运中心和国际物流中心建设，东疆保税港区重点发展了国际中转、国际配送、国际采购、国际贸易、航运融资、航运交易、航运租赁、离岸金融服务 8 大服务功能，有力提高了港区的服务能力和辐射带动作用。重点区域口岸设施建设取得积极进展，东疆保税港区 7.5 万平方米、南港工业港区 2.8 万平方米通关服务中心已开工建设，临港经济区 6.5 万平方米通关服务中心已完成规划设计。口岸开放规模进一步扩大，国务院正式批准天津港口岸扩大对外开放水域面积 1 120 平方千米，新增码头岸线总长 69.1 千米，新建对外开放码头泊位 71 个，一个北至中心渔港、南至南港港区全线开放的口岸大格局正在形成。口岸信息化建设稳步推进，制定出台了《天津口岸发展"十二五"规划》，电子口岸数据传输网络建设不断拓展，逐步实现了电子口岸功能从电子政务向电子商务、电子物流延伸。国际航行船舶进出口岸电子查验系统正式开通运行，实现了国际航行船舶进出口岸海事查验手续的全部网上受理和审批。

在全球经济缓慢复苏和中国经济转型发展的背景下，天津港已进入低速增长周期，区域间恶性竞争、港城缺乏协调等问题开始显现。一是周边港口竞争日趋激烈，给天津港发展带来巨大压力。距天津港最近的唐山港、黄骅港发展势头最为迅猛。大连港、青岛港与天津港对共同腹地货源市场的竞争加剧。周边港口的快速发展不仅给天津港吞吐量的增长带来巨大压力，而且在一定程度上影响了天津港北方集装箱干线港和散货主干港的地位。二是港城矛盾日益凸显，有待合理分配和共享资源。近年来天津港的快速发展得益于天津城市的快速发展和滨海新区开发开放的逐步深入，同时港口的发展也为天津建设北方国际航运中心和物流中心提供了核心载体。但港口与城市之间在空间资源、道路交通、环境保护等方面产生了矛盾。三是沿岸多个主体开发建设港口，功能缺乏统筹协调。在港口规划的具体实施过程中，在天津有限的自然岸线上，存在着多个开发主体负责港区的围海造陆和码头航道建设。这些区域往往出现招商项目无序竞争、码头等基础设施重复建设的情况，造成港口资源的浪费。

八、海洋工程建筑业发展势头良好，工程布局海内外

天津的海洋工程建筑业的发展以中交第一航务工程局有限公司（简称中交一航

局）为代表，目前已发展成为集港口、水运、路桥、市政、铁路、房建、机电设备安装于一体、拥有雄厚设计施工总承包能力、行业领先的大型综合性现代化建筑企业，施工区域涉及中国境内 31 个省市自治区以及亚洲、非洲、欧洲、大洋洲、拉丁美洲的 20 个国家和地区。多年来，中交一航局参建了一大批精品工程，最具代表性的包括我国最大的水运工程——长江口深水航道整治一期、二期、三期工程，我国最大的钢板桩煤炭码头——国投曹妃甸煤码头起步工程，世界最大的翻车机房——神华黄骅港三期翻车机房工程，全国最大的单项码头——天津港北港池集装箱码头三期工程，世界十大集装箱码头之一——青岛港前湾集装箱码头一期至四期工程，以及奥运会青岛帆船中心、澳门国际机场、东海大桥工程、杭州湾跨海大桥和港珠澳大桥（在建）等。

在海洋工程方面，以海油工程为代表，从事海上油气田开发工程及其陆地终端的设计与建造，各类码头钢结构物的建造与安装，各种类型的海底管道与电缆的铺设，海上油气田平台导管架和组块的装船、运输、安装与调试，以及海洋工程及陆上设施的检测与维修等业务，为日中石油株式会社、现代重工株式会社等日韩客户提供优质服务，业务范围遍及中国各海域，并多次远赴东南亚和韩国海域成功进行施工作业。

在国际市场开拓方面，中交一航局努力践行中交"大海外"战略，围绕"一带一路"建设和"打造中交股份第一品牌"的奋斗目标，不断加大海外市场开发力度，提高项目履约能力，打造海外业务一体化管理平台，推进海外事业持续健康发展。截至 2015 年 5 月，海外在建项目 36 个，项目分布在非洲、中东、南太平洋、拉美、东南亚、中亚等地区。

九、海水淡化生产能力全国领先，但结构性产能过剩问题凸显

天津市的海水淡化及综合利用产业发展走在全国的前列。多年来，天津市政府高度重视海水资源利用产业的发展，探索研究出台相关政策给予支持，促进海水资源利用循环经济产业链逐步完善，为加快建设全国海水淡化示范城市奠定坚实基础。全国 11 个沿海省（市、区）中，已建成海水淡化工程的地区有辽宁、河北、天津、山东、江苏、浙江、福建、广东和海南。从规模来看，天津、河北和浙江三地是海水淡化工程大省，规模均超过 10 万吨/日以上。而全国最大的两个 10 万吨级以上海水淡化工程均落户天津，分别为北疆电厂海水淡化工程和大港新泉海水淡化工程。其中，北疆电厂海水综合利用项目，采用了"发电—海水淡化—浓海水制盐—土地节约整理—废物资源化再利用循环经济项目模式"，被列为全国循环经济发展试点，成为我国首个大规模对社会供水的海水淡化项目，淡化水日产能 20 万吨；大港新泉海水淡化项目设计产能日产淡水 10 万吨，专供天津大乙烯项目用水，日供水量在 7

万~8 万吨；中国首个"零排放"海水淡化项目——天津南港工业区海水淡化及工业制盐一体化项目也于 2014 年正式启动。2014 年全市淡化海水利用量 3 654 万立方米，其中北疆电厂供水 1 455 万立方米，除自用外，目前主要供汉沽龙达自来水厂、开发区泰达自来水厂、塘沽中法水务新区自来水厂和中新生态城；大港新泉供水 2 077 万立方米，专为解决百万吨乙烯项目用水配套建设；大港电厂供水 122 万立方米，主要供自身锅炉用水，剩余淡化海水生产成纯净水向社会销售。

天津海水淡化与综合利用技术优势明显。国内专门从事海水淡化技术研发的国家海洋局海水淡化与综合利用研究所坐落在天津。天津大学、南开大学、河北工业大学、天津工业大学和天津科技大学等大专院校均设有相关的学科。天津膜天膜科技股份有限公司、众和海水淡化公司、天津北疆电厂、天津大港电厂、中盐总公司制盐研究院、天津渤海化工集团公司等一批从事海水淡化研究、应用与装备制造的科研院所、高校和企业，承担了国家科技支撑计划、海洋公益性行业科研专项、高技术产业化专项及省部级科技攻关等科研项目，海水淡化与综合利用技术创新研发与应用方面优势突出。

然而，目前天津市发展海水淡化产业也面临若干问题，最主要的问题是已建项目的产能闲置问题制约产业的发展，2014 年，北疆电厂淡化水供水量 4 万吨/日，产能利用率为 20%，大港新泉淡化水供水量 5.7 万吨/日，产能利用率 57%。造成产能限制的主要原因有以下几个方面：一是淡化海水成本高。由于海水淡化有别于其他水源的生产工艺，且对输配水工程要求较高，决定了海水淡化成本高。尽管随着技术的进步和规模的增长，国家海水淡化成本逐年下降，目前已接近国际水平，全国平均水价在 5~8 元/吨，但相对于受国家补贴的南水北调水，成本仍然偏高。二是海水淡化布局与用水需求不匹配。天津市目前及今后一个时期的海水淡化产能主要在北疆电厂，而北疆电厂所在的滨海旅游区无工业用水大户，靠区域自身无法消化北疆电厂淡化海水，向外长距离供水势必进一步增加供水成本，制约了北疆电厂淡化海水的利用。三是海水淡化技术标准不健全。海水淡化的开发利用是一项十分复杂的系统工程，目前，没有相应法规来规范其建设发展和管理，也没有任何淡化海水应用的技术标准和检测规范。四是全市在淡化海水生产、输配水工程建设和淡化海水利用的各个环节中缺乏扶持政策，致使淡化海水生产企业、输配水企业和用户缺乏积极性，淡化海水利用缓慢。五是受海水淡化水进入市政供水管网的限制，造成了结构性的产能过剩。

十、海洋新能源开发利用逐步推进，未来装备制造和技术服务方面空间较大

天津滨海地区风能资源较丰富。首先，整个渤海湾为风能资源丰富区，具有相

当可观的开发潜力，其有效风能密度大于150瓦/米^{2}的等值线与海岸线平行，海上采油平台在300瓦/米^{2}以上，全年大于3米/秒的有效风速频率达80%~90%，出现时数为6 500~7 500小时；大于6米/秒的风速出现时数也在3 000小时以上，全年有效风能为1 000~25 000千瓦时/米^2，最大值为2 753千瓦时/米^2。其次，距海岸线5千米的狭长地带也为风能资源较丰富区，平均有效风能为100~150瓦/米^2，风速3~20米/秒的累积小时数为5 500~6 500小时，其频率为60%~75%，大于6米/秒的风速出现时数也在2 000~3 000小时；再次，从距海岸线5千米向内陆延伸10千米，即汉沽、北大港一线，平均风能密度仍为50~100瓦/米^2，全年大于3米/秒的有效风速累计时数为4 000~5 000小时，大于6米/秒时数为1 000~2 000小时，有效风能为400~700瓦/米^2。汉沽地区具有较为丰富的风能资源，便捷的交通运输条件和较好的电力系统接入条件，成为开发和建设风力发电的良好基础。

"十二五"期间，天津市制定实施《滨海新区风电发展"十二五"规划》，确定了滨海新区风电重点开发区域：即南北两端陆域，大规模集中风电开发区域；由南到北沿防坡堤小规模分散开发区域；与河北省交界南北两处海洋风力发电场。确定在沿海汉沽、大港等风能资源丰富地区建设南、北两个规模化风电基地。截至2015年底，汉沽大神堂风电场一期工程和完善工程全部竣工，总容量达到3.8万千瓦，每年可为新区提供绿色电能共计7 626.5万千瓦时。沙井子三期工程竣工并投产发电，截至2013年底已发电22 000万千瓦时，四期项目已经获得批准，规划建设33台1.5兆瓦风机。北大港一期49.5兆瓦风电工程项目也获得核准，并于2014年动工建设。风电企业引进和技术装备研发方面，"十二五"期间天津市将大型风电、海上风电相关科研项目列入重大科技专项，在资金、政策等方面给予大力支持。以丹麦维斯塔斯公司等为代表的一批国际著名风电企业纷纷落户天津，截至目前已有相关企业120余家，成为全国最大的风电产业集聚区之一，风电设备年生产能力达到6 000兆瓦，已占全国的1/5。另外，潮汐能、波浪能发展也迈出了坚实步伐。天津市发展改革委和市商务委联合印发了《关于天津市鼓励外商投资产业指导目录的实施细则》，其中将潮汐能、波浪能等新能源电站的建设和经营列入鼓励外商投资产业目录。

第三节 "十三五"期间天津市海洋经济发展态势预测

一、海洋经济发展预测方法选择

由于内部和外部各种复杂环境的影响，使得海洋经济预测工作相当复杂和困难，既要考虑天津市海洋资源环境、地理位置等内部因素，又要考虑政策、科技、资金等外部因素，同时还要考虑各种因素之间的相互作用。根据预测的期限以及目的等的不同，可能采取不同的预测方法。有的属于定性预测、有的属于定量预测，各有优缺点，也都有不同的适用情况。理论篇第三章第五节所提到的预测方法大都可以对天津市海洋总体发展目标和各产业具体发展目标进行预测，但由于各种方法自身的特点，适用性各不相同。如德尔菲法需要对专家反复征求意见，需要不断地与专家进行沟通协调，且需要多名专家对天津市海洋经济状况有比较深入的了解，操作难度较大。回归分析预测法是经典的统计预测分析方法，其方法理论成熟，适用范围广，可以用于中短期预测及长期预测，是海洋经济预测的可选方法之一，但要选择合适的自变量，同时对样本容量的要求也比较高，操作难度较大。时间序列平滑预测法适用于样本容量较大的时间序列，以便进行模型参数的确定。灰色系统预测模型实质上是一个指数增长模型，预测值的增长速度逐年加快，与实际情况不相符，所以此处利用灰色系统预测模型预测天津市海洋生产总值并不理想。趋势外推法适用于样本容量较小的时间序列的预测，针对天津市海洋经济统计数据时间序列较短的情况，可以采用这种方法对海洋产业增加值进行预测。

二、海洋经济总体发展态势预测

2010—2015 年天津市海洋生产总值数据见表 7.1。

表 7.1 2010—2015 年天津市海洋生产总值数据　　　　　　　单位：亿元

年份	2010	2011	2012	2013	2014	2015
海洋生产总值	3021.5	3519.3	3939.2	4554.1	5027	5506

数据来源：《中国海洋统计年鉴》和《天津市海洋经济统计公报》。

1. 基于多项式的趋势外推法

根据 2010—2015 年天津市海洋生产总值历史数据作出散点图，并添加趋势线，通过比较分析可知，运用线性趋势线与散点拟合得最好（图 7.1），方程为：

$$y = 501.73x + 2505.1$$

可决系数 $R^2 = 0.9983$。通过此方程可以预测 2020 年天津市海洋生产总值为 8 024.1 亿元。

2. 基于年均增长率的趋势外推法

根据天津市海洋生产总值历史数据可以计算得出 2010—2015 年天津市海洋生产总值的年均增长率为 12.8%。假设"十三五"期间天津市海洋生产总值的增长速度与 2010—2015 年的年均增长率相同，则预测模型为：

$$y = y_0(1 + 12.8\%)^t$$

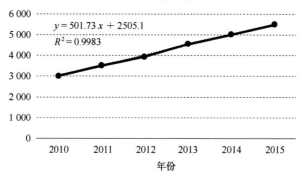

海洋生产总值(亿元)

$y = 501.73x + 2505.1$
$R^2 = 0.9983$

图 7.1　添加趋势线的天津市海洋生产总值散点图

由此可以计算出 2020 年天津市海洋生产总值为 10 076.6 亿元。

3. 预测结果的综合分析

分别运用基于多项式的趋势外推法和基于年均增长率的趋势外推法对 2016—2020 年天津市海洋生产总值进行预测,得到的结果如表 7.2 所示。

表 7.2　2016—2020 年天津市海洋生产总值预测值　　　　　单位:亿元

年份	多项式预测	增长率预测
2016	6017.2	6224.1
2017	6518.9	7020.8
2018	7020.7	7919.4
2019	7522.4	8933.1
2020	8024.1	10814.5

将 2010—2015 年的现状数据以及 2016—2020 年的预测值形成的时间序列做在同一张图上,结果如图 7.2 所示。

从图 7.2 可以看出,基于年均增长率趋势外推预测形成的时间序列是抛物线的走势,每年以 12.8 的年均增长速度快速增长。考虑到我国经济发展进入新常态,正处在转方式、调结构,“爬坡过坎”的关键阶段,正从高速增长转向中高速增长,国家和天津市虽然高度重视海洋经济的发展,但是海洋生产总值增长速度在经过一个快速增长期之后,增长速度会逐渐放缓并趋于平稳,所以此处利用基于年均增长率的趋势外推法预测天津市海洋生产总值并不理想,得到的预测值会偏大。基于多项式的趋势外推是在假定未来几年海洋生产总值每年的增加值增量固定的基础上进行的趋势外推,实际上年均增长速度逐年放缓。因此,采用多项式的趋势外推法得

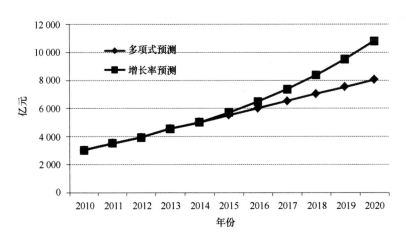

图 7.2 基于两种预测方法的海洋生产总值预测值走势

到的预测值会偏小。随着天津市海洋经济发展面临的五大政策红利的逐步释放，"十三五"期间，天津市海洋生产总值的年均增长率将会呈现出先快后逐步趋于平稳的趋势。

综合以上考虑，本研究决定采用多项式预测值和年均增长率预测值的平均值作为天津市海洋生产总值的预测值。预测结果如表 7.3 所示。

表 7.3 2016—2020 年天津市海洋生产总值预测值

年份	海洋生产总值（亿元）
2016	6120.65
2017	6769.85
2018	7470.05
2019	8227.75
2020	9419.3

三、主要海洋产业潜力分析及发展态势预测

上述采用基于多项式、年均增长率的趋势外推法对天津市海洋生产总值进行了预测，但是考虑到海洋生产总值并没有剔除价格因素，所以采用上述方法对主要海洋产业增加值进行预测可能会存在较大偏差，如近几年海洋油气业增加值呈现出的较大波动走势，除受产量的影响外，更主要的原因是国际原油价格的剧烈波动，因此分析实物产出量的变化更能准确反映出各个产业的发展状况。目前，《中国海洋统计年鉴》最新统计数据只更新到 2013 年，这里选用 2010—2013 年的统计数据，

并采用与海洋生产总值相同的方法，对 2015 年及 2020 年天津市主要海洋产业发展趋势进行预测。

表 7.4　2010—2013 年天津市主要海洋产业产量

主要海洋产业	2010 年	2011 年	2012 年	2013 年
海水产品产量（万吨）	3.9	3.8	4.2	7.9
海洋原油产量（万吨）	2916.5	2770.2	2680.3	2634.7
海洋天然气产量（亿立方米）	18.6	21.4	24.7	26.2
海盐产量（万吨）	204.4	181.0	170.0	152.2
海洋化工品产量（万吨）	166.6	154.4	161.0	164.1
集装箱吞吐量（万标准箱）	1009	1159	1230	1301

1. 海水产品产量预测

1）基于多项式的趋势外推法

根据 2010—2013 年天津市海水产品产量历史数据作出散点图，并添加趋势线，通过比较分析可知，由于 2013 年海水产品产量突然大幅增加，所以添加各种形式的趋势线效果均不太理想，采用效果最好的对数趋势线与散点进行拟合（见图 7.3），方程为：

$$y = 2.2768\ln(x) + 3.1411$$

可决系数 R^2 只有 0.480 8，通过此方程预测 2015 年天津市海水产品产量将达到 20.5 万吨，是 2013 年的 2.6 倍，增长幅度较大，也远超出天津海域的渔业生产和捕捞能力，因此此种方法不亦采用。

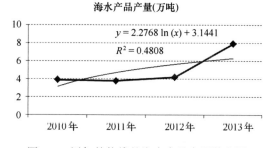

图 7.3　添加趋势线的海水产品产量散点图

2）基于年均增长率的趋势外推法

根据海水产品产量历史数据可以计算得出 2010—2013 年天津市海水产品产量的年均增长率为 26.5%。假设"十三五"期间天津市海水产品产量增长速度与 2010—

165

2013 年的年均增长率相同，则预测模型为：

$$y = y_0(1 + 26.5\%)^t$$

由此可以计算出 2015 年天津市海水产品产量为 12.6 万吨，2020 年将达到 40.9 万吨，预测结果同样不理想。上述问题主要是由于 2013 年海水产品产量突然大幅增加引起的，为了克服上述问题这里将样本数据调整为 2010—2012 年。基于年均增长率的趋势外推方程为：

$$y = y_0(1 + 3.8\%)^t$$

由此可以计算出 2015 年天津市海水产品产量为 4.7 万吨，2020 年将达到 5.7 万吨。

2. 海洋原油产量预测

1）基于多项式的趋势外推法

根据 2010—2013 年天津市海洋原油产量历史数据作出散点图，并添加趋势线，通过比较分析可知，运用二项式趋势线与散点拟合得最好（见图 7.4），方程为：

$$y = 25.175x^2 - 219.41x + 3110.1$$

可决系数 $R^2 = 0.9998$。通过此方程可以预测 2015 年天津市海洋原油产量为 2 699.9 万吨，2020 年将达到 3 742.8 万吨。

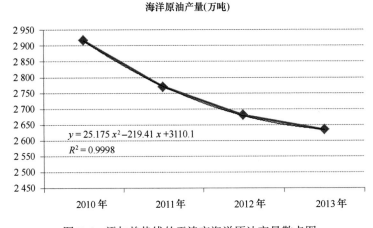

图 7.4　添加趋势线的天津市海洋原油产量散点图

2）基于年均增长率的趋势外推法

根据海洋原油产量历史数据可以计算得出 2010—2013 年天津市海洋原油产量的年均增长率为 -3.33%。假设"十三五"期间天津市海洋生产总值的增长速度与 2010—2013 年的年均增长率相同，则预测模型为：

$$y = y_0(1 - 3.33\%)^t$$

由此可以计算出 2015 年天津市海洋原油产量为 2 462.2 万吨，2020 年将达到

2 466.0万吨。

同样，取上述两种预测方法的平均值，得到2015年、2020年的最终预测值分别为2 581.1万吨、3 104.4万吨。

3. 海洋天然气产量预测

1）基于多项式的趋势外推法

根据2010—2013年天津市海洋天然气产量历史数据作出散点图，并添加趋势线，通过比较分析可知，运用二项式趋势线与散点拟合得最好（图7.5），方程为：

$$y = -0.325x^2 + 4.235x + 14.575$$

可决系数$R^2 = 0.9924$，通过此方程可以预测2015年天津市海洋天然气产量为28.3亿立方米，2020年将达到21.8亿立方米。

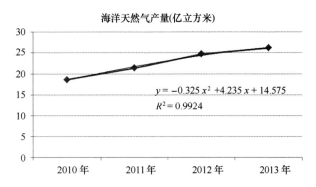

海洋天然气产量(亿立方米)

$$y = -0.325x^2 + 4.235x + 14.575$$
$$R^2 = 0.9924$$

图7.5　添加趋势线的天津市海洋天然气产量散点图

2）基于年均增长率的趋势外推法

根据海洋天然气产量历史数据可以计算得出2010—2013年天津市海洋天然气产量的年均增长率为12.1%。假设"十三五"期间天津市海洋天然气产量的增长速度与2010—2013年的年均增长率相同，则预测模型为：

$$y = y_0(1 + 12.1\%)^t$$

由此可以计算出2015年天津市海洋天然气产量为32.9亿立方米，2020年将达到58.3亿立方米。

同样，取上述两种预测方法的平均值，得到2015年、2020年的最终预测值分别为30.6亿立方米、40.1亿立方米。

4. 海盐产量预测

1）基于多项式的趋势外推法

根据2010—2013年天津市海盐产量历史数据作出散点图，并添加趋势线，通过比较分析可知，运用线性趋势线与散点拟合得最好（图7.6），方程为：

$$y = -16.76x + 218.8$$

可决系数 $R^2 = 0.9816$。通过此方程可以预测 2015 年天津市海盐产量为 118.2 万吨，2020 年将达到 34.4 万吨。

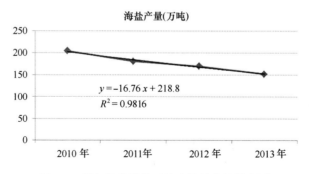

图 7.6　添加趋势线的天津市海盐产量散点图

2）基于年均增长率的趋势外推法

根据海洋盐业产量历史数据可以计算得出 2010—2013 年天津市海盐产量的年均增长率为-9.36%。假设"十三五"期间天津市海洋盐业产量的增长速度与 2010—2013 年的年均增长率相同，则预测模型为：

$$y = y_0(1 - 9.36\%)^t$$

由此可以计算出 2015 年、2020 年海洋盐业产量分别为 125.1 万吨、76.5 万吨。

同样，取上述两种预测方法的平均值，得到 2015 年、2020 年的最终预测值为 121.7 万吨、55.5 万吨。

5. 海洋化工品产量预测

1）基于多项式的趋势外推法

根据 2010—2013 年天津市海洋化工品产量数据作出散点图，可以看出 2010—2011 年海洋化工品产量大幅下降了 7.3%，2012—2013 年产量有所增加。添加趋势线后通过比较分析可知，运用多项式趋势线与散点拟合得还算可以（图 7.7），但是拟合优度仅有 0.702，方程为：

$$y = 3.825x^2 - 19.215x + 180.88$$

鉴于这种情况，决定不再采用此种方法。

2）基于年均增长率的趋势外推法

根据海洋化工品产量历史数据可以计算得出 2010—2013 年天津市海洋化工品产量的年均增长率为-0.5%。假设"十三五"期间天津市海洋化工品产量的增长速度与 2010—2013 年的年均增长率相同，则预测模型为：

$$y = y_0(1 - 0.5\%)^t$$

由此可以计算出 2015 年、2020 年天津市海洋化工品产量分别为 162.5 万吨、158.4 万吨。

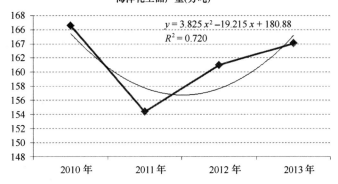

图 7.7　添加趋势线的天津市海洋化工品产量散点图

6. 集装箱吞吐量预测

1）基于多项式的趋势外推法

根据 2010—2013 年天津市集装箱吞吐量历史数据作出散点图，并添加趋势线，通过比较分析可知，运用对数趋势线与散点拟合得最好（见图 7.8），方程为：

$$y = 207.34\ln(x) + 1010$$

可决系数 $R^2 = 0.9978$。通过此方程可以预测 2015 年、2020 年天津市集装箱吞吐量分别为 1 381.4 万标准箱、1 507.2 万标准箱。

图 7.8　添加趋势线的天津市集装箱吞吐量散点图

2）基于年均增长率的趋势外推法

根据集装箱吞吐量历史数据可以计算得出 2010—2013 年天津市集装箱吞吐量的年均增长率为 8.84%。假设"十三五"期间天津市集装箱吞吐量的增长速度与 2010—2013 年的年均增长率相同，则预测模型为：

$$y = y_0(1 + 8.84\%)^t$$

由此可以计算出 2015 年、2020 年集装箱吞吐量为 1 541.1 万标准箱、2 353.8 万标准箱。

同样，取上述两种预测方法的平均值，得到 2015 年、2020 年的最终预测值分别为 1 461.3 万标准箱、1 930.5 万标准箱。

通过上述方法，我们对天津市主要海洋产业发展状况进行了趋势外推和预测，并得出 2015 年和 2020 年的产量预测值（表 7.5）。

表 7.5　2015 年、2020 年天津市主要产业产量发展预测

主要产业	2015 年	2020 年
海水产品产量（吨）	4.7	5.7
海洋原油产量（万吨）	2581.0	3104.4
海洋天然气产量（亿立方米）	27.2	40.1
海盐产量（万吨）	121.6	55.5
海洋化工品产量（万吨）	162.5	158.4
集装箱吞吐量（万标准箱）	1461.3	1930.5

第八章 "十二五"期间天津市海洋事业发展态势分析

"十二五"期间，天津市在海洋经济快速发展的同时，海洋事业也取得长足进步。海洋环境保护工作稳步推进。海洋生态红线制度率先实施，大神堂牡蛎礁海洋特别保护区建设和管理取得显著成效。海洋生态环境整治修复有序开展，利用中央分成的海域使用金完成了滨海旅游区海岸修复生态保护项目和大神堂浅海活体牡蛎礁独特生态系统保护与修复项目。海洋科技攻关成果显著。海水淡化、海洋工程装备制造等领域的科技创新水平保持全国领先地位，海洋化工、海洋盐业等传统海洋产业的高新技术含量不断增加。科技兴海服务体系不断完善，通过打造提升海洋科技自主创新平台和海洋科技成果产业化基地，培育了一批领军型涉海中小企业。海洋公共服务能力不断提高。海洋观测预报和防灾减灾工作稳步推进，海洋灾害预报信息发布渠道不断拓展。海上重大事件应急处置能力显著提高，有效应对蓬莱19-3油田溢油事故、大沽口航道"对二甲苯"泄漏等环境污染事件。渤海湾生态监控区监视监测工作扎实开展。海洋社会事业繁荣发展。以国家海洋博物馆、妈祖文化园为代表的海洋文化群落建设进展顺利，海洋文化旅游高地基本成型。成功举办"6·8全国海洋日"等海洋宣传活动，形成了浓厚的海洋文化氛围。海洋职业教育、高等教育和继续教育蓬勃发展，为海洋经济和海洋事业发展提供了人才支撑和保障。海洋治理体系和治理能力逐步向现代化迈进。海洋法规和规划体系逐步完善，"海盾"、"碧海"、"护岛"等专项执法扎实规范开展，海洋执法装备建造和队伍建设成效显著，维权执法能力不断提高。

第一节 海洋资源开发利用

"十二五"期间，天津的海洋资源开发，尤其是海域资源开发取得了重要的成绩，如《天津市海洋功能区划（2011—2020年）》得到国务院批复，海洋资源管理制度不断完善，海域使用管理更加规范有序且不断创新，海域资源市场化配置迈出新步伐。然而，天津市的海洋资源利用中的一些问题也日益凸显，需要进一步加以解决和完善。

一、发展现状

一是海洋生物资源方面，天津市海洋生物资源丰富，包括贝类、鱼类、无脊椎动物等，门类齐全、种类丰富，渔场众多，有莱州湾、滦河口、辽东湾渔场。渤海湾渔场是产卵场主水域，主要是对虾、小黄鱼、鱿鱼、鲫鱼、黄姑鱼、鲳鱼等的产卵和繁殖地。据调查，渤海湾西部浮游生物有 162 种，其中浮游植物 98 种，主要种类是硅藻、甲藻和绿藻，多分布在近岸；浮游动物 64 种，包括浮游幼虫类、蛲虫类、箭虫类及其他浮游生物。渤海湾西部水域有鱼类 56 种，分别隶属 13 目，主要种类有鳓鱼、黄鲫、山黄鱼、白姑鱼、银鱼等。底栖动物多达 181 种，隶属 11 个门类。最重要的优势种为角板虫、绒毛细足、日本棘刺、蛇尾等，作为经济中的有对虾和三疣梭子蟹。另外天津沿海潮间带生物有 96 种，其中软体动物 27 种、多毛类25 种、甲壳类 23 种、鱼类 13 种、肠腔动物 3 种、棘皮动物 2 种、腕足动物和纽足动物各 1 种。

二是海域和岸线资源方面，天津海域面积为 3 000 平方千米，仅占全国海域面积的 0.06%，海域空间有限且水深不足，拥有 343 平方千米可开发的滩涂，海岸线总长 153.67 千米，岸线仅占全国岸线长度的 0.85%，在全国 11 个沿海省、市、区中排名最后，海岸线资源较为稀缺。天津的海岸线类型为堆积型平原海岸，即典型的粉砂、淤泥质海岸。改革开放以来，特别是滨海新区被纳入国家发展战略后，天津市进行了大规模的海洋开发利用活动。2012 年，天津自然岸线长度为 18.62 千米，自然岸线保有率仅为 12.12%，自然岸线开发殆尽，取而代之的是目前的海挡、堤坝、码头等人工岸线，且天津多为交通运输用海和工业用海，亲海岸线较少。天津滨海湿地的重要分布区在汉沽地区，该滨海湿地是在沉降平原粉砂淤泥质海岸基础上，经过海陆变迁，在地下水、河流、潮流、波浪等陆地、海洋环境及生物因素综合作用下形成的，是天津海岸带生态系统中一个十分重要的子系统，也是天津滨海地区一种独特的生境和重要的土地资源。然而，由于长期的环境演变和盲目开发，湿地面积已大大缩小，较 20 世纪 50 年代已减少了 54.7%，且生态功能也大大减弱，大部分湿地蓄水能力退化甚至干涸。

二、存在问题

（一）海洋资源环境瓶颈制约较大

天津海域面积最小，发展空间有限，且属淤泥质海滩，海水的泥沙含量大，水质浑浊，海岛数量最少，海域资源供给与加快发展需求、环境保护与海洋开发的矛盾日益突出。目前，天津入海河流污染物的排放导致赤潮、富营养化、渗漏油等生态事故频发，渤海已成为全国水质较差的海域之一，对渤海可持续发展造成多种负面影响。随着天津海洋产业集聚区的逐步形成与发展，越来越多的企业和人口向海岸带地区移动，特别是一些石化等重工业项目的进驻，不仅大规模的围填海工程使滨海湿地生境和自然岸线丧失，而且大量的生产生活污水、废弃物排向渤海，给渤海生态环境带来巨大压力。天津近岸海域污染总体形势依然严峻，生态系统健康状况恶化的趋势未得到有效缓解，经济贝类资源遭到严重破坏，栖息环境、种质资源和生物多样性严重受损，渔获物空壳率已达60%，经济贝类退化严重，有些种类自然种群已形不成规模（如三疣梭子蟹、中国明对虾等），亟待采取保护措施，低质种类所占的比重已大幅度上升。

（二）近岸海域资源开发利用强度过大

随着近年来环渤海陆域经济加速崛起，沿海省市对渤海资源的开发利用活动不断加剧且主要集中在近岸海域，岸线的利用率程度较高，近海开发利用率居全国首位，向海一侧的岸线利用率已达100%，以交通运输用海和围海造地用海项目占主导地位。天津市绝大部分用海项目都分布在潮间带及0米到-2米等深线之间地区，包括了港口码头、围海养殖、围海造地、旅游娱乐、油气开采、渔港等用海项目。从海域空间开发利用率来看，天津市的海域空间开发利用率已超过30%，-2米等深线以内海域空间资源开发利用率超过80%。从海域空间开发利用的向海纵深来看，部分填海造陆工程如临港工业区、天津港已经扩展到-4～-5米等深线，向海纵深超过10千米。

（三）海域资源集约节约利用程度较低

天津市持续高强度开发海域资源、油气资源、港口资源、岸线资源，在形成天津市港口、盐业和海水养殖3大传统产业的基础上，港口运输、油气开发等优势产业也不断得到发展。然而，天津市在节约集约使用海域资源方面还有很大的潜力。目前，天津的围海造陆大多采用由沿岸向海平推的方式，人工岸线缺乏生态保护考虑，对海洋自然资源和生态环境造成一定的不利影响，近岸海域生态环境恶化形势严峻，生态服务功能严重受损，防灾减灾能力降低。近海渔业资源趋于枯竭，生物多样性降低。与此同时，填海区域产业布局雷同、产业同质化现象非常明显，海域资源利用效率不高。如何转变传统的用海方式，研究围海造陆新方法，实现经济效益和生态效益之间的协调，将是未来天津海域管理所面临的重大挑战。

（四）海洋资源管理体制有待进一步健全和完善

这一问题在我国资源管理中具有普遍性。当前海洋资源开发与管理工作缺乏统筹，海洋资源管理体制层级较多，可以概括为产权管理与行政管理相结合、中央与地方管理相结合、行业管理与综合管理相结合的"三结合"体制，与计划经济时期的经济体制、资源管理体制相适应。随着我国市场经济的不断深入发展，市场不断在资源配置中起决定性作用，上述体制所存在的弊端日益突出，海洋资源利用效率不高、无法满足当前海洋经济和海洋事业发展的要求，海洋资源配置的市场化改革势在必行。

第二节　海洋生态环境保护

一、发展现状

一是海洋生态环境保护全面纳入美丽天津建设范围。2013 年 8 月，天津市委十届三次全会审议通过了《中共天津市委关于深入贯彻落实习近平总书记在津考察重要讲话精神加快建设美丽天津的决定》，制定了《美丽天津建设纲要》，确定了建设美丽天津的总体要求、奋斗目标和重点任务，明确提出要把天津建设成为人与自然和谐相处、经济与社会协调可持续发展的美丽家园，海洋生态环境保护工作全面纳入其中，七里海湿地保护与修复项目列入美丽天津一号工程。

二是海洋生态环境保护和修复进一步加强。编制完成《天津市海域海岛海岸带整治修复和保护规划（2011—2015 年）》和《天津市海洋环境保护规划（2014—2020 年）》。组织开展主要入海污染物总量控制制度研究和陆源入海污染负荷调查与评估，完成了对全市 20 条入境河流及断面、5 个市内河流断面、19 个入海排污口及河流入海断面、30 个海上监测站位、24 个土壤监测站位以及 20 个地下水站位的调查监测，开展陆源入海直排口治理对策、生态损害赔偿及生态建设方案以及海洋生态环境监测与评价技术体系优化等专题研究，为落实"河长制"管理，在沿海重点区域试行建立陆源入海污染物总量控制创造条件。在汉沽区大神堂外海开展试验性人工鱼礁投放活动，共投放两种类型的人工鱼礁 3 000 余组。"十二五"期间，累计在汉沽大神堂外海投放各类人工鱼礁和生物资源养护设施 4 000 余个，共 1.6 万空方，礁区面积达 1.1 平方千米，放流海洋生物苗种 8.6 亿尾。

三是自然保护区、特别保护区和生态红线建设稳步推进。《天津古海岸与湿地国家级自然保护区七里海湿地保护与恢复规划（2012—2015 年）》批复实施，在七里海湿地核心区修建了人工鸟岛，建成"七里海湿地鸟岛科研观测系统"，开创了我国湿地类型国家级自然保护区视频监控鸟类活动的先河，结合新修订的《天津古海岸与湿地国家级自然保护区管理办法》，修改完善了保护区监察执法的相关工作制度和工作程序。大神堂牡蛎礁国家级海洋特别保护区于 2013 年 1 月获国务院批准建立，一期建设进入实施阶段。同时，依据渤海海洋生态红线制度建设指导意见和红线划定技术指南，完成全市海洋生态红线划定和管理制度研究。

二、存在问题

海洋自然条件的先天性短缺，严重制约着天津海洋经济的发展空间，而后天的高强度利用则进一步加剧了生态环境压力。天津海岸线短、无基岩岸线、无深水岸线、海域面积小。岸线仅占全国的0.85%，海域面积仅占全国的0.06%，在全国11个沿海省、市、区中排名最后。天津港作为北方最大的综合性港口，主航道完全靠人工疏浚。渤海是典型的半封闭型内海，水动力较差，水体交换能力弱，受河流作用强烈，近岸开发和入海排污影响显著。天津近海开发利用率居全国首位，向海一侧的岸线利用率已近100%，"十二五"期间，围填海确权海域主要用于港口和工业建设。随着天津滨海新区的发展，一些大型的石化、汽车、电力等项目相继在临海（港）区域落地。大规模的海洋开发利用活动，使得天津近岸资源量明显下降，生物多样性减少，海洋捕捞结构趋于简单。同时，也加剧了海洋环境污染，天津近岸海域环境质量尚未得到有效改善，赤潮、溢油等海洋灾害仍时有发生。

三、形势分析

党的十八大将生态文明纳入"五位一体"中国特色社会主义总体布局中，十八届三中全会关于全面深化改革的决定提出"建设生态文明，必须建立系统完整的生态文明制度体系，实行最严格的源头保护制度、损害赔偿制度、责任追究制度，完善环境治理和生态修复制度，用制度保护生态环境"。《中共中央国务院关于加快推进生态文明建设的意见》提出"到2020年，资源节约型和环境友好型社会建设取得重大进展，主体功能区布局基本形成，经济发展质量和效益显著提高，生态文明主流价值观在全社会得到推行，生态文明建设水平与全面建成小康社会目标相适应"的目标。海洋作为蓝色国土，其生态环境保护也已成为"十三五"时期的重要工作。天津作为重要的沿海城市，也应将海洋生态环境保护放在海洋经济与海洋事业发展的突出地位。

"十三五"时期，是全面建成小康社会的决战时期，是全面深化改革的攻坚时期，也是全面推进依法治市的关键时期。全市经济发展进入新常态，经济增速由高速向中高转变，转型升级、提质增效进程加快，快速工业化和城镇化仍在持续，将给海洋资源利用和环境保护同时带来动力和压力。

第一，基础设施建设、工业化等均进入稳定期或成熟期，重化工业快速发展势头减缓，第三产业成为拉动经济增长的主力，总量和结构都在向有利于资源环境保护的方向发展，但预计人口的增长和快速的城镇化仍将持续10~20年时间。伴随着居民收入的提高、内需扩大和消费升级，将不断加大能源、资源利用规模和强度，而经济要素和人口向滨海地区集聚的趋势短期内不会改变。

第二，"十三五"是环境质量状态最为复杂的时期，预计主要污染物和水污染物排放叠加总量达到峰值，鉴于陆源污染物排放是海洋环境污染的主要来源，加快海洋生态环境保护和修复的任务更加繁重。

第三，海洋资源环境问题已远远超出污染与破坏问题本身，逐渐渗透到经济、社会、政治乃至文化领域，突出表现为环境群体性事件日益成为影响社会稳定的重要因素、环境问题对公众健康的危害更加明显、重大资源环境问题处理直接影响政府公信力、公众的资源环境意识和参与能力提升与权益维护之间缺乏平衡，直接制约着经济社会的健康持续发展。

第四，政府对海洋资源环境保护日益重视，但是为了重大项目牺牲资源环境的心态依旧存在。经济步入新常态和日益强化的资源环境约束使地方经济增长空间受到一定挤压，如何处理好节能减排与经济增长和就业保障的关系可能成为难题，使生态建设资金投入的可持续性存在变数。天津市海洋经济与海洋事业发展"十二五"规划实施评估表明，全市入海污染物排放还处于较高水平，环境绩效与国内先进地区相比差距很大，海洋环境质量仍不尽如人意，"十三五"期间仍有较大发展和改进空间。

第三节　海洋科技创新

一、发展现状

一是海洋科技支撑作用逐步增强。坚持以培育海洋战略性新兴产业、促进传统产业升级、加速转变海洋经济发展方式为核心任务，发挥科技支撑和引领作用，着力解决制约海洋产业发展的科技问题，初步取得了水下滑翔机、海底声学拖缆、海水化学资源提取技术、石油污染物处置技术等一批具有国际国内先进水平的科技成果，使天津市在海水综合利用、海洋高端装备制造等海洋战略性新兴产业领域的科技创新水平始终保持全国领先地位，在海洋油气、海洋盐业等传统产业中的高新技术含量不断增加，提高了海洋科技自主创新能力和海洋产业核心竞争力。

二是科技服务体系建设取得初步成效。天津"数字海洋"框架建设取得初步成果，已完成市级节点与塘沽、汉沽、大港二级节点的网络联通测试，完善了海洋信息传输网络，推进了海洋信息的共享。2012 年 5 月 20 日，亚太区域海洋仪器检测评价中心在天津市挂牌成立，标志着天津乃至中国在承担制定全球海洋观测标准、实现全球海洋观测数据共享、提升海洋观测质量等方面迈出了坚实一步。

三是科技兴海成效显著。2010年至2012年3年来科技兴海累计立项75项，累计总经费超过2亿元，其中科技兴海专项经费投入资金近6 000万元，引导、带动企业配套科技研发投资1.5亿元，有力促进企业成为科技自主创新的主体，实现了海域使用金支持海洋科技的突破。累计形成专利成果50项，高水平论文75篇，培养硕士及以上人才37名，建立生产基地、示范基地18个。

四是海洋科技人才建设初见成果。全市各高校积极将涉海专业列为学校发展重点，并及时与海洋经济、海洋事业发展规划对接。积极开展涉海在职培训，确保海洋人才培养的针对性，提高海洋人才培养的数量和质量。围绕海洋科技重点项目开展攻关，通过建立涉海重点实验室、研发基地等手段，力求在关键领域取得国内外领先的实质性成果，为产学研联合攻关做好示范。目前天津大学、天津工业大学、天津城建大学等高校已建立起了涉海工程技术（研究）中心，其他高校也围绕自身特点和专业领域，积极探索海洋科技人才培养和涉海技术研发的新模式。

二、存在问题

海洋产业发展与海洋科技研发互动不够强，海洋科技与海洋经济结合问题没有从根本上解决。创新链和产业链相互协同不足，存在弱链、断链环节，导致有的领域技术优势没有转化为产业优势，有的领域产业优势没有转化为技术优势。一是战略性新兴产业缺乏自主性和根植性，发展后劲不足。海洋新能源新材料、海洋生物医药等新兴产业发展速度和体量有待加强。二是科技成果惠及民生的领域有待进一步扩展。人民群众对解决人口健康、生态环保、公共安全等问题的需求日益迫切，但创新在保障和改善民生方面的能力仍较薄弱，不能满足经济社会快速发展的需求。

产学研结合不够紧密，创新资源分散闲置、封闭低效，缺少有效集成。一是协同创新的局面还没有真正形成，仅停留在一些短平快项目上。二是重大科技成果转化不足，有影响力的科技成果在本地转化的数量偏少，能带动产业集群发展的关键技术和共性技术突破不够。三是产业技术创新联盟目前还处于起步阶段，大多数联盟缺乏实质性运作，缺乏有效的组织形式和制度安排，运行效果和作用有待观察。四是大量人才、成果与企业和市场需求脱节，缺乏整合集成机制。

海洋科技创新平台有待进一步优化。天津现拥有涉海国家级重点实验室1家，省部级重点实验室8家，国家级工程（技术）中心5家，市级工程中心8家；国家级海洋质量监督检测机构8家；7所高校培养涉海类专业人才。这些科研教育机构为天津市科技创新发展初步搭建了发展平台，但这些机构一是布局上相对分散，尤其是担当海洋人才培养和科研重要角色的高校；二是多依附于国家机关和高校，鲜见民间性、独立性的研究机构；三是各研究机构彼此沟通交流较少，没有整合既有科研力量形成合力，大大减少了承担国家级重大项目的机会。

三、形势分析

党的十八大做出了"建设海洋强国"和"实施创新驱动发展战略"的战略部署。习近平在主持中央政治局就建设海洋强国研究进行第八次集体学习时强调"要发展海洋科学技术，着力推动海洋科技向创新引领型转变"，这充分体现了党中央、国务院对海洋科技发展前所未有的高度重视。未来5~10年是我国海洋科技实现战略性突破的关键时期，机遇与挑战并存。当今世界，全球科技进入新一轮的密集创新时代，以高新技术为基础的海洋战略性新兴产业将成为全球经济复苏和社会经济发展的战略重点。海洋开发进入立体开发阶段，在深入开发利用传统海洋资源的同时，不断向深远海探索开发战略新资源和能源，大力拓展海洋经济发展空间。气候变化等全球性问题更加突出，世界海洋大国将依靠科技创新和国际合作应对气候变化，走绿色发展的道路。与此同时，海洋科技向大科学、高技术体系方向发展，进入了大联合、大协作、大区域研究阶段；海洋调查步入常态化和全球化，海洋观测进入立体观测时代，并向实时化、系统化、信息化、数字化方向发展，海洋科技向现实生产力转化速度加快，不断催生海洋新兴产业。

当前，天津创新工作正面临着国家自主创新示范区获批、国家自贸区建设、加快滨海新区开发开放、京津冀协同创新发展，以及"两个便利化"和"两个升级版"的战略机遇，也是海洋科技工作面临的新形势。"十三五"期间，全市海洋科技工作要重点把握以下四个方面：一要突出重大需求和问题导向，面向国家重大需求、面向国民经济主战场，加强海洋创新发展的战略谋划和系统布局，强化基础研究和原始创新能力，着力解决制约海洋经济发展的重大科技问题，打造创新发展加速度，支撑经济中高速发展和提质增效；二要继续破除体制机制障碍，既要加大已出台的改革举措落实力度，又要找准新的改革突破方向和重点，不断激发广大涉海科技人员和各类创新主体的创新活力，营造大众创业、万众创新的环境和氛围；三要务求实效，加速海洋科技成果转化，把创新成果变成实实在在的产业活动和市场效益，创造新的增长点，培育新业态，带动新就业；四要依法行政，进一步转变政府职能，加强党建和自身能力建设，提高科技创新治理能力。

新一轮战略定位主要内容包括：一是继续坚持"科技兴海"的普遍要求，有效提升海洋高新技术产业在海洋产业中的比例，努力提升海洋科技成果转化率和产业化，积极完善科技兴海的长效机制和工作体系。二是立足于建设"海洋强市"高度，加快发展海洋经济的战略部署，不断强化提升科技对海洋经济和地方经济发展贡献率和综合带动力，提升海洋科技对全市科技创新发展的基础性带动效应，通过结构转型，有效增强天津海洋经济的科技竞争力和产业竞争力。三是按照国内外发展环境长期处于"新常态"的新变化新任务，根据需要与可能，积极完善有关海洋科技创新和人才建设的相关指标，明确海洋科技的发展主线和主要任务。四是立足于天津市海洋经济科学发展示范区建设发展，结合现有的 11 类涉海企业的基础优势，积极探索规模持续提速、质量创新提升、结构突破带动的战略路径，保持和强化天津市海洋经济和涉海产业发展在全国的领先地位。

第四节　海洋防灾减灾

一、发展现状

近年来，天津市坚持科学防灾减灾理念，理清新时期海洋防灾减灾体系建设思路，进一步健全防灾减灾管理体制和运行机制，着力加强灾害预警监测、应急处置能力建设，为海洋防灾减灾工作奠定了坚实基础。

"十二五"期间，天津市大力推进海洋监测站建设，积极推动塘沽、汉沽、大港 3 个海洋环境观测监测台站建设。2013 年国家海洋局批准了天津市重点服务保障目标的精细化预报试点工作实施方案。自 2013 年 8 月起开始制作并发布面向临海经济区临近海域的精细化预报信息。海洋灾害预报信息的发布渠道得到不断拓展，海洋预报在天津电视台滨海频道"滨海第一时间"节目中正式播出，并实现了新浪微博平台播报，形成了传真、电话、手机短信、电台、电视台和网络等各种媒介综合联动的信息发布平台。2013 年全年，通过天津市海洋局官方网站和新浪微博、腾讯微博等网络渠道发布天津近海海浪、水温、潮汐常规海洋环境预报信息 760 期；在天津电视台、汉沽电视台、大港电视台、塘沽电视台发布各类常规海洋环境预报信息 936 期；在广播电台交通频道发布周边旅游景点及港口海洋环境预报信息 273 期。2013 年全年共发布风暴潮消息 4 期、风暴潮蓝色警报 7 期、风暴潮黄色警报 3 期、大浪蓝色警报 5 期。发布传真 1 200 余份，电子邮件 570 余封，手机短信近36 000 条。

依据国家《海洋观测预报管理条例》，天津市海洋局发布了《天津市海洋观测网建设规划》，规划形成了天津市海洋观测网布局。2013 年《天津市海洋观测预报管理办法》被列入天津市政府法制办立法调研项目。重新修订的《天津市赤潮灾害应急预案》于 2010 年 3 月经市政府批准实施。组织修订完成了《天津市风暴潮、海浪、海冰和海啸灾害应急预案》，并于 2011 年 10 月经天津市政府批准正式实施，进一步优化了海洋灾害应急响应程序。编制并完善了《天津市防汛抗旱指挥部防潮分部工作流程》《天津市防汛抗旱指挥部防潮分部应急响应机制》《防潮分部联络员工作制度》等。此外，天津市还积极应对海冰、风暴潮、海浪等海洋灾害，以及赤潮等突发海洋环境事件。依据《天津市风暴潮、海浪、海冰和海啸灾害应急预案》，天津市海洋局于2014年10月组织开展了2014年度海洋灾害部门应急演练，为保证天津市海洋灾害应急响应机制及时高效运行奠定了基础，有力提升了全市海洋灾害应急管理效能。

二、存在问题

目前天津海洋防灾减灾工作还存在以下几个方面的问题：一是工作体制机制有待进一步完善。海洋防灾减灾是一个涉及多领域、多范畴的系统工程，如何更好地发挥海洋行政主管部门在海洋防灾减灾方面的综合协调职能，加强各方面的协作配合，需要进一步完善体制机制建设。二是海洋防灾减灾业务体系亟待加强。相比观测预报，天津市海洋减灾工作起步较晚，灾情报送渠道不够畅通，海洋灾情调查评估体系尚未健全，缺乏专业化的调查评估队伍，海洋灾情统计业务体系有待进一步完善。三是海洋灾害风险转移机制有待进一步确立。天津各有关部门在海洋灾害管理上的投入巨大，但在灾害造成的直接经济损失的补偿方面却一直处于较低水平。保险在灾害补偿中的作用尚未发挥出来，海洋灾害损失分担和风险转移机制有待进一步确立。

第五节　海洋文化

一、发展现状

海洋文化是天津文化的重要组成部分，有着丰富的内涵和突出的特色。渔文化、盐文化、漕运文化、码头文化、海神信仰、遗址古建以及海战和造船史，蕴含着天津古老而独特的海洋文化气息，为构建海洋文化和旅游产业发展高地提供了浓厚的历史和文化底蕴。"十二五"期间，国家海洋博物馆、海洋文化公园建设稳步推进。为加快形成全社会关注海洋、热爱海洋的文化氛围，2011—2013年连续举办3场"世界海洋日"的宣传活动，并举办了妈祖文化节、港湾文化节、"津乐园杯"中国·海河龙舟节等各类丰富多彩的海洋文化活动。通过这些重大活动或举措，进一步扩大了天津市海洋工作的影响力和社会认知度，引起各级领导和社会公众的重视与关注。

二、存在问题

一是海洋文化内涵未得到充分挖掘。天津海洋文化资源尚未得到充分挖掘，缺乏开发的广度和深度，未能有效地转化为产业优势。与海洋文化相关的文学创作、新闻出版等行业发展也相对落后。大量海洋文化资源还有待通过多种方式和手段加以包装，转化为能够满足消费者物质文化需求的产品和服务。

二是海洋文化产业发展水平较低。天津虽然有深厚而多样的海洋文化，但产业规模小，总体水平不高。天津文化产业增加值占地区生产总值的比重较低，而且天津海洋文化产业发展滞后，尚未形成完整的产业链和产业集群，海洋文化产业资源分散，缺乏具有影响力、能带动海洋文化产业发展的龙头企业和产业园区，集聚效应不佳。

三是海洋文化产业竞争力不足。天津海洋文化资源丰富多彩，涵盖了渔文化、盐文化、海商文化、妈祖文化和海防文化等，但在海洋文化产品的开发过程中，未能根据自身的资源优势、历史背景和民俗文化特色打造富有地方特色和吸引力的海洋文化品牌。与广东、福建等极具特色的海洋文化大省相比差距较大，与青岛、威海等周边沿海省市相比优势也不明显。

第六节　海洋教育和人才培养

近年来，天津市海洋高等教育发展较快，天津大学、南开大学等涉海高校相继设立了海洋学院和海洋专业，海洋教育规模不断壮大。同时，也已初步形成一支规模完备、领域广泛、结构分明的海洋人才队伍，涉及海洋经济、管理、科研、服务和教育5大领域，包括海洋、交通、渔业、旅游、环保等多个涉海行业，为海洋经济和海洋事业的发展提供了保障。

一、发展现状

近年来，天津市高度重视海洋教育的发展。从专业设置来看，南开大学、天津大学、河北工业大学、天津科技大学、天津理工大学、天津城建大学、天津农学院和天津海运职业学院等10余所涉海高校都设有相关海洋专业。其中，一级学科包括海洋科学、水利工程、船舶与海洋工程、食品科学与工程、水产；二级学科包括物理海洋学、海洋化学、海洋生物学、海洋地质、港口海岸及近海工程、船舶与海洋结构物设计制造、轮机工程、航海工程、水产养殖、渔业资源等。从师资力量和在校生规模来看，根据《中国海洋统计年鉴2014》统计数据，截至2013年底，全市涉海高校专业教师共有376人，分布于各个高校的相关专业，其中正高级职称92人，副高级职称124人；共有博士专业5个、硕士专业11个、本科专业12个、高职专业23个；涉海专业在校生总计7 628人，其中涉海专业博士、硕士、本科、专科学生在校生人数分别为25人、215人、3 462人、3 926人。从科研创新平台建设来看，建成了大型冰力学与冰工程、水利工程仿真与安全等国家重点实验室，新建了海水淡化实训基地，真空精盐实训基地等，并积极与国家海洋局驻津单位、地方海洋管理部门、涉海企业共建实习基地，培养了大批海洋技能人才。海洋继续教育深入开展，2013年、2014年，天津市连续开展了专业技术人才知识更新工程高级研修项目计划，培训项目中设有海洋专业，有效推进了海洋类专业技术人才的继续教育工作。

近年来，天津市现有海洋人才队伍不断壮大，海洋人才总量稳步增长，职称结构和学历结构趋于合理。2013年底，天津市海洋从业人员共有2 646人，其中海洋科技人员有2 192人，占海洋从业人员总数的82.8%。海洋科技人员中，高级职称人员占35.5%，具有硕士及以上学位人员占39.4%。高层次人才方面，在我国现有两院院士中，涉海领域共有28人，其中19人集中于青岛，天津只有1位从事港口和海岸工程的院士。据不完全统计，天津市现有中国科学院院士17人，中国工程院院士21人，其中有一些从事水利工程、土木力学和化学领域的专家，天津市完全可以借助这些力量发展涉海相关领域的研究。我国现有涉海专业的长江学者41人（2012年建议名单），其中有16人就职于青岛的中国海洋大学，有9人分别就职于上海交通大学、同济大学和华东师范大学，而天津市则为空缺。天津市的两院院士和长江学者数量都较少，还需要加大力度进行相关专家的引进和培养。

二、存在问题

第一，海洋人才教育师资力量有待加强。截至2013年12月底，全市涉海专业教师共有376人，在校生总计9 271人，师生比1∶24.7，而教育部2004年发布的《本科教学评估体系》要求师生比应该在1∶16到1∶18之间。因此，应重点加强天津市涉海专业的师资力量。

第二，海洋人才教育专业结构有待完善。天津市涉海专业覆盖面相对较窄，海洋生物资源与环境、海洋资源与环境、军事海洋学等专业大类还没有涉及，海洋管理类在本科以上专业中也没有涉及，同时涉海专业博士点和硕士点相对较少，高端人才培养滞后。

第三，高端人才较为匮乏。目前，天津市高学历、高技能等高端人才较为匮乏，特别是国际化人才、掌握核心技术人才、高新技术的领军人才非常短缺。天津市的两院院士和长江学者数量较少，落后于全国水平，需要加大力度进行高端人才的培养和引进。

第四，人才培养与现实需要脱节。海洋人才毕业后多进入高校和研究所从事基础研究，进入企业的毕业生较少且需要较长时间的培训，才能适应用人单位需要，用人成本过高，使企业难以承受。涉海企业和科研院所对人才重引进、轻管理和培养，没有建立引进后再学习、培训和选拔的机制，容易导致人才流失和服务能力衰退。

第七节　海洋法规和规章

一、发展现状

"十二五"期间，天津市海洋法规体系建设工作取得了阶段性的成果，《天津古海岸与湿地国家级自然保护区管理办法》《天津市海洋环境保护条例》等地方性法规不断完善。《天津市海洋局规范性文件制定程序管理规定》等规范性文件的制定为进一步提高依法行政、规范管理奠定了基础。

天津市不断加强立法研究，深入一线开展立法调研工作，完成环渤海环境保护法制建设调研，形成了"环渤海环境保护法制研究"调研报告。同时，将《天津市海洋观测预报管理办法》列入2013年市政府法制办立法调研计划，会同法制办开展了《天津市海洋观测预报管理办法》立法调研工作。

海洋依法行政水平进一步提高。一是圆满完成了"五五"普法任务，顺利开展了"六五"普法工作，进一步提高了依法用海意识和海洋执法水平；二是研究制定了海洋行政许可全流程控制图，理顺了行政审批时序，强化了行政审批的"一站式"、"全天候"服务，减少环节、简化程序、优化流程，进一步提高了办事效率，使企业和群众办事更方便更快捷；三是积极落实市依法行政考核各项要求，按照常规化、制度化的工作要求，把依法行政考核分解到各部门、各单位。通过以上举措，进一步提高了行政效能，强化了服务意识，优化了投资发展环境。2011年累计完成行政审批事项35件，2012年累计完成行政审批事项39件，2013年6月底累计完成行政审批事项66件，提前办结率100%。

海监执法管理力度进一步加大。天津市积极开展了各项专项和日常执法行动，重点完成了"海盾"、"碧海"专项执法行动，并积极协调市文物执法部门开展了"水下文化遗产保护"联合专项执法行动。此外，根据国家海洋局的部署，参加了首次钓鱼岛海域国家维权执法行动，从而为今后天津市海监队伍纳入国家维权执法编队、执行国家任务产生了重要和积极的影响。

二、存在问题

从当前来看，天津市海洋法规规章和执法还存在一定的不足，加强地方海洋法规的立法工作和执法任务仍然较重。从整体上看，海洋管理和生态环境保护的法规体系还不健全，特别是缺乏一些具体的、可操作性强的地方性法规和规范性文件。因此，如何逐步制定具体的地方性法规，使海洋管理的法律法规从原则规定和定性到具体规定和定量的转变，研究并制定出台更加完善、系统的地方性法规，是未来天津海洋法规建设的重要任务。此外，在执法过程中，推动依法行政、提高办事效率、强化社会监督、加强廉政建设，也是天津市海洋执法工作的艰巨任务。

第九章 "十三五"天津市海洋经济和海洋事业总体思路

第一节 面临形势

一、外部环境机遇与挑战并存

从国际形势看，一方面，海洋逐渐成为各国争夺战略优势的焦点，抢占海洋规则"先手棋"、海洋科技"制高点"、海洋产业"桥头堡"成为争夺发展主导权和确立国际竞争优势的重要途径，使得海洋经济和海洋事业在天津率先发展的地位作用更加突出。另一方面，深层次结构矛盾依然羁绊着全球经济回升的步伐，全球产业分工格局和贸易规则孕育变化，对天津市开放型经济带来深远影响，也将促进海洋产业结构和布局深刻调整。

从国内形势看，首先，党的十八大报告提出"两个百年"的奋斗目标和"三期并存"的战略判断，中央做出建设海洋强国的战略部署为天津市推进国家海洋经济科学发展示范区建设和全面建成海洋强市提供了历史性机遇。其次，我国处于经济增速换档期和结构调整阵痛期，发展质量和效益亟须提高，天津市转变海洋经济发展方式迫在眉睫，同时也存在海洋产业跨越式发展的巨大空间。全国沿海发展布局出现新特点，舟山群岛、大连普金新区、青岛西海岸新区等以海洋为特色的国家级新区相继涌现，上海自贸区沿海优势更加明显，沿海省份参与建设海上丝绸之路的呼声高涨，海洋发展共赢局面加速形成，抢市场、抢资源、抢腹地的竞争态势更加激烈。

二、政策红利不断释放

（一）"一带一路"倡议

"一带一路"倡议是我国新一届政府深化改革战略设计的重要组成部分。该倡议是党中央、国务院统揽政治、外交、经济、社会发展全局做出的重大战略决策，"一带"找到了西部往外走的大通道，"一路"则是建立海洋新秩序，推动航海自由开放和海上共同安全，推动沿海地区和海洋资源共同开发利用，"一带一路"建设对于构筑陆海统筹、东西互济的全方位格局具有十分重要的战略意义。

天津地处太平洋西岸，中国华北平原东北部，背靠"三北"，面向东北亚，是欧亚大陆桥重要节点城市，是环渤海经济带和京津冀城市群的交汇点，是连接国内外、联系南北方、沟通东西部的重要枢纽，是中国参与区域经济一体化和经济全球化的重要门户，在区域经济发展和"一带一路"建设中具有重要的战略地位。作为亚欧大陆桥东部起点城市，天津拥有3条陆海联运通道通往欧洲：第一条是途经满洲里、黑河和绥芬河前往俄罗斯转向欧洲；第二条是途经新疆阿拉山口前往中亚再转向欧洲；第三条是途经内蒙古二连浩特前往蒙古国再转向欧洲，其路程比从连云港出发缩短了400多千米。同时，天津也是中蒙俄经济走廊的主要节点。中石油与俄罗斯石油公司签署了天津炼油厂建设及向该厂供应原油合作项目，预计建成后年产能将达到1 600万吨。未来，全市会继续发挥好港口航运的优势，通过满洲里货运物流通道，加大中俄两国之间物流合作发展，进一步扩大原油、东线天然气管道方面的合作。另外，天津还是海上合作战略支点。天津港同世界上180多个国家和地区的600多个港口有贸易往来。未来天津北方国际航运中心核心功能区加快建设，国际船舶登记制度、国际航运税收政策、航运金融、租赁业务等业务也将取得积极进展，天津作为对外合作开放桥头堡作用更加凸显。

(二) 京津冀协同发展战略

党的十八届四中全会明确把京津冀协同发展战略作为三大战略之一，区域协同和增长极的培育将成为我国今后深化改革与转型发展的战略支点，以京津冀协同发展为核心的"第三增长极"建设更是重中之重。实现京津冀协同发展，是面向未来打造新的首都经济圈、推进区域发展体制机制创新的需要；是探索完善城市群布局和形态、为优化开发区域发展提供示范和样板的需要；是探索生态文明建设有效路径、促进人口经济资源环境相协调的需要；是实现京津冀优势互补、促进环渤海经济区发展、带动北方腹地发展的需要。从功能定位来看，天津北方经济中心的地位会进一步凸显。从资源配置来看，京津冀协同发展有利于资源要素按照市场规律向天津集聚，汇集更多的人流、物流、资金流、信息流。从投资动力来看，京津冀交通互联互通、生态环境联防联控，对海内外投资的吸引力大大增加，投资需求将更加旺盛。

具体而言，一方面，京津冀协同发展战略要求强化首都核心功能，建成全国的政治中心、文化中心、国际交往中心、科技创新中心。北京这些核心功能的强化和作用的充分发挥，都将对天津经济社会发展起到强大的辐射带动作用。另一方面，京津冀协同发展战略要求调整疏解非首都核心功能，为天津承接北京的金融服务等产业提供了机遇。

近年来天津在创业风险投资、外汇管理政策、离岸金融业务等方面已进行了积极的探索，诸如私募股权投资基金的渤海产业投资基金、船舶产业投资基金等大规模产业投资基金的建立和发展，还有融资租赁业的建立和发展等，均有京津两市的机构参与，其中北京央企的投资参与发挥了重要作用。总体而言，京津冀协同发展上升为国家战略，是继滨海新区开发开放纳入国家发展战略之后，天津面临的又一次难得的历史机遇。该战略对于破解首都发展长期积累的深层次矛盾和问题、破除区域间隐性壁垒、打破行政分割、完善城市群形态、引领经济发展新常态和全面对接"一带一路"等重大国家战略具有深远影响。

（三）自由贸易试验区

2014 年 12 月 28 日，国务院正式批准天津建立自贸区，主要涵盖 3 个功能区，天津港片区、天津机场片区以及滨海新区中心商务片区。天津自贸区的定位超越了传统的自由贸易园区的概念，是我国继 1980 年建立 4 个沿海特区、1984 年设立 14 个沿海开放城市以及 2001 年加入 WTO 之后，再一次伟大的开放试验。天津作为新一轮改革开放的排头兵，承载起进行中国综合配套改革的重任，承载起进行金融改革创新实验的重任和其他多项改革的重任。中央要求在天津进行中国自由贸易试验区的改革开放新尝试，不仅是历史赋予天津的光荣职责，更是一直以来国家赋予天津在改革开放事业所应发挥功能作用的一贯体现。

天津自贸区的特点是大区域试验田，制造业、金融服务和物流服务并举，重点是金融创新。与同时获批的福建、广东自贸区相比，天津自贸区有独特的优势。

首先，从地缘来看，天津自贸区位于环渤海经济带，紧邻首都北京，是我国"三北"地区向外贸易的重要通道，自贸区的成立可带动东北、华北、西北地区的发展。天津是我国传统的北方经济中心，在我国改革开放事业中发挥了引领性的作用。天津港是我国北方第一大港，承担了北方经济带约 80% 以上的集装箱贸易，同时内陆腹地涉及环渤海及内陆众多省份，带动作用明显，利用港口优势有望建设成为北方经济和贸易中心。

其次，从发展战略来看，天津紧邻首都北京，是北京的门户，又是北方历史文化名城和传统的物流集散地，再加上交通、科技研发、医疗、教育资源优势，天津在一定程度上成为京津冀协同发展的重要一极。

再次，从自身发展来看，天津自贸区的建立为传统制造业升级、新兴产业提质增效提供了发展空间。天津融资租赁市场在国内建立较早，企业数量占比较高，市场业务覆盖范围广，具备先发优势。自贸区的设立将推进融资租赁业务的发展，并通过融资租赁业务带动离岸金融和金融服务外包业务的发展。自贸区作为一个高端平台，将金融监管部门、地方政府、能够提供跨境金融投资服务的金融机构和有跨境投融资需求的企业集聚在一起，快速完成跨境投融资活动。①

（四）国家自主创新示范区

2014年12月，国务院批准天津滨海高新区建设国家自主创新示范区，这是国家深入实施创新驱动发展战略和京津冀协同发展战略的重要决策，也是天津建设北方经济中心和创新型城市、推动老工业基地转型升级的重大机遇。为贯彻国家的重要部署，天津市先后出台了《天津国家自主创新示范区发展规划纲要（2015—2020年）》和《关于加快建设天津国家自主创新示范区的若干意见》。根据规划和意见，全市将以滨海高新区为核心，以各区县分园为重点，构建富有活力的创新生态系统，努力建设具有国际影响力的产业创新中心和国家级区域创新中心。到2020年形成"一区多园"的创新发展格局，建成自主创新能力显著增强、高端新兴产业发达、创新和服务体系完善、高水平创新人才聚集、知识产权保护环境优良、创新生态环境优化、富有创新发展活力的创新型园区，成为创新主体集聚区、产业发展先导区、转型升级引领区、开放创新示范区。

为完成上述目标，全市将面向全球组织科技要素，着力引进世界500强企业的科研机构或研发中心，密切与北京、河北的科技合作交流，引进共建一批新型研发机构、中试和产业化基地。促进高校和科研院所科技成果转化，推动企业建立创新机构、产学研协同创新平台等。瞄准现有产业和企业升级换代，将加强关键共性技术研发应用，鼓励制造业延伸发展生产性服务业及商业模式创新。围绕培育战略性新兴产业和新业态，推动核心技术和"杀手锏"产品开发，建立高成长性企业认定奖励制度，支持企业引进转化重大科技成果、实施重大创新项目，不断形成创新驱动的新动力和新的经济增长点。

同时，大力打造创新型人才队伍。建立创新创业绿色通道，在"千人计划"、"高层次人才特殊支持计划"、"千企万人"支持计划和创新人才推进计划等方面给予重点支持。建立高水平创新型人才的服务绿卡制度，实施全方位、保姆式服务。健全创新机构与企业的人才档案，加强民营科技型企业人才职称评定。建立高校和科研院所创新人才在示范区挂职、兼职制度，对选派的企业科技特派员给予支持。建立研究生研究基地和大学生实训基地，形成联合培养人才机制。推进科技服务与科技金融便利化。支持产业技术创新战略联盟、各类协会等社会组织建设，促进研发、专利、检测检验、创业孵化、科技咨询等聚集发展，打造富有活力的创新生态系统。建立创新人才、创业辅导、融资服务一体化的创新创业社区，促进科教资源

① 天津经济课题组.起航——天津自贸区［J］.天津经济，2015，2：34-41.

向示范区聚集。设立科技信用贷款风险补偿资金、天使投资和创业投资引导基金、科技成果转化引导基金，大力发展科技信用贷款、科技担保、科技保险、科技租赁等，促进面向科技型小微企业的天使投资、科技众筹基金、创业风险投资基金等的发展。一系列政策措施的落实将为海洋产业转型升级、海洋科技创新和转化、海洋人才培养引进等方面提供坚实基础和保障，从而促进天津市的海洋经济和海洋事业的发展。

（五）滨海新区开发开放战略

从 1978 年开始，中国改革开放沿海岸线从南到北梯度延伸，经历过 3 次浪潮。第一次是 20 世纪 80 年代，以深圳特区为龙头的珠江三角洲，吸引香港产业的大转移，10 年间使深圳从一个小渔村变成一个世界大都市；第二次是 20 世纪 90 年代，以上海浦东新区为龙头的长江三角洲，抓住了全球化和国际资本大转移的机遇；第三次便是 21 世纪初，以天津滨海新区为龙头的环渤海地区的改革开放。2006 年 5 月，国务院《关于推进天津滨海新区开发开放有关问题的意见》，把天津滨海新区定位为全国综合配套改革试验区。2008 年 1 月 13 日，国务院正式下达了《关于天津滨海新区综合配套改革试验总体方案的批复》，要求综合推进滨海新区的体制机制创新和对外开放。2008 年 4 月 8 日，国务院又批准设立天津滨海新区综合保税区。在国家积极支持天津滨海新区开发开放背景下，天津市委、市政府多次召开各种形式会议，研究加快天津整体开发开放问题。滨海新区是继深圳特区、浦东新区之后，又一带动区域发展的新的增长极。天津滨海新区 GDP 占全市 GDP 的比重不断提高，由 1997 年的 31% 增长到 2014 年的 55.7%。经过多年发展，天津滨海新区已成为天津市进入新的上升期的强大引擎，为天津经济社会发展提供了难得的历史机遇。天津滨海新区开发开放战略为有效提升天津市乃至环渤海地区的对外开放水平，为该地区更好地融入国际经济、提升竞争力创造了有利条件。

（六）海洋经济科学发展示范区

天津在发展海洋经济方面具有明显的政策优势。2013 年，中央先后批准天津成为全国海洋经济科学发展示范区和国家海洋高技术产业基地试点。2014 年，天津市有两个海洋技术项目列入科技部的国家 863 计划，有 4 个项目获得国家海洋局的国家海洋公益性科研专项支持。同年，财政部、国家海洋局正式批复《天津海洋经济创新发展区域示范成果转化与产业化实施方案》，批准了天津市海洋装备制造、海水淡化及综合利用产业项目 47 个，2014 年启动项目 39 个，2015 年启动项目 8 个，总投资 56.8 亿元。中央启动专项资金拨付 7 845 万元，支持天津市海洋经济示范成果转化与产业化发展。天津市在获中央支持的海洋经济创新发展项目中，海洋装备制造产业项目共有 26 个，投资 15.76 亿元；海水淡化与综合利用项目共有 13 个，投资 33.05 亿元；公共服务平台项目共有 8 个，投资 7.98 亿元。

上述 6 大战略同期叠加，为天津市海洋领域发展注入新的活力。与此同时，海域空间有限、近海资源稀缺、渤海湾海洋环境承载力低的现实短期内不会改变，人民对享受洁净海滩、欣赏美丽海景、吃上健康海产的期待更加迫切，提高海洋资源开发利用水平的任务十分艰巨，"美丽天津"海洋领域建设任重道远，海洋创新驱动更加期待。

第二节　基本原则

一是坚持海陆统筹、协调发展。以"海陆一体"战略眼光整体谋划全市海洋经济和海洋事业发展，加强海洋和沿海规划衔接，实现沿海和近海的协调发展。

二是坚持市场主导、科学发展。加快海洋资源开发利用的市场化改革，发挥市场对海洋资源配置的决定性作用，促进海洋经济由规模速度型向质量效益型转变。

三是坚持生态优先、持续发展。严格依照渤海资源环境综合承载力，有效控制不合理开发利用活动和陆源污染物排放，促进海洋资源开发利用由生产要素向消费要素和生态功能转变。

四是坚持科技创新、引领发展。加强海洋科技自主创新，加大海洋创新载体和公共平台建设，提高海洋科技研发和成果转化能力，提升海洋经济发展的核心竞争力。

五是坚持适度超前、跨越发展。立足发展基础和比较优势，准确把握全球海洋产业发展规律与海洋科技发展趋势，适度超前布局海洋战略性新兴产业和前瞻性海洋科技领域。

六是坚持改革创新、先行发展。以法治为保证、改革为动力、开放为举措，先行先试大胆探索有利于海洋产业发展的政策措施。建立促进海洋治理体系和治理能力现代化的新机制。

第三节　发展目标

着眼"十三五"我国建设海洋强国和全面建成小康社会的总体目标，提出天津市海洋经济和海洋事业发展目标：海洋产业结构和产业布局更加合理，海洋经济为全市经济社会发展做出更大贡献。海域岸线等空间资源实现市场化、精细化管理和配置，集约节约化程度不断提高。海洋生态环境明显改观，全面提升对全市乃至环渤海地区社会福祉贡献。海洋科技自主创新体系基本形成，创新能力和产业化水平大幅提升。海洋观测预报体系逐步完善，海洋防灾减灾等服务保障能力明显提升。海洋文化意识、人才教育等社会事业繁荣发展，海洋文化旅游高地初步成型。海洋领域依法行政、深化改革不断推进，海洋治理能力和治理体系现代化水平不断提高，区域协调、陆海统筹发展格局基本形成。契合国家"一路一带"倡议加快北方国际航运中心和国际物流中心建设。到2020年在全国率先全面建成海洋强市。

一是海洋经济综合实力再上新台阶。海洋经济成为天津经济发展的重要引擎，海洋生产总值力争突破8 000亿元，单位岸线海洋生产总值超过50亿元，海洋生产总值占全市GDP比重达到35%。海洋产业结构进一步优化，海洋三次产业比例调整为0.1：48.7：51.2。海洋经济布局更加合理，"一核、两带、五区"的发展格局全面成型。京津冀协同发展形成良性互动格局，辐射内陆腹地经济发展的开放性经济带基本成型。

二是海洋可持续发展能力不断增强。蓝色经济发展空间进一步拓展，资源节约型和环境友好型海洋开发模式取得突破，围填海和岸线开发利用进一步优化，渤海油气、渔业、旅游等资源实现合理有序开发。海洋生态环境得到有效改善，一类和二类海水水质海域面积比例在2015年基础上提高5个百分点。海洋生态文明建设取得重大进展，修复岸线不少于50千米，整治受损河口和海域面积不少于5 000公顷，海洋自然岸线保有率不低于5%，选划并新建1个国家级海洋特别保护区，海洋生态红线制度得到有效实施。

三是海洋科技创新引领能力显著提高。海洋科技自主创新体制机制逐步完善，海洋资源开发技术和装备研发水平明显增强，形成一批具有自主知识产权的技术成果。海洋科技产业化水平显著提高，初步建成具有国际领先水平的科技兴海示范基地。海洋领域研究与试验发展经费占海洋生产总值比重达到3.5%以上，海洋科技对海洋经济的贡献率达到73%。

四是海洋社会事业蓬勃发展。国家海洋博物馆、妈祖经贸文化园等海洋文化场馆全面建成并对外运营。社会公众积极参与海洋文化意识宣传活动，全民海洋意识显著提高。海洋教育规模不断扩大，逐步植入各阶段国民教育体系，对海洋人才培养的支撑力度显著增强。海洋人才培养、使用、引进机制更加健全，海洋人才队伍的规模和效能显著提高。

五是海洋"法治"建设和治理水平明显提升。地方海洋法规和规划体系更加完善，海上行政执法能力进一步加强。海洋公共服务能力显著提升，预防与应急相结合的海洋灾害防御长效机制基本形成。海洋综合管理体制机制不断健全，统筹协调能力进一步增强。海洋经济调控手段和能力显著增强，海洋资源开发秩序得到有效规范。

六是对外开放水平显著提高。北方国际航运中心和国际物流中心基本建成，天津港港口货物吞吐量突破 6 亿吨，集装箱吞吐量突破 2 000 万标准箱。东疆港区成功实现由保税港区向自由贸易区转变，国际中转、国际配送、国际采购、国际转口贸易和出口加工等业务全面开展。海洋经济、海洋文化对外合作交流成效显著。

第四节　发展定位

一是成为我国北方对外开放的前沿门户。融入国家"一带一路"建设，发挥港口区位优势和自贸区政策优势，以投资贸易为纽带、以产业为支撑，打造东承日韩、西联中亚、北通蒙俄、南接东南亚的"一带一路"合作战略枢纽。依托"津蒙欧"、"津满欧"、"津新欧"大通道，积极参与"中蒙俄经济走廊"和"新亚欧大陆桥经济走廊"建设。深化与东南亚、南亚等港口协作，服务"海上战略支点"建设。主动融入中韩自贸区建设。完善区域合作机制，拓展"无水港"布局，推进港口功能、保税功能和口岸功能向内陆腹地延伸。

二是成为国家海洋经济科学发展示范区。坚持转型升级，先行先试，创新示范，壮大发展石油化工、海洋工程装备等先进海洋制造业，扶持培育海水淡化等战略性新兴产业，积极发展港口物流、会展旅游、船舶维修、邮轮游艇等现代海洋服务业，构建科技含量高、产业附加值高的现代海洋产业体系。重点打造海水综合利用、海洋石化轻纺等核心产业链，构建临港经济集聚区域、滨海旅游区域等 6 大海洋产业集聚区域，将示范区建设成为我国海洋高新技术产业化基地。

三是成为国家海洋文化旅游高地。依托国家海洋博物馆、航母军事主题公园，建设国家海洋文化展示聚集区和海洋文化创意产业示范区，开展与海上丝绸之路沿岸国家船舶航海文化、海洋贸易文化、海洋文物遗产等领域的交流合作。加强国家气象科技园、妈祖经贸文化园、极地海洋世界、欢乐水魔方、贝壳堤湿地公园等海洋文化群落建设，积极推进海洋科普和文化意识发展，形成滨海旅游与海洋军事、科技和妈祖文化联动的发展格局。

四是成为北方邮轮游艇产业发展中心。推进东疆港区邮轮母港综合配套服务设施建设，提升邮轮母港功能和发展环境，打造精品旅游线路和产品，拓展国际航线邮轮业务。积极推进邮轮运输试点示范。制定鼓励游艇产业发展的优惠政策，向自主研发、设计制造、保养维修、交易使用、融资租赁全产业链方向发展，打造北方游艇产业基地。

五是成为世界级临海生态石化产业基地。依托南港工业区发展平台，推动中俄千万吨级大炼油项目和中国石化天津液化天然气项目建设，坚持延长产业链条、形成产业集聚、发挥规模效益的思路，加快石化上下游产品开发，形成具有强大竞争力的石油化工产业集群。推广能源资源有效利用、排放集中治理等先进生产方式，构建循环经济产业链，推动石化产业清洁低碳化发展，实现生态环境保护与产业协调发展。

六是成为环渤海地区海洋生态环境保护创新基地。积极探索改善渤海海洋生态环境的有效途径和海洋生态系统良性循环机制，加强陆域污染源控制和综合治理，推动海洋污染防治与生态修复机制、生态责任追究创新机制和区域统筹陆海联动的生态补偿机制建立，推进实现海洋生态系统良性循环，人与海洋和谐相处。

第十章 海洋经济和海洋事业发展布局研究

第一节 空间布局的理论基础

一、空间布局的根源——地域功能

空间布局是指影响经济和社会发展过程的各种要素（基础设施、人力资源、产业组织、环境资源）的空间组合状态，它既是经济与社会发展的基本条件，也会在经济发展的推动下而产生结构变化。空间结构及其变化过程不仅会影响到个人与集体的福利，而且还会影响到企业集群、区域与国家的竞争力。

空间布局以地域功能理论为基础。地域功能是指一定地域在更大的地域范围尺度内，在自然资源和生态环境系统中、在人类生产和生活活动中所履行的职能和发挥的作用。地域功能具有以下5个基本属性：① 主观认知的属性。由于对自然资源和生态环境系统认知的价值取向不同，人类生产和生活活动的目标取向不同，从不同角度认识同一地域的功能也不同。如追求工业化目标和强调生态保护的目标取向不同直接影响到地域功能定位的不同，功能确定与人为的目标追求和价值取向有关。有着人为主观认知的属性功能表达和功能区划也同样受到人为作用的影响。② 多样构成的属性。一个地域自身的自然条件和人文条件对该地域的功能产生着影响作用，这种影响作用遵循一定的自然规律和人文规律。如一个地域在生态系统中的服务功能、在人口迁移过程中的集疏功能等。一个地域功能形成的内在因素和影响机制是复杂的，它们在不同系统中承担不同的功能，因此，地域功能是多样的。③ 相互作用的属性。不同功能地域之间具有相互影响的作用，如河流上游的地域单元功能的确定必然对下游地域单元功能的确定产生影响。上游进行生态功能建设对生态水的大量需求，就可能遏制下游耗水量大的重型工业基地功能的形成。④ 空间变异的属性。地域尺度范围的不同，将导致地域功能的变化。如省域内的经济中心城市，未必是国家和全球的经济中心城市。也就是说，地域功能有"空间尺度"的属性。反过来说，不同空间尺度的地域范围所识别的地域功能可能是不同的，进行科学表达的区划是有空间层级的。⑤ 时间演变的属性。地域功能是随着时间有可能发生变化的。无论是自然系统还是人文系统，都有着自身发生和演变的规律，从而决定着地域功能的变化。当然，随着时间的推进，主观认知也在发生变化，同样的自然和人文系统，赋予的地域功能也可能是不同的。地域功能理论的核心思想包括 3 个方面的内容：一是地域功能是社会—环境相互作用的产物，是一个地域在更大尺度地域的可持续发展系统中所发挥的作用；二是人类活动是影响地域功能格局可持续性的主要驱动力，其空间均衡过程使区域间经济、社会、生态综合效益的人均水平趋于相等；三是地域功能分异导致的经济差距特别是民生质量差距，应通过分配和消费层面的政策调控予以解决。

二、空间布局的途径——布局规划

我们把承载一定功能的空间称为功能区，空间布局的优化即功能布局规划。功能布局规划是指在一定地域范围内对国民经济建设和空间布局的总体部署，是以空间为主体描绘区域未来经济建设的蓝图，其目的是科学识别功能区、特别是合理组织功能区并进行功能建设，协调好每个功能区自身人文和自然系统内部的关系以及人与自然的关系、同一层级功能区之间的关系、功能区局部同整个区域整体的关系、不同层级区域的同一地域功能之间的关系及功能建设的长期效益和短期效益的关系，促使区域社会经济稳定、协调和可持续发展。

布局规划工作的本质就是根据"特定的需要"，在一个较大的区域内，选定具体的要素，根据要素属性的区域内部的共同性、区域之间的差异性，把大区域划分为若干具有"同质性"的子区域的过程。所以，基于空间差异与关联分工与协作的理论是指导区划工作的基本理论。一是区域间存在着明显的地域差异，不同的地区，其人口、资源、环境和发展的内涵也不相同，区域之间的发展不平衡，不同区域的发展阶段也有区别。不同区域由于生产要素潜力和经济发展限制条件的差异性，形成不同的经济基础，要以稀缺资源的优化配置来实现经济增长和发展的最大化，必然选择一定的区域作为增长中心，而后形成强大广泛的辐射力，通过经济扩散作用，从而影响其周边地区的经济增长，进而达到不平衡发展中的协调均衡。因此，经济地域差异是客观规律，经济空间结构在经济发展进程中表现在一定区域上的极化与扩散，从而引导区域经济从均衡向非均衡再向更高层次的均衡发展的螺旋式上升。二是区域间也存在着地域关联。区域经济成长的历程表明，区域经济空间结构演变的非均衡过程是空间集聚和扩散两股力量相互作用、此消彼长的结果。一般来说，发达地区对不发达地区产生的集聚和扩散效应，其强度会随时间而变化，经济发展程度越高的国家，区域间不平衡的程度越小。

城市层面的功能布局规划大致包括中观到宏观尺度的"功能分区"以及微观到用地尺度的"用地分区"两个层次，两个层次的"布局规划"的概念和内容有一定的差异。① 功能分区。也称"功能布局"或"功能区划"，实质是将区域划分为若干个分区，并确定每个分区的主导功能定位（涉及产业的包括主导产业定位）。在规划实践中，城市所需的功能区类型是在考虑一般城市所需基本功能类型的基础上，围绕着城市性质、城市发展战略来确定的。② 用地分区。也称"用地规划"或"用地布局"等，实质是根据用地适用性评价的结果，在宏观的功能布局基础上，按照国家标准规定的用地类别对城市某区域进行各类用地的空间布局。其所确定的各类用地是可以重复的，相当于土地利用区划中的"用地分区"或海洋功能区划中的"海域使用类型分区"。本书所要说的空间布局，实质是中观到宏观尺度的"功能分区"，并不对"用地分区"作探讨。

功能布局规划的特点主要包括：① 综合性。综合性又可称为整体性或全局性，主要体现在规划内容广泛，涉及各个部门、各个方面；规划思维方法，着重综合评价、综合分析论证，强调各部门各地区之间的相互协调，弥补单一部门、专项论证的不足；规划方案的决策，是多方向、多目标、多方案比选的结果。② 战略性。功能布局规划是战略性的规划，主要体现在规划时间跨度长；规划关注的问题是宏观的、全局性的、地区与地区之间需要协调的关键性的重大问题；规划指标具有较大的弹性；规划的实施将对区域各方产生深远的影响。③ 地域性。地域性也称作区域性，主要包括地方特色和规划范围两个方面。地方特色主要是指各地区的资源、经济发展条件、原有基础千差万别，各区域未来的发展方向、目标、地域结构、产业结构和布局、各种基础设施和服务设施的建设各不相同，因此，规划也要各有千秋，体现不同的特色。规划范围要保持完整性，凡是在规划区范围内的要素，都应包括在规划对象之中，都应该做出安排。

三、功能布局规划的国内外实践

20 世纪 80 年代以来，随着理论上空间的社会意义被认知和实践中空间与非空间因素的相互作用在各种尺度上均日益普遍而复杂，空间规划逐渐被意识到是经济、社会、文化、生态等政策的地理表达，应具有多尺度、综合性的特征和相应的规划体系。在此背景下，世界各国原有的空间规划体系亟待改革和完善，也逐渐引起国际规划界的重视和产生共鸣，空间规划成为政府实现改善生活质量、管理资源和保护环境、合理利用土地、平衡地区间经济社会发展等广泛目标的基本工具。

纵观各国和地区的空间规划，大致可以分为 3 种类型：

第一类是决策层和学者共同推崇的，如欧盟的多数国家（以德国为代表）、日本、韩国以及中国台湾、中国香港特别行政区等地区。其特点是经济发达，法治环境基本健全，国土资源相对比较紧缺，人地矛盾较为紧张，所以精打细算地谋划国土的合理开发方式，成为提高人居质量、促进和改善投资环境、提升经济竞争力的重要途径。空间规划在这些国家和地区的国民经济发展中发挥的作用是比较到位的，规划体系也比较健全。德国是其中的典型代表，其不仅是国际公认的政府在空间秩序组织和空间规划领域走在前列、规划体系和制度保障也相对完善的国家，而且也是区位论、空间结构理论等经典的经济地理学理论的主要发源地，其空间规划涵盖了城市、区域及国家层面的规划内容，是一种整体性、综合性和全面性的规划途径。

第二类国家如美国、新西兰、澳大利亚等国家，在法治环境和经济发展水平上与第一类国家和地区基本一致，但人地关系矛盾并不像第一类国家和地区的那么紧张，反映在空间规划上，其体系并不是很健全。以美国为例，其主要是抓两头，一头是国家层面上，最早的如西部开发战略、田纳西河流域的整体开发战略等。但中间环节缺失了很多，在欧盟国家还有各个州的整体规划、市域的规划等完整的系统，美国没有，直接下到了居民点自身的发展和建设。这一类在国家层面上的空间规划和小尺度的区域规划在空间管制上，依然具有很强的法律效应。

第三类国家就像中国、印度、泰国和南美的一些国家，这些国家在发展的过程中已经面临日益紧张的人地矛盾，认识到经济发展与可持续发展成为政府必须解决的关键问题。学习西方发达国家在规划体系方面的做法时，空间规划就自然而然地成为国家的选择。这一类国家的规划应该发挥的价值还处在发展中阶段。其受到两个核心的制约：第一，财政经费不足，相对于保护而言其发展和建设的资金更为拮据；第二，法治环境仍待完善，无论规划是仅次于法还是等同于法，法治环境健全是规划真正能够发挥价值的重要保障，但发展中国家仍需完善的方面还很多。

从发达国家的实践看，空间管治是理性政府的主要作为，也是区域有序发展的基本保障。空间管治的手段是多样的，主要包括编制和实施空间布局规划、制定和落实区域政策和区域法规。这些空间管治的制度安排在资源合理开发利用、生态建设和环境保护、改善生产生活环境、提高人们的生活水平和生存质量、增强区域可持续发展能力与竞争能力方面发挥着积极的作用。而在中国等发展中国家，空间规划和发展规划两大规划的融合还只是一个开始，要走的路还很长。

四、海洋经济和海洋事业空间布局的影响因素和基本理念

区域空间布局是自然、技术、社会经济等多种因素综合作用的结果。由于区域空间布局涉及经济要素和非经济因素的布局，因此不仅受一系列主客观条件与客观因素的制约，而且在不同的发展阶段，区域发展的主要影响因素也在不断发展变化。因此只能根据当前的发展阶段，分析确定现在一些常规的和将来影响空间布局的主要因素。一般而言，影响区域空间布局的因素主要包括自然基础、交通条件、社会经济条件、国家政策等几类。总结当前空间布局影响因素的变动趋势可以发现：① 自然基础仍然是开展区域空间布局的基本前提之一，但总体来看，它对区域空间布局的影响强度已开始减弱；② 政府目前主要通过出台各种政策来调控区域空间布

局，具体表现为间接地通过交通、电力等基础设施建设来调控区域经济发展格局，实现发展的公平与效率兼顾；③ 随着市场经济体制逐步完善、我国开放程度的提高和外资的大规模注入，市场对产业布局的影响日益深刻；④ 知识经济的日益繁荣对区域空间布局的影响日益加深。更多的高科技产业和高级服务业开始向市场前景广大的地区迁移集聚，而区域中心城市则成为新兴产业的孵化地和跨国公司高级管理机构的集聚地；⑤ 由于交通和信息业的迅猛发展，以及电子商务的普及，导致城市要素在高密度集聚的同时，空间上也开始向相对松散的郊区和周边城镇扩散。从而使城市的各功能区更趋向综合性、兼容性和多种产业交叉的状态发展，使传统城镇布局的模式发生根本性变革。

海洋经济和海洋事业功能布局规划既需要考虑海洋空间的需求和现实，也需要考虑与之相邻和相关的空间需求，其空间布局需秉持的基本理念包括：① 可持续发展。空间布局应当建立在环境和生态可持续的前提下，既要满足当代或本地区人们的需要，实现经济快速增长，又不对后代或其他地区人们满足其需求的能力构成危害。对海洋经济空间布局而言，同时强调海域的开发和海洋经济的发展，要求辩证处理开发利用与治理保护的关系，处理好规划所涉及各种产业利益关系。② 系统考虑。系统论从系统的角度研究客观世界，从不同侧面揭示了物质世界新的本质联系和运动规律，为解决复杂系统问题提供了有效方法，并把定量分析的方法引入学科中。功能布局规划要掌握和运用系统论的若干基本原理，即系统整体性原理、系统层次性原理、系统开放性原理、系统目的性原理、系统突变性原理、系统稳定性原理和结构功能相关规律。陆海系统作为复杂的系统，其空间布局具有系统的特性，系统论的理论适用于功能布局规划的研究应用。③ "反规划"思想。"反规划"指的是建立一个以生态基础设施为城市建设规划的刚性框架，强调通过优先进行不建设区域的控制，来进行城市空间规划的方法论，体现了一个强制性的不发展区域及其类型和控制的强度，构成城市的"底"和限制性格局。具体针对功能布局规划而言，应首先确定海洋保护区网络和海洋生态区的范围，再依次确定基础设施布局、居住布局和产业布局等。④ 陆海统筹。坚持海陆统筹，把海洋和陆地作为一个整体来谋划，坚持以海带陆、以陆促海、海陆联动的原则，注重海洋和陆地生态系统符合性和沿海经济发展不平衡性，把海洋产业与临海产业、涉海产业作为一个系统工程来推进，统筹海域、海岸带、内陆腹地开发建设，实行海陆产业统筹规划、资源要素统筹配置、基础设施统筹建设、生态环境统筹整治，通过海洋经济的大发展，带动内陆腹地的大开发和大开放。

第二节　天津市海洋经济和海洋事业布局设想

按照以陆促海、以海带陆、优势集聚、合理分工的原则，优化海洋产业空间布局，积极构建沿海蓝色产业发展带和海洋综合配套服务产业带，重点打造5大海洋产业集聚区域，推进形成"一核、两带、五区"的海洋经济总体发展格局。

1. "一核"

滨海新区核心区。充分发挥自由贸易试验区政策优势，围绕增强服务和引领作用，着力推进航运物流、滨海旅游、海水利用、海洋工程装备制造等优势产业集聚发展。发挥海洋化工业与海洋工程建筑业的基础优势，进一步做大做强。提高自主创新能力，建立以企业为主体、市场为导向、产学研有机结合的区域创新体系，构筑人才特区和智慧新区，率先成为高新技术原创地、高端人才聚集地和科技成果产业化基地。

2. "两带"

一是沿海蓝色产业发展带。位于天津滨海新区海岸带地区，推进海岸带及邻近陆域、海域优化开发，按照"北旅游、中航运、南重工"的空间建设格局，加快完善现代海洋产业体系，形成要素高度集聚、功能布局合理、生态环境良好、海洋特色鲜明、竞争优势突出的沿海蓝色产业发展带。

二是海洋综合配套服务产业发展带。依托中心商务区、武清经济技术开发区、北辰经济技术开发区、天津空港经济区、天津经济技术开发区、天津滨海高新技术产业开发区、东疆自贸港区的优势，集聚发展海洋金融保险、航运物流、科技和信息服务等海洋服务业。加快完善海港、空港等物流配套基础设施，形成以若干海洋服务业集聚区域为主体、连接京津、辐射腹地、海陆空相结合的海洋综合配套服务产业带。

3. "五区"

一是南港工业区。以打造高端海洋石油石化产业集聚区域和循环经济示范区为目标，重点发展海洋油气开采、存储、炼油、乙烯生产、轻纺加工和液化天然气进口、接卸、储运及综合利用等产业，形成上下游产业衔接的世界级生态型海洋石油石化产业集群。

二是临港经济区。以打造海洋工程装备制造业、海洋船舶工业集聚区域和生态型工业区为目标，重点发展港口机械、海洋交通运输装备、海上石油平台等制造业和造修船业，打造一批创新能力强、发展潜力大、经济效益高的海洋产业集群，形成我国海洋装备产业基地。

三是天津港主体港区。以打造国家综合交通运输体系重要枢纽和保税加工、现代物流基地为目标，重点发展海洋运输、国际贸易、现代物流、保税仓储、分拨配送及配套的中介服务业。扩大港口开放，提升东疆港区邮轮母港服务能力，形成现代港航运输产业集群。

四是塘沽海洋高新区。以打造海洋科技成果高效转化和产业化基地为目标，重点提升海洋科技服务、海洋人才培养、海洋科技成果转化和产业化等功能，全力打造"三区、三平台、八园、四大产业"，形成海洋高新技术产业集群。"三区"即：海洋科技成果转化示范区、海洋战略性新兴产业发展标志区、涉海高端服务综合配套区。"三平台"即：搭建海洋高新技术创新平台、研发孵化转化平台、海洋信息系统平台。"八园"即：海洋高端装备制造园、海洋生物产业园、海洋数据信息园、海洋金融服务园、海洋科技研发园、海洋精细化工园、海洋工业设计园、海洋工程科技园。"四大产业"即：海洋油气勘探开采、海洋工程装备、海洋服务、海洋生物制药。

　　五是中新天津生态城。以打造创意产业和高端海滨旅游为目标，重点建设海洋文化产业集聚区域，发展海洋旅游及相关装备研发制造、海洋文化创意等产业，形成海洋旅游和文化产业集群。依托中心渔港重点发展海洋水产品精深加工、冷链物流和游艇等特色产业，打造我国北方重要的海洋水产品集散中心和游艇产业基地。

第十一章　天津市海洋经济发展战略研究

第一节　海洋渔业发展措施

一、加强海洋渔业资源养护

积极推进海洋牧场建设，重点实施人工鱼礁建设工程和海藻（草）移植工程，营造良好的海洋生物栖息地，修复海洋生态环境，保护和恢复渔业资源。扎实做好海洋牧场的规划设计、选址选型、效果评价等基础工作，建立健全海洋牧场建设和管护制度。优化人工鱼礁建设布局，构建技术先进、特色鲜明、布局合理、效益显著的人工鱼礁增殖产业。"十三五"期间投放人工鱼礁3.5万空方，建设海洋牧场面积3平方千米，藻类立体化养殖示范区13平方千米。加大财政对海洋牧场建设的投入力度，积极引导社会资金投入海洋牧场建设。开展增殖水域本底调查和生态容量研究，科学确定增殖品种和规模，完善增殖放流技术规范和管理制度。积极推广"以水促渔、以渔养水"的生态开发模式。在渤海湾近岸和内河水域增殖放流中国对虾、三疣梭子蟹、梭鱼等经济物种，"十三五"期间增殖放流各类物种75亿尾/只/粒，改善渔业水域环境，恢复渔业资源，促进渔民增收。开展珍稀物种放流，保护水生生物多样性。

二、创新海水养殖模式

按照《天津市海洋功能区划》制定水域滩涂养殖规划。积极拓展海水养殖空间，扩大汉沽海域海上网箱养殖规模，探索大型抗风浪网箱养殖和大型可移动平台"养殖工船"综合养殖，探索海珍品网箱养殖新模式。稳定池塘养殖面积，进一步挖掘池塘养殖潜力，在杨家泊水产科技园区推广鱼虾套养的生态养殖模式，实现海水养殖生产与生态环境保护的有机结合。支持工厂化循环水养殖，在杨家泊镇和临港经济集聚区域以南地区建设工厂化海水养殖示范基地，推广全封闭内循环海水养殖技术，发展海珍品工厂化苗种繁育和工厂化养殖。建立海水鱼类遗传育种平台和基地，主要养殖品种良种覆盖率达90%以上。到2020年建成100个水产健康养殖示范场，30个国家级、市级水产原良种场。重视海洋藻类和耐盐碱蔬菜栽培，大力推广藻、贝（鱼）、参（鲍）生态立体养殖模式，鼓励发展不投饵、不用药的全生态链养殖。加强水产原种场和良种场建设，完善海洋渔业水产原良种体系，推广应用现代育种技术，提高水产原良种覆盖率和苗种质量。加快海水养殖疫病防控体系建设，加强重大疫病监控和防疫。开展优质高效配合饲料的专业化开发，进一步提高饲料质量和利用率，减少对养殖环境的影响。成立海洋渔业互保协会，推行海水养殖政策性互助保险，研究制定海洋渔业互助保险管理办法，提高海洋渔业防灾抗灾能力，保障海洋渔业安全生产和渔民社会稳定。

三、优化海洋捕捞业

严格控制近海捕捞强度，继续实施捕捞渔船数量和功率"双控"制度，严格执行伏季休渔制度。鼓励淘汰小型渔船，建造玻璃钢渔船和大型冷冻渔船，实行渔船、渔机和渔具标准化改造，推广节能、环保型渔船和选择性渔具渔法，减少幼鱼、低值渔获物的比例，提高海洋捕捞质量和效能。全面提升远洋渔业，依托天津水产集团等龙头企业，发展壮大大洋性渔业，在国际渔业组织和制度框架下，加强公海新资源、新渔场的探捕和开发利用，巩固提高过洋性渔业。依托天津水产集团远洋渔业产业园建设，提升远洋渔业装备和企业管理水平，培育一批具有国际竞争力的远洋渔业企业和现代化远洋渔业船队，2020年远洋渔船达到30艘，远洋渔业年产量将达到5万吨。实施"走出去"战略，鼓励扶持有条件的远洋渔业企业开展与境外企业的技术合作，在渔业资源相对稳定的海域或地区，建立生产、运输、销售配套为一体的中心渔港和远洋渔业综合基地。

四、促进海洋渔业转轨

积极推进中心渔港、东疆港冻品进口集散市场等建设，打造"北方水产品加工集散中心"、"生鲜食品国际采购和分拨中心"和"跨区域冷链物流配送中心"。2020年建成冷库储量达到80万吨，建成北方地区规模最集中的冷链仓储食品加工物流集散中心。创新水产品流通方式，发展连锁经营、直销配送、电子商务等新业态。培育一批经营机制好、科技含量高、带动能力强的大型龙头企业强化水产品加工业发展，积极开发高质量、多样化且包装精美的水产医药制品、保健品、方便食品和休闲食品，促进海洋渔业产业链、产品链与技术链的扩展和提升。加大对低值水产品和加工副产物的高值化开发利用。充分发挥海洋渔业的休闲旅游功能，以中心渔港为龙头，立足浓郁的渔港特色和海洋渔业基础，建设一批高品质的沿海都市休闲旅游基础设施，大力开发渔业观光、休闲度假、渔村美食、民俗体验、房车露营等多个产业项目，营造"假日渔民"的新风尚，大力发展特色沿海休闲都市旅游业。加强与滨海旅游景区、休闲娱乐设施开发建设相结合，逐步建立不同规模、不同类型的具有休闲娱乐、观光垂钓、餐饮度假等多功能于一体的滨海都市休闲渔业景区。

第二节　海洋先进制造业发展措施

一、海洋石油化工业

稳定大港油田和渤海油田开采规模，提高现有油气田采收率，加强稠油、低渗、边际油田的技术攻关和开发，"十三五"期间海洋原油产量稳定在4 000万吨油当量。统筹协调大港油田勘探开发与滨海新区经济社会发展用地用海的突出矛盾，满足滨海新区建设用地用海的同时促进大港油田可持续发展。抓住国际原油价格大跌的有利时机，加快推动国家原油储备库和成品油储备库等项目建设，2020年储油能力达到1 200万方，形成国家级石油战略储备基地。以南港工业基地为平台聚集发展石油化工产业，加快打造"海洋石油开采—存储—炼油—乙烯生产—轻纺加工"循环经济产业链。推进中俄炼化一体化、中沙新材料园、澄星重油综合利用、天冠燃料乙醇、长芦新材料园等项目建设，2020年炼油能力达到1 800万吨/年，乙烯生产能力达到200万吨/年，初步建成世界先进水平的特大型生态石化产业基地。依托南港工业基地的轻纺经济集聚区域，承接石油化工上下游产品，培育轻工纺织产业集群，实现海洋石油化工绿色低碳循环发展。

二、海洋精细化工业

转变传统海洋盐业发展模式，引进国外先进的技术和装备进行工厂化制盐，逐步缩小传统盐田规模，节省晒盐滩田面积为滨海新区发展提供土地资源保障。研发适用于海水浓缩饱和卤制取高纯度精制盐的新工艺，加强新型制盐和盐化工的结合，实现饱和卤水工厂化制盐和制盐废液的综合利用。抓住食用盐市场全部放开的有利契机主打海盐品牌，开发多晶型、共晶型等高端食用盐项目，与井矿盐、湖盐形成差异化竞争。围绕高附加值的医药中间体和生物化工领域的技术进展，开展盐田生物养殖项目，规划建设利用盐田养殖盐藻，发展盐藻提取胡萝卜素和深加工等项目，实现资源的高值化利用和传统盐业的技术升级。以渤海化工园为载体，大力发展海洋化工，加强与海水淡化相结合，进行连续结晶纯化制备优质光卤石及热分解技术研究，进一步降低氯化钾能耗成本。实施硫酸镁造粒新技术，采用碳铵循环法和煅烧工艺开发高纯氧化镁产品，实现镁系列产品的高值化。加强浓海水制盐及化学资源利用新技术的开发和集成，为发展浓海水综合利用循环经济产业链提供先进适用的成套产业化技术。推进渤海化工集团内蒙古和南港两大基地的开发建设，通过发展"内蒙古基地"煤制天然气、煤制甲醛为龙头的煤基多联产能源化工综合产业，为南港基地提供稳定可靠的甲醇、煤炭和天然气资源，实现资源能源配置生态化，促进海洋化工、石油化工、碳一化工协同发展。

三、海洋船舶工业

发挥滨海新区港口资源优势建立现代化造船基地，依托300万吨级临港造修船基地、50万吨级和30万吨级船坞建设项目，推动造船、修船、非船和特船并举发展。紧跟世界船舶市场需求和发展趋势，重点发展大型油轮、成品油轮、5 000标准箱以上集装箱船、液化天然气船、汽车滚转船、公务船、医院船、工程船、钻井船等高技术、高附加值船舶及配套设备。继续巩固中国海警北方舰艇建造基地的地位，有序进入海军小型水面舰艇及军工船、军辅船装备领域。密切跟踪邮轮市场发展趋势，通过引进合作、自主研发等方式，支持有条件的企业开展邮轮的设计制造。支持相关企业研发制造豪华游艇，将中心渔港打造成为我国北方游艇产业发展基地。支持企业建立国家技术中心，提高船舶设计和关键设备研制能力。推进船舶企业联合重组，推广现代造船模式，培育一批具有较强国际竞争力的企业，形成现代船舶产业链协作体系，促进海洋船舶制造从低端向高端迈进。依托中船重工718所、707所等企业和研发机构，重点发展海洋建筑工程船、浮式钻井生产储卸装置、自升式生产储卸油平台等特种运输和作业船舶。

四、海洋工程建筑业

以中交一航局为龙头，做大做强总部经济，形成以龙头企业带动中小企业的发展格局。加强围海造陆软基处理技术、水下焊接技术、海洋平台技术、海底管道技术等关键技术的研发与应用。提高港口港湾、深水航道、海岸堤坝、海洋桥梁和海底隧道工程的规划、设计、施工、管理能力和水平，打造具有国际水平的天津海洋工程建筑品牌。加快企业兼并重组和资源整合，打造海洋工程勘察设计、咨询、科研、建设管理等一体化的综合性设计集团和大型化、专业化的施工集团。建立健全专业化、科学化、市场化的工程总承包和工程项目管理服务体系，培育一批具有国际竞争力的龙头企业，广泛承接国内外大型海洋建筑工程项目，积极拓展国内外市场。

第三节　海洋新兴产业发展措施

一、海水利用业

紧密围绕海洋经济发展示范区建设要求和自主海水资源综合利用产业发展需求，

依托天津的区位、人才、技术等优势，整合创新资源、集聚产业发展，大力发展海水淡化和海水资源综合利用产业，打造海水资源综合利用产业链，提升自主创新能力和核心竞争力，加快推进国家级海水淡化和综合利用示范基地建设。加强滨海新区和主城区并重发展，滨海新区重点发展自主海水淡化工程示范和海水淡化供水试点、建设海水淡化与综合利用创新及产业化基地、打造海水淡化与综合利用产业化应用示范区；主城区依托高校、科研院所和企业优势，重点开展海水淡化与综合利用技术创新及服务产业。

优化海水淡化工艺设计、提高集成技术水平，积极开展海水淡化新技术、新工艺的应用示范。推动天津水务一体化政策的先行先试工作，将海水淡化水纳入天津市水资源配置计划，统筹协调海水淡化水的供给。加强海水淡化和利用标准体系建设，研究制定海水淡化水进入市政供水系统及调水的相关技术和管理办法。以海水利用标准体系建设、检测检验服务能力提升、发展战略咨询与服务、工程环境影响评价与修复以及国际交流与合作为重点，强化支撑服务能力。试验推进海水淡化水进入新建小区市政居民生活、饮用水管网技术，为解决城市居民生活用水短缺问题开创新的途径。引导海水淡化作为滨海新区电力、化工、石化等企业高纯度工业用水，解决工业用水的巨大缺口。积极探索向北京供应淡化水。延伸海水淡化产业链，推进浓海水制盐和化学资源综合利用，重点发展钙盐、镁盐、钾盐、溴和溴加工系列产品。加强浓海水制盐及化学资源利用新技术的开发和集成，发展适用于浓海水综合利用循环经济产业链成套产业化技术，建立"浓海水制盐—化学资源提取—废料生产建材"循环经济产业链。出台推动海水淡化与综合利用创新及产业化发展的财政、金融、产业、人才、科技等政策，特别是在用海用地、资金补助等方面给予企业政策性扶持。

二、海洋装备制造业

以"高端化、信息化、绿色化"为发展方向，全面落实"中国制造2025"、"互联网+"行动计划，建成全国先进制造示范区和智能制造先行区。适应海洋油气开发装备大型化、深水化、环保化趋势，依托太原重工天津滨海重型机械有限公司、中国海洋石油工程公司等龙头企业，发展自升式钻井平台、半潜式生产平台、水下生产系统、浮式生产储卸装置和液化天然气浮式生产储卸装置，2020年海上、水下作业技术和装备能力达到3 000米水深。发展高性能海水淡化装备、海水直流冷却和循环冷却成套设备，形成从应用基础研究到技术集成、应用工程总承包完整的技术创新链。加快推进海水淡化工程装备在沿海地区和边远海岛的应用，推动向太平洋和印度洋岛国进行装备输出和技术援助。重点培育中海油工、新港船舶、博迈科等骨干企业，发展5 000吨级海上平台、海上大型钢结构和海洋工程大型模块，浅海钻井平台实现规模化发展。适应天津港高效能、现代化发展趋势，加快发展集装箱自动化码头成套设备、散货装卸机械、船厂用重型龙门起重机械、大型起重船机、客滚连接桥、卸车机等临港机械装备，鼓励有实力的企业研发生产液体输送设备等产品。

发展海上风力发电机组及叶片、控制系统、发电机、变流器、齿轮箱等关键部件，探索发展潮汐能、波浪能等海洋可再生能源发电设备及配套产品的技术储备。适应高集成、多平台、数字化海洋仪器设备发展趋势，加快研发海域使用动态监视监测、海洋环境监测等新型技术设备，加强海洋观测监测传感器及海洋浮标潜标等海洋高新技术仪器的设计研发与制造。大力发展围填海及航道疏浚工程成套装备，重点支持山河智能、工程机械研究院等龙头企业，大力发展推土机、挖掘机、装载机、塔机等填海围岛工程类产品。适应现代化航道疏浚工程需求，重点发展大型化、智能化、环保型疏浚装备。发展新型防波堤结构和码头建设、吹填软基加固、防波堤快速加固等海洋工程技术和装备。围绕跨海桥梁建设工程，重点研发地质钻探船、海上液压打桩锤、打桩船、大直径自动导向型盾构机、硬岩掘进机等产品。发展海洋污染和生态灾害监测、海洋污染应急处置、船舶及海洋工程污染物在线实时监测控制与净化处理装备等高端产品，形成海洋环保高技术产业。加快推进"天津滨海新区智能装备产业园"建设，坚持以"整机+零部件"的"垂直整合"发展模式，努力形成富有竞争力的智能装备制造及工业机器人产业。

三、海洋生物医药业

发挥国家生物医药国际创新园等重大平台作用，加快发展海洋生物基因资源研发与应用，推进海洋药物、功能食品和新材料的开发利用。以海洋生物活性物质为基础，利用生物提取、合成和基因工程等技术，重点开发抗肿瘤、抗感染、心脑血管病等海洋药物。以藻类、贝类、低值鱼类等海产品精深加工为重点，加快开发以海洋不饱和脂肪酸、甲壳素、蛋白质、糖类等为主要成分的海洋健康食品和功能食品。以海洋生物提取的壳聚糖、海藻多糖、胶原蛋白为主，重点开发无毒、可生物降解的医用生物材料和高分子材料。以海洋微生物、植物、动物的特有酶为基础，重点开发食品、化工、医药、材料等行业用特效酶制品，加强海洋碱性蛋白酶和溶菌酶研制，实施海洋生物酶示范工程，形成与海洋生物酶相关的产业群。加快发展海洋生物技术及检验检测检疫技术，探索建设海洋生物技术产品与药物生产基地和海洋生物物种资源库。

四、海洋可再生能源

在坚持耕地保护、生态保护和开发强度"三条红线"的前提下，科学规划滨海新区沿海风电发展布局，大规模集中开发新区南北两端陆域，小规模分散开发沿防坡堤由南到北的区域，推进汉沽、大港两个规模化风电基地建设，加快沙井子四期和北大港一期风电工程项目。加强海上风能资源调查，结合海洋功能区划稳妥推进海上风电发展，推动与河北省交界南北两处海洋风力发电场建设。做好风电项目核准工作，加强事中事后监管，维护风电市场开发秩序。鼓励外资企业投资潮汐能、波浪能等新能源电站建设。

第四节　海洋服务业发展措施

一、海洋交通运输业

以加快推进北方国际航运中心和国际物流中心建设为核心，调整港口功能布局，将大宗散货码头与物流中心南迁至南港工业区。有序推进港口码头基础设施建设，开辟临港经济集聚区域和南港工业区 10 万吨级航道，加快集装箱码头和各类大型专业化码头建设。依托京津冀协同发展优势，着力优化调整货类结构，重点发展集装箱业务和邮轮经济。完善集疏运体系，发展港、铁、航、陆多式联运，实现各种运输方式的无缝对接。完善疏港交通体系，加快内陆无水港和物流园区建设，扩大港口运输服务辐射范围，2020 年内陆无水港达到 40 个。在南港工业区、临港经济集聚区域、滨海旅游区域、中心渔港等区域设立新的口岸，扩大口岸开放规模。加快开辟新的航线，增加新的物流商品，扩大运输储运规模。力争到 2020 年，货物吞吐量达到 7 亿吨，集装箱达到 1 800 万标准箱，集装箱外贸航线达到 110 条，内贸航线达到 50 条。加快推进北方国际航运核心区建设。加快发展国际中转、国际配送、国际采购、国际贸易、航运融资、航运交易、航运租赁、离岸金融等业务，促进东疆保税港区向自由贸易港转型，增强服务环渤海和中国北方地区扩大开放的能力。鼓励外企和资本进入海运市场，支持组建跨地区的大中型海运集团公司，培育海运龙头企业。吸引外资公司和船舶来津注册登记，引进国外知名船级社设立分支机构。设立海运服务中心，充分发挥经营、管理、物流、服务的集聚优势，打造海运品牌形象。支持天津电子口岸建设，充分发挥智慧海事平台等信息化系统的作用，加快建设智慧政务大厅，推行首问负责制、限时办结制、服务承诺制，推进区域网上申办制，建立区域咨询服务平台。全面开展远程电子签证试运行工作，完善工作流程，建立相关制度，为下一步海船全面实施电子鉴证奠定基础。进一步完善国际航行船舶进出口岸查验系统功能，优化网上审批流程，扩大网上审批的海事行政许可业务范围。

二、高端滨海旅游业

加快滨海航母主题公园基础设施建设，打造包括航母、驱逐舰、补给舰、护卫舰和潜艇在内的舰队群。在滨海航母主题公园"空中巴士"海上观光体验游项目基础上，加快中心渔港、中新生态城、北塘古镇、东疆港、妈祖经贸园等景点停机坪等基础设施建设，积极开通海上观光巴士游线路，有效串联天津沿海旅游资源，为游客提供"海上看海，陆上看海"的独特旅游体验，打造天津海上观光特色品牌。依托已建成的国际邮轮母港的基础优势，在引进国际邮轮知名企业进入天津邮轮市场的同时，培育壮大本土邮轮公司，拓展邮轮旅游市场，将天津建设成为接待邮轮艘次多、邮轮客流量大、基础和服务设施好、游客满意度高的中国北方国际邮轮旅游中心。推进东疆保税港区邮轮母港综合配套服务设施建设，完善东疆商业中心、金融服务大厦、东疆湾沙滩景区等配套环境，提升特色餐饮、高端会所、免税购物等服务功能，逐步培育以邮轮经营为中心、休闲旅游为主业、金融贸易为延伸的现代邮轮产业体系。依托中澳皇家游艇城项目，积极推进游艇泊位、豪华游艇俱乐部和游艇码头设施建设，力争 2020 年末全市游艇泊位总数达到 3 500 个。加快推动游艇产业朝着研发设计、制造维修、交易使用、融资租赁、游艇服务全产业链发展。借助游艇保税仓积极开展保税展销展卖业务，为游艇进出口业务搭建便捷的贸易平台。

三、海洋金融服务业

创新发展海洋领域金融服务新业态，探索设立海洋产业投资基金和涉海私募股权投资基金，培育海洋产业风险投资基金。发挥金融引导资源配置功能，形成涉海产业资本与金融资本紧密结合，海洋经济与涉海金融双轨驱动的持续发展能力，促进海洋产业结构优化升级。大力发展直接融资服务，积极引导、鼓励涉海企业进行股份制改造，支持企业通过上市、挂牌规范发展。支持企业通过经营权和资产转让、联合兼并等方式，盘活存量资产，优化增量资产，形成多元化的海洋产业投入机制和融资渠道。引导已上市涉海公司不断提升再融资能力，通过公开发行、非公开发行、配股、公司债券等多种方式有效拓展再融资渠道。发挥天津融资租赁业集聚发展的优势，继续扩大船舶、集装箱等传统租赁业务规模，拓展高端专业设备等领域租赁品种和经营范围，建设服务国内外的融资租赁交易平台。充分发挥自由贸易区建设优势，推进金融制度创新，着力做好外汇改革创新、离岸金融等业务试点，促进投资和服务贸易便利化。开展银行、保险、信托、基金等航运金融业务，开拓离岸航运金融保险业务。围绕京津冀区域定位和天津功能定位，加快推进金融创新示范区建设，全面深化金融业改革开放，推动金融产品创新、过程创新和服务辐射，推动天津成为提供创新型金融产品和服务的中枢城市。开发符合海洋经济发展需求的保险产品，开展水产养殖互助保险试点和远洋渔业的政策性保险，探索建立大宗水产品出口保险制度，引导和鼓励保险机构为大宗水产品出口提供保险服务。

四、海洋信息与科技服务业

以渤海监测监视基地为核心，推动海洋信息服务、海洋环保服务等高端海洋服务产业发展，创新服务方式，提升信息咨询、环境影响评估、标准计量、科技成果交易等发展水平，打造全国海洋信息服务平台、海洋科技成果交易平台和国际交流合作平台。面向海洋管理决策，研制基础信息产品和综合分析产品，面向公共服务和突发事件应急需求，定制专题应用系统，实现海洋信息服务的迅捷化、准确化、智能化，建设完成海洋信息公共服务平台，实现数字海洋建设成果的稳定运行及对地方管理业务的支撑。

构建统一开放的物流信息和交易平台，实现港口、海关、检验检疫、海事、航运等信息资源共享。完善电子口岸物流环境，加快推进建立区域公共物流信息服务平台，形成港口、航运、物流、监管等综合信息共享和应用体系。梳理辖区码头、航道及锚地等基础数据，建立完善辖区通航环境数据库。推进港口船舶交通公共信息服务系统建设，构建船舶交通信息公共服务模式，不断提供对外公共信息服务能力和水平。以智慧海事工作为切入点，推动天津市政府有关主管部门和港航企业开展智慧港口建设，提升海事感知能力，结合京津冀海上交通一体化战略机遇，建设"全方位覆盖、全天候运行、全过程监控"的渤海中西部水文气象综合信息系统，将其打造成为集聚政府部门行政资源的海上公共服务平台和保障渤海西部水域海上交通安全的综合监控平台。

大力推进海洋科技服务便利化。建立集信息集散、技术咨询、市场预测、决策支持、项目孵化、投资融资、客户服务全方位功能于一体的海洋科技创新中介服务平台。大力推进各类科技中介机构能力建设，推动海洋生产力促进中心、科技创业服务中心、技术产权交易所、科技咨询中心等事业型科技服务机构的社会化、专业化建设。推进建设海洋化学与材料、海洋水动力、海水利用等一批国家及省部级工程技术（研究）中心，加快建设亚太区域海洋仪器检测评价中心、国家海洋仪器设备产品质量监督检验中心、国家海水及苦咸水利用产品质量监督检验中心和港口水工建筑技术国家工程实验室建设项目，加快推进中国海事园区、深水港池试验厅、水运工程环境保护和海洋环境实验室、环渤海海洋环境立体监测网络与实时信息平台、海水淡化与综合利用创新服务平台、海洋技术装备创新服务平台等项目的前期工作，建立世界领先的海洋标准化、质量监督与计量检测基地，不断提高海洋经济关键技术研发能力及海洋研发服务发展水平。深化海洋标准计量质量工作，逐步形成科学、系统、完备的海洋标准化计量及质量监督业务体系，使海洋技术监督体系组织更合理、运转更规范、功能更强大、特色更鲜明，更好地发挥海洋标准化计量及质量监督的基础、先行和引导作用，支撑和服务于海洋强国和天津海洋强市的建设。

第十二章 天津市海洋事业发展战略研究

第一节 高效利用海域岸线资源

党的十八大报告提出"提高海洋资源开发能力",这是党中央对海洋资源开发做出的重大部署。天津需要以国家战略为导向和依托,按照科学发展观、全面协调可持续的基本要求,从根本上改变海洋资源的利用方式,解决当前存在的问题,集约节约利用海洋资源,完善海洋资源利用管理制度,提高科技创新的带动作用,切实提升海洋资源开发水平和利用效率,提高海洋资源对国民经济发展的贡献率,实现海洋资源的可持续利用。

一、加强海域使用管理

强化海域资源存量管理和科学化、精细化配置,在满足《天津市建设项目用海控制指导标准》要求的前提下,鼓励用海企业提高项目单位面积投资强度,提高海域使用效率。发挥市场在海域资源配置中的决定性作用,规范经营性用海使用权出让市场化工作,加快推进海域使用权出让管理办法的出台。依托天津产权交易所,完善海域物权、产权交易等制度,创新海域使用权流转管理制度,规范海域使用权转让、抵押、出租二级市场。研究制定海域使用权"直通车"制度和相关配套政策措施。建立天津海域使用权基准定价机制,按照全市海域资源稀缺程度、供求状况和生态环境补偿要求,划分填海造地用海、构筑物用海及其他类别,形成合理的海域使用权基准定价机制。进一步优化用海审批流程,完善海域管理制度,提高行政审批效率,减轻用海单位负担。加强海域使用动态监视监测和执法检查,对各类用海项目定期开展专项检查,加大对违法行为的查处力度。

二、节约集约利用海岸线

调整海岸线供给方向和结构,挖掘公共服务功能供给潜力。建立海岸线利用和投资强度等控制标准,严格控制自然岸线占用,加快海岸线供给由工业生产转向社会公共需求的结构调整,提升岸线社会服务功能,提高生活岸线比重,适当满足城市发展的海岸线需求,控制临港工业、港口等占用岸线规模。划定海岸线生态保护红线，选划出限制开发的海岸线，制定海岸线管理措施，加强生态功能维护和修复，保护好具有重要生态系统的海岸线。发挥市场化配置海岸线资源的基础作用，建立海岸线价值评估体系，运用价格等杠杆机制，引导海岸线资源合理利用。根据海岸线的自然基础条件和海岸线公众亲海需求，制定海岸亲海公共服务功能建设规划，合理安排公共岸线空间布局和基础设施建设。通过政府购买服务的模式，加大海岸线公众亲海设施建设力度。编制海岸线公众亲海指南，标记亲海入口、亲海通道、亲海设施等公共产品的种类、容量和交通条件，为公众开展滨海旅游提供便利。设计海岸线公共服务功能评价指标体系，定期对海岸线的可达性、公众设施、交通便利、旅游适宜度等方面进行评价。

三、严格执行海洋功能区划制度

发挥《天津市海洋功能区划》的指导性和约束性作用，合理划分近岸海域生产功能、生态功能和生活功能。实施海洋空间分类管理政策和差别化的绩效评价政策，优化海洋开发利用空间布局。建立并实行海洋功能区划动态管理和定期评估制度，动态跟踪、监测和评估海洋功能区功能质量和开发利用效能，科学引导海域使用的开发方向和规模，逐步推动海域资源开发利用由满足工业生产转向满足社会公共需求转变。优化海岸线资源配置，加强海岸线保护与利用的统筹规划，调控海岸线开发布局和强度，严格控制自然岸线的开发利用，保留公共岸线，开辟公共休闲岸线，突出海岸线的社会服务功能。

四、强化围填海及重大建设项目用海管理

严格控制围填海规模，依法加强围填海项目用海审批管理。坚持重点保障与适度控制的原则，实施差异化管理，优先满足实施国家区域发展战略的建设用海需求，重点保障国家产业政策鼓励发展类、海洋战略性新兴产业和民生用海需求。加大滨海新区重大项目用海保障力度，对于国家重点基础设施、产业政策鼓励发展类、民生领域和投资强度大的高技术项目，优先安排围填海指标，严格控制过剩产能的用海供给。对不符合海洋功能区划、海洋经济结构调整方向的项目禁止使用岸线、海域资源。完善建设项目用海规模控制指导标准，科学确定用海项目投资强度、生产规模、公共设施等指标，根据海洋资源环境承载力，合理安排用海规模、空间和时序，探索开展海域资源利用项目后评估。转变传统用海方法，研究提出围海造陆新方式。

五、建立市场化体系提高海洋资源配置效率

构建海洋资源、资产和资本三位一体的管理机制，转变政府职能，大幅减少

政府对海洋资源的直接配置，破除海洋资源要素流动的体制机制障碍，促进海洋资源要素市场的全面发展。实行统一的市场准入制度，考虑建立"负面清单"式的管理模式，按"非禁即入"、"非禁即准"的原则，允许各类市场主体可依法、平等地进入清单以外的领域，并按照这一原则，修改与之不相适应的地方性法规和政府规章等，扫清法律障碍。完善海洋资源产权制度和市场定价机制，搭建海洋资源交易市场平台，开展经营性用海使用权出让市场化工作，加快推进天津市招标拍卖、挂牌出让海域使用权管理小法的出台，形成合理的天津海域使用权基准定价机制。

第二节　加强海洋生态环境保护

一、提高海洋污染防控力度

建立并实施污染物排海总量控制制度，开展陆源入海污染物调查，摸清陆源污染物入海总量和来源，确定海域水质管理目标、减排指标和减排方案。积极推进陆海统筹、河海联动的协调机制建设，全面清理非法和设置不合理的入海排污口，对全市30%的主要入海排污口的主要污染物实行监控。探索建立京津冀海洋碳排放交易中心。合理制定天津管辖区域水系的分配方案，通过加大上游污水处理力度实现污染物入海量的消减。推动沿海农业面源和海水养殖污染防控，结合农业产业结构优化调整，大力推动沿海生态农业发展，在大港、汉沽等沿海农业区广泛使用有机肥和农家肥，减少农药化肥使用，促进现代高效生态农业示范区建设。强化海上污染监管，建立实施海上污染排放许可证制度。积极推进海水生态健康养殖，推进大神堂、马棚口养殖区域以及大港、塘沽和杨家泊工厂化养殖基地的生态养殖示范工程建设，研究提出海水养殖入海污染物控制减排指标和减排方案，降低海水养殖污染物排放。加大港口污染防控，推进北疆港区、南疆港区、东疆港区、高沙岭港区、北塘港区等区域环保基础设施建设与改造，提高港区污水处理率和再生水利用率。完善大神堂、蔡家堡、北塘等沿海渔港的环保设施建设，实现渔港、渔船废水与废物的集中收集、处理。提升船舶污染物接受处理能力及管理能力，禁止到港船舶向海直接排放污水和垃圾。强化海洋倾废管理，建立海洋倾废船舶在线监控系统，实施倾废全程监控，禁止倾倒毒害废弃物。

二、强化海洋生态保护

实施严格的海洋生态红线管控制度，完成红线区200平方千米范围边界标识建设，继续推进天津大神堂牡蛎礁国家级海洋特别保护区规范化建设，开展大港滨海湿地海洋特别保护区选划，加强天津古海岸与湿地国家级自然保护区基础设施和综合能力建设。探索建立保护区生态补偿机制、生态原产地产品保护机制和损害赔偿机制。加强海洋渔业资源养护，积极开展增殖放流，依据渤海海域生态环境、资源状况和养护需求，合理确定增殖放流的功能定位，科学确定增殖放流品种和规模。加快大神堂外海海洋牧场示范区的建设。加强全市海洋生物多样性保护，开展汉沽、塘沽和大港盐田区域的盐田湿地及汉沽浅海区域生物多样性调查，建立海洋生物资源数据库，搭建海洋生物多样性监测评估与预警体系。加强环渤海区域海洋生态环境保护合作，推进区域海洋环境治理合作机制。

三、加强海洋环境监测与评价

统筹协调全市海洋、环保、海事、水利、水产等涉海部门监测力量，加强部门间的协作，建成覆盖全市海域、陆海联动的环境监测网络。推进塘沽、汉沽、大港等地海洋环境监测机构能力建设，增强属地海洋环境监测能力。在天津市沿海环境敏感区或高风险区、主要河流入海处实行在线监测，对入海口的水量水质进行监控，力争到 2020 年入海河流及主要入海排污口自动在线监控率达到 30%。对海洋倾废、围填海和海洋工程开发等活动实施全覆盖监管监测。深化海水、沉积物、典型生态系统、海洋生物多样性等常规监测。拓展海洋环境监测评价服务，构建监测评价服务产品体系，针对政府关切和公众关注的主要海洋环境问题及时发布专项评价产品，满足公众对环境的知情权。加快海洋环境保护信息化建设，依托天津数字海洋专网和天津市电子政务网，建立海洋环境保护管理综合信息系统。

四、推进海洋生态环境整治与修复

实施海岸线综合整治工程，通过开堤通海、退养还滩等手段恢复汉沽大神堂、大港马棚口等区域的自然岸线。利用海岸加固、植被护岸和构筑人工海堤等方式整治大神堂、南港工业区、中心渔港等岸段，提升海岸抵抗自然灾害的能力。实施滨海滩涂湿地保护与修复工程，推进汉沽大神堂湿地保护修复，在滨海旅游区域采用离岸、多岛式填海造地，构筑岛海相连的人工湿地生境。推广临港经济区生态湿地公园建设模式，在中新生态城和南港工业区等区域开展人工湿地和生态岸堤建设。加大入海河口湿地生境的整治修复，重点在海河、独流减河、子牙新河等河口实施修复工程，开展入海河口区域的清淤和两侧堤岸加固改造，改善河口底栖生境。加大受损海域修复治理力度，重点推进天津港区、汉沽近岸海域、大港近岸海域等受损较重区域的生态修复工程。推进滨海优美旅游景观建设，通过构筑生态浴场、人工沙滩、人工湿地和生态岸堤等方式打造公众亲海空间。

第三节　创新发展海洋科技

一、加快海洋科技平台建设

根据国家科技体制改革的要求，加强全市海洋科技创新宏观指导协调、行业监督管理和制度建设。以中国天津未来科技城、临港经济区和塘沽海洋高新区为平台，推进国家海洋高技术产业基地、科技兴海产业示范基地、海洋科技企业孵化器等载体建设，发挥其创新要素向区域特色产业聚集的优势，增强辐射带动能力。建设海洋监测设备、海水综合利用、海洋石化、海洋工程建筑、亚太区域海洋仪器检测评价中心、海洋工程焊接等海洋工程技术（研究）中心，续建国家海水与苦咸水利用产品质量监督检验中心和国家精细石油化工产品质量监督检验中心。积极引进国家涉海科研院所的重点实验室、涉海央企的战略研发中心和涉海民营领军企业的高端研发产业化基地。探索京津冀区域海洋科技合作新模式，在津合作建设高水平科技创新和试验平台、新型中试和产业化基地，提高科研设备使用率和科研成果转化率。

二、优化科技兴海政策环境

依托天津高标准建设国家自主创新示范区的政策机遇，建立健全促进创新驱动的科技兴海体系和制度。制订实施《天津市科技兴海行动计划（2016—2020年）》，明确全市海洋科技发展目标、任务措施和重大工程。引导建立政府财政、民间资本、创投资金等多元投入机制，完善服务于科技兴海的金融和财税政策，打造富有活力的海洋科技创新生态系统。支持建立海洋产业技术创新联盟，强化产学研用协同创新机制，促进海洋产业链、创新链、资金链和服务链的"四链"融合和链间多种形式的紧密合作。创新海洋科技服务和评价机制，鼓励发展海洋技术交易中心等中介机构、行业协会和新型服务企业，建立符合市场经济规律的海洋科技成果评价和技术转让机制，提高科研人员进行成果转化的积极性。积极开展海洋科技标准的研究和制定，探索建立海洋科技创新和工程技术区域协调中心。建立健全国际合作机制，支持涉海企业参与国际海洋科技与高技术产业合作，探索建立服务海洋产业和经济发展的海外科技合作基地和平台，积极吸引先进技术与装备、国际高端人才、机构和公司参与天津市科技兴海工作。

三、突破重点领域核心技术

瞄准海洋领域重大需求和问题导向，加强海洋科技创新发展的系统谋划，增强基础研究和原始创新能力，围绕传统优势产业和战略性新兴产业的核心技术进行研发。突破海洋油气开采及储卸关键技术，推进储层改造和解堵配套技术、采收率提高技术、井下作业配套技术等研究。攻克大型海水淡化热法、膜法关键核心技术，开展适应核电和石化行业的大型海水循环冷却技术研究，拓展海水循环冷却技术应用领域。开展海水/苦咸水淡化用反渗透膜及组件制备技术研究、中空纤维疏水/亲水膜及组件制备技术研究、纳滤膜制备技术研究，以及低能耗、耐污染的新型海水淡化用膜制备技术研究，实现海水利用分离膜的产业化生产。结合"美丽天津"一号工程，发展海洋生态环境监测观测和海洋生态修复技术，形成近海及海岸带生态系统健康评价、保护、修复和灾害控制技术体系及应用能力。深化研究海洋生物活性物质的提取、结构和功能，攻克产品高效制备、合成和质量控制等药源生产关键技术。加强海洋生物保健品和功能食品的研发，加快突破鱼油、壳聚糖等主要海洋生物资源提取利用的核心技术。研究突发性大型船舶溢油、油库溢油、石油平台溢油及化学品泄漏等对海洋生态系统影响的监控技术，以及事故处置、修复及赔偿评估技术。

四、推进海洋高新技术产业化

创新海洋科技产学研合作模式，建设以涉海企业为主体、以涉海高校和科研院所科技力量为依托、以现代企业制度为规范的三位一体的新型产学研合作模式，联合建设海洋产业技术创新战略联盟，促进产学研各方在战略层面建立持续稳定、有法律保障的合作关系。健全海洋科技成果转化体系，依托渤海监测监视管理基地，搭建面向全国的海洋科技成果交易平台。支持海洋公益性行业科研专项等各类科技兴海成果在津交易。建立海洋科研成果产业化支持专项资金，承接全国成熟的高水平海洋科技成果在天津转化，重点在海水化学资源提取、浓海水工厂化制盐、海洋工程建筑、海洋精密仪器等领域开展成果转化。鼓励大众创业、万众创新，发展壮大一批科技水平高、竞争实力强的海洋科技"小巨人"企业，抓好"一企一策"落实，创造有利条件使海洋企业真正成为海洋技术创新的主体。建立高成长性企业认定奖励制度，鼓励"小巨人"企业围绕全市重大项目攻关，支持企业引进转化重大科技成果，实施重大创新项目。

第四节　提高海洋防灾减灾能力

一、强化海洋灾害应急体制机制建设

依托渤海监视监测管理基地，建立健全海洋灾害应急管理体制。加强相关部门的分工与合作，完善灾害应急联动协作机制，提高海洋灾害应急处置能力。完善海

洋灾害应急预案，建立灵敏高效、完善严密的海洋灾害预报预警机制和应急响应机制，强化宣传贯彻和应急演练，深化环渤海地区应急联动协作机制。建立涉海企业生产事故应急体系，建设专业应急救援队伍，全面提高海上突发事件的风险防控、快速反应、应急处置和决策服务能力。研究制定海上溢油、危险化学品泄漏等海上重大突发事件的应急处置预案。加强海上渔船安全监控，推进沉船沉物打捞机制建设，完善海上搜救应急服务。启动建设重点区域海堤、海防路工程。

二、提高海洋监测和预报服务水平

结合《天津市海洋观测网建设规划》总体部署，建立健全海洋观测网络体系，布设海洋观测监测站台，形成区域性海洋观测网，提高海洋灾害和突发事件预报预警能力。开展全市海洋灾害风险评估与区划工作，建立环境风险源数据库，为滨海新区经济发展布局和涉海工程防护提供科学指导。整合海洋动力、海洋物理化学、海洋灾害分布等特征数据，提供信息发布和在线查询服务。加强海冰、风暴潮等海洋灾害预报技术的自主研发，提高预报预警的时效性和准确度。完善赤潮灾害监视监测与预报预警网络，加强汉沽赤潮监控区的综合风险分析与评估，建立赤潮灾害防治技术支撑体系，合理配置赤潮处置所需的应急船舶和物资。积极开展海洋产业安全生产、环境保护、气象预报等专题服务，强化面向港口作业、海洋油气生产、滨海旅游、海洋渔业、海洋盐业等领域的服务。加快推进《天津市海洋观测预报管理办法》的制定出台，为海洋观测预报提供依据和保障。

三、大力开展海洋灾害宣传教育工作

抓住"5·12"全国防灾减灾日、世界海洋日暨全国海洋宣传日、天津市海洋防灾减灾宣传日等契机，利用电视、网络、报刊、手机等新闻媒体，进一步丰富和拓展海洋灾害信息发布渠道，丰富宣传内容，创新宣传形式，多角度、大规模、持续宣传海洋防灾减灾知识，大幅提升社会各界对海洋防灾减灾的关注和支持力度，提高公众灾害防范意识。

第五节　繁荣发展海洋文化

一、加快推进海洋博物馆和文化公园建设

采取馆园结合、公益事业与旅游产业有机结合的方式建设国家海洋博物馆和海洋文化公园，发挥二者对全市海洋文化产业的辐射和带动效应。加快推进海洋文化公园开发建设，优化海上展览、人造景观、购物中心、特色商业、科学研究、科普

教育等配套项目的布局，完善公园周边的交通、餐饮、休闲、娱乐等基础设施建设。梯次滚动推进园内开发项目，不断强化产品创新，提升产品层次。建立先进的经营管理模式，不断完善内部制度建设和对外营销模式，开展系统化、程序化和定制化的科学管理。打造多元化的盈利模式，拓展和延伸产业链，增加盈利点，建立多元合作战略联盟，加强产业融合，实行多产业联动、多产业开发。整合天津市旅游资源和文化企业，加强文化产权、版权、商标的保护，实现海洋文化公园的可持续发展。"十三五"期间将海洋文化公园建设成为海洋文化特色鲜明的主题公园、中国海洋文化博览中心以及弘扬中华海洋文化的重要场馆。继续开展国家海洋博物馆藏品征集活动，到2017年正式开馆前，符合上展要求的展陈品至少达到5 000件。注重商业创意和科普理念，探索创新国家海洋博物馆运行管理的机制体制，建立健全高效顺畅的工作协调机制。加大宣传和营销力度，"十三五"期间，将国家海洋博物馆打造成国内外知名的海洋文化展示交流平台以及新时期天津的文化地标和城市名片。

二、完善大沽船坞遗址和妈祖经贸文化园

落实《北洋水师大沽船坞保护总体规划》，积极争取国家文物部门、工信部等相关部委的支持，保护性开发北洋水师大沽船坞遗址，加快推进提升改造工程，建设北洋水师大沽船坞遗址公园，真实完整地保存、保护并延续大沽口海神庙及大沽船坞的历史信息和历史价值，合理利用和充分展示其文化内涵，浓缩再现天津塘沽地区的历史文化遗产和非物质文化遗产及近代工业活化石，打造形成天津的红色旅游线路和工业游线路。加快推进妈祖经贸文化园二期工程，建设商住大楼、民艺大街、台湾美食城、津台文化会展中心等，力争"十三五"初期建成纳客，加强对园内人工沙滩的保护力度，美化亲水岸线，提升环境质量。

三、拓展延伸海洋文化产业链，推动产业集群发展

加强政府主管部门对海洋文化产业的引导，依托国家海洋博物馆、海洋文化公园、航母军事主题公园、大沽船坞遗址等场馆，建设国家海洋文化展示集聚区和海洋文化创意产业示范区，打造我国北方海洋文化中心。积极培育以海洋为主题的广播影视、文艺演出、展览展示、文学出版、绘画雕刻、动漫游戏等海洋文化创意产业，发展海洋旅游纪念品、海洋艺术产品、航海产品等海洋文化制造产业。推动海洋文化旅游与商贸、渔业、工业、体育、教育、保健等相关产业的整合发展，延伸产业链。加强海洋主题宣传活动品牌建设，组织开展全国海洋日、妈祖节、龙舟节等内容丰富、形式多样的海洋文化宣传活动，营造热爱海洋、关心海洋、保护海洋的良好社会氛围。依托妈祖文化节、港湾文化节等海洋文化活动，树立具有地方特

色的海洋文化品牌。推动与海上丝绸之路沿岸国家在船舶航海文化、海洋贸易文化、海洋文化遗产等方面开展形式多样的交流与合作，提升品牌影响力。

第六节　强化海洋教育和人才培养

一、构建多层次海洋教育体系

推进中小学海洋基础教育，推动海洋知识"进校园、进课堂、进教材"，培养全市青少年关心海洋、热爱海洋、认知海洋的浓厚兴趣，逐步形成海洋国土意识和国防意识。大力发展海洋职业教育，围绕渤海海洋渔业健康持续发展、天津港业务拓展和功能升级的实际需求，依托天津海运职业技术学院、中德职业技术学院等院校，培养海水生态养殖、航海捕捞、船舶驾驶、船舶制造与修理、港口机械运行与维护等"蓝领"英才。积极推进校企合作，创新职业教育培养模式，为人才培养模式改革提供有力支持。根据与企业合作层次的不同，可以采取委托代培方式、校企合作办专业、共建实训基地等多种类型的培养模式。大力发展涉海高等教育，加大对南开大学、天津大学等涉海高等院校的支持力度，调整优化海洋学科专业设置，培养海洋生态环境保护、港口海岸及近海工程、船舶与海洋结构物设计、海洋法律、海洋文化和海洋管理等专业技术人才和急需紧缺人才，根据未来海洋发展需求扩大相关专业的办学规模。鼓励涉海企业积极参与海洋人才的培养，为高校毕业生提供实习和就业机会。推进海洋继续教育，完善海洋继续教育培训制度，不断提高涉海单位工作人员的实际工作能力。

二、打造环渤海地区海洋人才高地

制定天津市重点海洋产业人才发展目录，研究重点领域海洋人才培养与激励政策。引导涉海企业参与全市重大海洋专项，在研发实践和产业化过程中集聚培养人才。充分发挥天津滨海新区人才特区优势，加强海洋人才和智力引进，在海水淡化与综合利用、海洋油气勘探开发、海洋生物医药、海洋工程装备、国际邮轮游艇等领域引进多名创新型领军人才，充实高校师资和科研机构的技术力量。以海洋高新技术产业园区为载体，加大对高层次留学人员回国创业的扶持力度，打造环渤海海洋高端人才聚集区。积极营造重视海洋人才的社会氛围，加大对海洋人才政策和优秀海洋人才的宣传力度，加大海洋人才政策的监督和落实，形成良好的舆论导向。进一步优化海洋人才的法制环境，建立健全海洋人才市场的各种法律、法规，把海洋人才流动引向规范化、法制化、科学化的轨道，推动海洋人才流动的有序发展。

第七节　推进海洋领域法治建设

一、完善海洋法规和规划体系

全面落实依法治国、依法治海，坚持有法可依、有法必依、执法必严、违法必究，完善天津市海洋地方性法规、规章和规范性文件体系，为海洋强市建设提供保障。坚持立法先行，完善全市涉海领域立法体制和工作机制，深入推进科学和民主立法，提高地方立法质量和效率。涉海领域立法工作要与改革决策相衔接，在法治框架内推进改革，做到重大改革于法有据。加强天津市海洋立法的合法性审查，开展海洋领域地方性法规规章和规范性文件的清理，及时修改、废止不适应天津地方海洋发展的相关法律文件，保障执法依据确定有效。完善地方海洋法规、规章和规范性文件的制定程序，健全公众参与机制，全面落实国家有关海洋法律法规和天津地方性法规、规章。适应海洋强国、海洋强市建设，完善海域使用管理法、海洋环境保护法等的配套法规、规章、规范性文件等，着手制定《天津市海洋资源开发利用管理条例》《天津市海洋生态补偿管理条例》等，提升海洋领域地方重点立法的针对性、可执行性和可操作性。完善天津海洋经济和海洋事业发展规划体系，制定天津市海洋工程装备、海水资源综合利用、海洋服务业、海洋生态环境保护、海洋科技发展等专项规划。加快海洋"智库"建设，引进海洋领域专家学者深化天津海洋发展战略和规划研究。

二、加大海洋行政执法力度

依法在近岸海域开展动态监视监测，提高管辖范围内海域的巡航监视频率，通过专项执法、联合检查、定期巡查等方式，加强区域建设用海、养殖用海等各类用海活动的检查力度，重点加大对未批先建、边批边建、超面积围填海、无证用海、超期使用、擅自改变用途等海域使用违法行为的查处力度。针对海洋工程环境影响评价未经核准即开工建设、违法向海洋倾倒废弃物等海洋环境违法行为，开展保护海洋环境专项执法行动。严格按照《天津市海岛定期巡查工作制度》，开展三河岛护岛专项执法行动和海岛开发利用专项整治行动。加强与天津市文物局、天津市文化遗产保护中心等单位，联合开展"天津市管辖海域文化遗产联合执法行动"。稳步推进渤海海上油气勘探开发定期巡航执法检查工作。积极参与国家在钓鱼岛附近海域等重点海区开展的维权巡航执法。完善海洋行政执法程序，健全海上行政执法协调与指挥机制，健全海洋执法监督机制和督查制度，规范行政执法行为，严格公正文明执法。

三、加强海洋执法能力建设

按照减少层级、整合队伍、提高效率的原则，加快推进海洋行政执法队伍和职责的整合，合理配置执法力量，完善培训和学习机制，提升执法人员的政治素质、业务素质、指挥决策和现场处置能力以及社会责任感。加快推进维权执法保障基地建设，重点加强基础设施、监视监控、通信安全、应急反应和科技支撑建设，提高对海上作业的保障能力、监视监控和通信联络能力。配合国家海洋维权执法行动，进一步完善识别监视力量体系、指挥力量体系、巡航执法力量体系、技术支持力量体系、后勤保障力量体系，进一步提高海上维权执法与管控能力。建立健全对执法队伍的监督机制，加强行政执法信息化建设和信息共享，提高执法效率和规范化水平，提高执法队伍依法行政水平和社会服务能力。

第八节　推进海洋治理体系和治理能力现代化

一、深化海洋领域体制机制改革

优化海洋综合管理体制，按照"大部门"方向理顺涉海管理部门职能分工，强化海洋行政部门在海洋事务中的综合协调职能，形成推进海洋强市建设的合力。依托渤海监测监视管理基地，构建集海洋经济宏观调控、海域使用管理、海洋观测预报、海洋防灾减灾、海洋维权执法、海洋国际交流合作于一体的综合管理基地。坚持陆海统筹、河海兼顾，以解决制约天津海洋可持续发展的重大问题和影响海洋环境的热点难点问题为导向，加快建立涉海部门广泛参与的海洋事业管理机制，形成能力互补、数据共享、高效协调的工作格局。创新区域海洋协同发展机制，自觉打破行政区划管理的思维定式，围绕实现京津冀区域定位和天津市功能定位，全面深化改革开放，积极探索京津冀在海洋领域协调和对接方式。推动海洋交通运输、海洋科技创新、海洋环境保护、海洋联合执法等领域的交流与合作。促进海洋产业对接协作，理顺发展链条，形成区域间产业合理分布和上下游联动机制。着力加快推进市场一体化进程，破除限制涉海的资本、技术、产权、人才等生产要素自由流动和优化配置的各种体制机制障碍。

二、加快推进治理能力现代化

坚持依法行政，全面正确履行海洋行政管理职能，推进机构、职能、权限、程序、责任法定化，实行权力清单、负面清单、责任清单制度，实现"一份清单管边界"。建立健全法制工作沟通协调机制，努力形成规范管理、化解争议的合力。加快推进天津市海洋法律专家库建设，完善海洋法律专家咨询制度。开展政策法制基础性研究、政策法制工作培训交流，推进海洋法规文献资料库建设。加强信息服务平台建设，充分利用好政务网站、政务微博等渠道，全面推进海洋领域政务公开，实现行政权力透明运行。完善监督制度体系，加强对行政权力的制约和监督。深入开展海洋普法工作，拓展海洋法制宣传的覆盖面，提高社会依法用海、依法维权意识。建立涉海单位信用体系。大力推进行政审批制度和行政执法体制改革，加快政府职能转变和机构改革，继续取消和下放审批事项，简化用海和海底电缆管道的监督管理、填海项目竣工验收等行政审批程序。完善海域使用审批全流程控制图，强化行政审批的"一站式"、"全天候"服务，优化办事流程，压缩审批时限，提高海洋行政审批效能。加强事中、事后的监督检查，防范越权审批、化整为零等违规行为。配合国家投资管理体制改革，优化项目用海相关审查程序，完善公示、听证制度。

第十三章　保障措施研究

允分认识海洋在天津市发展全局中的战略地位和重要作用，增强紧迫感和忧患意识，强化统筹协调，建立健全规划实施与保障机制，周密部署，狠抓落实，更好地发挥规划对海洋经济和海洋事业发展的指导作用。

第一节　明确责任分工，提高统筹协调能力

制定规划实施意见和工作方案，明确分工，落实责任。加强各相关部门之间的沟通协调，形成协调共商、齐抓共管、通力合作的工作机制。建立健全规划实施的考评、监测、评估和监督机制，加强对规划实施情况的跟踪分析，定期开展规划落实情况的监督检查，确保规划发展目标、任务措施、重大项目和重大工程如期完成。

第二节　强化政策引导作用，完善海洋规划体系

研究制定促进规划落实的工作制度和配套措施。天津市涉海委办局根据工作职能和任务，立足全市海洋发展实际，编制海洋新兴产业培育、海洋生态环境保护、海洋科技研发转化、海洋文化意识培育等专项规划或计划，出台相关发展政策和指导意见。滨海新区要结合天津港、南港工业区、临港经济区、中新生态城等功能定位制定区域发展规划，加大规划指导调节力度，促进全市海洋产业结构的调整和布局优化。完善天津海洋经济和海洋事业发展规划体系，加快海洋"智库"建设。

第三节　加大财政支持力度，引导社会资金投入

积极争取国家对天津市海洋经济和海洋事业发展的各项资金支持。加大全市财政投入，支持海洋重点产业和海洋事业发展。加大基础能力建设和专项资金投入力度，保障重点项目实施。政府对非经营性项目、准经营性项目提供一定程度、一定阶段的增信和融资支持。鼓励社会资本进入，支持金融机构将"投资、贷款、债券、租赁、证券"等功能与海洋重大项目进行对接，为海洋产业发展提供金融服务。扩大开放广度和深度，积极争取外资发展海洋产业。

第四节 强化规划宣传力度，提高公众参与度

全市各主要媒体要大力宣传海洋经济和海洋事业发展规划，通过举办规划宣传、解读、跟踪报道等活动，强化规划影响力，在全社会形成普遍关心海洋、热爱海洋、支持建设海洋强市的舆论氛围。定期公布规划落实进展情况，强化重大决策和项目的公众参与，扩大公民的知情权、参与权和监督权，主动倾听公众对规划的意见，保障规划的顺利实施。